改善空气质量的排放许可证：分配与评估

Emission Permit towards Improving Air Quality: Allowance Allocation and Integrated Assessment

周 佳 王金南 毕 军 著

中国环境出版集团·北京

图书在版编目（CIP）数据

改善空气质量的排放许可证：分配与评估/周佳，王金南，毕军著. —北京：中国环境出版集团，2020.12

ISBN 978-7-5111-4546-8

Ⅰ. ①改… Ⅱ. ①周…②王…③毕… Ⅲ. ①固定污染源—排放—排污许可证—评估方法—研究—中国 Ⅳ. ①X506

中国版本图书馆 CIP 数据核字（2020）第 254305 号

出 版 人 武德凯
责任编辑 葛 莉
责任校对 任 丽
封面设计 彭 杉

出版发行 中国环境出版集团
（100062 北京市东城区广渠门内大街 16 号）
网 址：http://www.cesp.com.cn
电子邮箱：bjgl@cesp.com.cn
联系电话：010-67112765（编辑管理部）
发行热线：010-67125803，010-67113405（传真）
印 刷 北京建宏印刷有限公司
经 销 各地新华书店
版 次 2020 年 12 月第 1 版
印 次 2020 年 12 月第 1 次印刷
开 本 787×960 1/16
印 张 18.25
字 数 280 千字
定 价 128.00 元

前　言

当前，我国大气污染防治形势依然十分严峻。2019 年全国 337 个地级及以上城市中，只有 157 个城市环境空气质量达标，达标城市比例为 46.6%，全国有 159 个城市 $PM_{2.5}$ 浓度超标，超标城市比例为 47.2%，而工业和交通部门是 SO_2、NO_x、VOCs、烟（粉）尘等污染物的主要排放来源。总体上，全国治理细颗粒物（$PM_{2.5}$）和臭氧（O_3）污染、实现空气质量达标依然任重道远。

“十一五”时期以来，国家实施了污染物排放总量控制，主要大气污染物排放量显著下降。目前，正在转向以排污许可制度为核心的固定污染源环境管理。而排污许可制度只有依据大气环境容量、区域大气传输矩阵和质量改善目标进行排放量分配，才能让排放许可真正关联空气质量，成为改善空气质量的管控手段。但是，我国的排污许可制度改革至今，依然无法实现与生态环境质量改善挂钩，无法定量评估企业许可排放量分配在效果、效率、公平等方面的表现。因此，作为生态文明体制改革的重大制度创新，排污许可制度的改革于 2016 年启动，计划到 2020 年基本建立适合国情的排污许可制度体系。

基于上述背景和管理需求，本书梳理总结了大气污染物许可排放量分配领域与评估领域的研究进展和不足，从而确定了科学问题，即如何构建点源尺度大气污染物许可排放量分配及综合评估体系。

第一，针对科学问题中的分配问题，本书创新性地构建了基于排放标准法（M1）、排放标准+城市传输法（M2）、环境容量法（M3）的点源尺度（企业排放口）大气污染物许可排放量分配模型。本书基于城市大气污染物排放清单（M0）的企业（排放口）大气污染物排放现状，结合当前排污许可制度分配方法实践和城市大气污染物传输矩阵、城市大气污染物环境容量等最新研究成果，以及结合排污许可证申请与核发技术规范筛选出来的工业锅炉、水泥、玻璃、焦化、钢铁等 5 个工业行业，构建了企业（排放口）大气污染物许可排放量分配的 3 种模型。

第二，针对科学问题中的评估问题，本书创新性地整合构建了包括效果评估（环境质量贡献度评估）、效率评估（费用-效益评估）、公平评估（公平性评估）、3E 综合评估的分配结果综合评估体系。在这一部分，首先，以基础排放清单为底部清单，分别加上了基于 M0 与 M1、M2、M3 分配结果的点源排放清单，以北京及周边城市为核心模拟区域，构建了三层嵌套网格 WRF-CMAQ 模型，开展分配结果效果评估。其次，基于效果评估中的 M1、M2、M3 与 M0 的污染物模拟浓度差值，以及基于 M1、M2、M3 与 M0 的污染物排放量差值，结合健康终端、暴露人口、反应系数、货币化参数，分别构建了健康效益评估模型和污染物减排量货币化评估模型，开展分配结果效率评估。再次，基于 M0、M1、M2、M3 的城市 5 个重点工业行业的污染物排放量，分别加上 M0 城市其他工业行业的污染物排放量，并结合北京及周边城市的工业 GDP、工业利润、工业增加值、工业就业人口等经济社会数据，构建了基于环境基尼系数法（EGC）和绿色贡献系数法（GCC）的公平性评估模型，开展分配结果公平评估。最后，基于效果评估、效率评估、公平评估结果，按照专家建议的评估结果对应分数表，以及专家建议的效果、效率、公平等维度的权重系数，创新性地构建了基于效果评估、效率评估、公平评估的单项评估评分模型以及基于 3E 综合评估的综合评估评分模型，开展分配结果综合评估。

本书的研究成果表明，城市大气污染物传输矩阵、城市大气污染物环境容量被引入点源尺度分配方法，使分配方法能够与生态环境质量改善挂钩。分配结果的效果评估、效率评估、公平评估能很好地集成为分配结果的 3E 综合评估，从而使多种分配方法能在单项维度和综合维度分别进行比较。包含效果评估、效率评估、公平评估、3E 综合评估在内的综合评估体系能够定量评估分配方法在效果、效率、公平、综合等不同维度的表现。分配及综合评估体系可推动我国污染物许可排放量分配方法及其评估技术的发展，为排污许可、总量控制和环境质量改善等研究提供技术方法。此外，本书为我国总量控制和固定污染源污染物许可排放量的科学合理分配提供技术支撑，为排污许可制度的进一步改革和总量控制制度的改革提供参考和借鉴。

本书由国家重点研发计划“排污许可证管理政策与支撑技术研究项目”（2016YFC0208400）提供出版资助和支持。感谢生态环境部环境规划院，特别是国家环境保护环境规划与政策模拟重点实验室、生态环境管理与政策研究所、生态环境规划与政策模拟技术中心、大气环境规划所。感谢生态环境部环境规划院的蒋洪强研究员、雷宇研究员、薛文博研究员、葛察忠研究员、曹东研究员、董战峰研究员、龙凤副研究员、武跃文高工、蒋春来副研究员、张静博士、董远舟助研，南京大学马宗伟副教授、周元春副研究员，浙江大学罗坤教授、王晴博士，湖南省环境科学研究院石广明副研究员，浙江财经大学郭默副研究员在本书成稿过程中的指导和帮助。感谢对本书提出宝贵意见和建议的所有专家。中国环境出版集团相关工作人员为本书的出版付出了大量心血，在此一并表示感谢。由于作者知识和水平的局限性，本书难免存在错误或不当之处，请读者提出批评、给予指正。

作者

2020 年 7 月

目 录

第1章
绪 论

1.1 研究背景

随着人类社会经济的飞速发展，环境污染日渐成为严重威胁人类生存、制约经济发展和影响社会稳定的全球性问题。面对全球变暖、环境污染加剧和资源耗竭的严峻形势，世界各国越来越注重生态环境的保护与治理。党的十八大以来，我国加快推进生态文明顶层设计和制度体系建设，加强法治建设，建立并实施中央环境保护督察制度，大力推动绿色发展，深入实施大气、水、土壤污染防治三大行动计划，率先发布了《中国落实2030年可持续发展议程国别方案》，实施《国家应对气候变化规划（2014—2020年）》。生态环境保护发生了历史性、转折性、全局性变化。总体上看，我国生态环境质量持续好转，出现了稳中向好趋势，生态环境保护工作取得了显著成就，但成效并不稳固，当前生态环境问题依然十分严重。习近平总书记在全国生态环境保护大会上强调，“把解决突出生态环境问题作为民生优先领域。”“坚决打赢蓝天保卫战是重中之重。”“以空气质量明显改善为刚性要求，强化联防联控，基本消除重污染天气，还老百姓蓝天白天、繁星闪烁”（生态环境部，2018）。

当前，我国大气污染防治形势依然十分严峻。《2018中国生态环境状况公报》显示，全国338个地级及以上城市，2018年$PM_{2.5}$年均浓度为9～74 μg/m^3，平均值为39 μg/m^3（超过《环境空气质量标准》（GB 3095—2012）的国家二级标准0.11

倍）；SO_2年均浓度为3～46 μg/m³，平均值为14 μg/m³（低于国家二级标准）；NO_2年均浓度为7～56 μg/m³，平均值为29 μg/m³（低于国家二级标准）。2018年全国只有121个城市环境空气质量达标（即六项污染物浓度均达到国家二级标准），达标率为36%；就$PM_{2.5}$而言，全国仅有148个城市的$PM_{2.5}$浓度达到35 μg/m³（国家二级标准），达标率为44%；依然有190个城市$PM_{2.5}$浓度超标，超标率为56%（生态环境部，2019），说明我国治理$PM_{2.5}$污染依然任重道远。He等（2001）、Ho等（2003）认为，SO_2和NO_x是$PM_{2.5}$的重要前体物，SO_2、NO_x对$PM_{2.5}$的浓度贡献大，需要协同控制SO_2、NO_x、一次$PM_{2.5}$的排放量。

现有研究证明，大气污染物过量排放会引起人体健康损害（人群生病、中毒、死亡）（Yang et al.，2013；Loomis et al.，2013；Chen et al.，2013）、温室效应（全球变暖）（Rasool and Schneider，1971；Wang and Hansen，1976；Ramanathan and Feng，2009）、酸雨（Likens and Bormann，1974；王文兴，1994；Larssen et al.，2006）等严重后果。在基准（BAU）情景下，2010—2050年我国因空气污染过早死亡的人数依然居高不下（Lelieveld et al.，2015）。

《全国环境统计公报（2015年）》显示，2015年全国排放SO_2、NO_x、烟（粉）尘分别为1 859万t、1 852万t、1 538万t，其中84%的SO_2、64%的NO_x和80%的烟（粉）尘是由固定点源中的工业部门排放（图1-1）。薛文博等（2014）计算了全国城市$PM_{2.5}$浓度达标（35 μg/m³）约束下的环境容量，即全国SO_2、NO_x、一次$PM_{2.5}$的环境容量分别为1 363万t、1 258万t、619万t，2010年全国SO_2、NO_x、一次$PM_{2.5}$的超载率分别为66%、81%、96%。

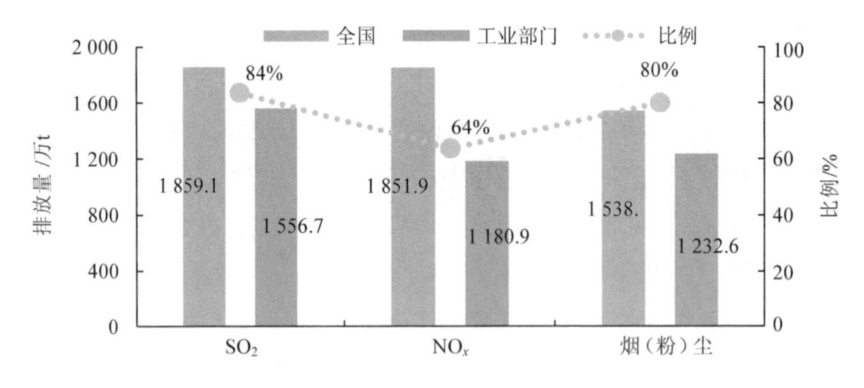

图1-1　2015年全国和工业部门的污染物排放状况（环境保护部，2017a）

很明显，我国城市$PM_{2.5}$浓度离全面达标的目标依然尚远，我国仍处于污染物排放量远超环境容量、环境质量改善需求迫切的历史阶段，若要实现污染物浓度达标、环境质量改善，固定污染源排放的环境管理仍是重中之重（生态环境部，2019；环境保护部，2017a；国家统计局，2019）。因此政府需通过相关制度来严格管理固定污染源（尤其是工业部门）中SO_2、NO_x、一次$PM_{2.5}$等污染物排放。

科学合理地管理固定污染源的污染物排放量，进而打赢污染防治攻坚战，离不开生态环境制度体系的创新和发展。2016年11月10日，国务院办公厅发布的《控制污染物排放许可制实施方案》明确要求建立健全企事业单位污染物排放总量控制制度。2019年10月31日，党的十九届四中全会审议通过的《中共中央关于坚持和完善中国特色社会主义制度 推进国家治理体系和治理能力现代化若干重大问题的决定》，明确提出“构建以排污许可制为核心的固定污染源监管制度体系”。2020年3月3日，中共中央办公厅、国务院办公厅印发的《关于构建现代环境治理体系的指导意见》，要求依法实行排污许可管理制度。

排污许可制度是发达国家防治固定污染源污染的成功制度经验（Portney and Stavins，2000；Novello，1992；U.S.EPA，1990，2010a；European Commission，2010a），也是我国生态环境管理部门目前正在推进的一项核心管理制度。排污许可制度是通过企业申请、政府发放的许可证，对排污单位及其排污设施的实际排污行为提出具体要求，并以书面形式确定下来的唯一许可凭证，是约束企业排放行为与政府监管行为、强化公众监督的有效制度（祝兴祥，1989；祝兴祥等，1991a，1991b；陈茂云，1990；孙佑海，2014）。

中国排污许可制度始于20世纪80年代地方环保部门的自主探索，是八项基本环境管理制度之一，实施范围从早期的水要素扩展到水和大气要素（刘春玉，1990；李蕾，1993；吴报中等，1995）。随着中国环境管理以浓度控制为核心转变为以总量控制为核心，排污许可制度的内涵、实践（胡景星等，1995；袁钦汉等，1995；韩建光，1995），以及与其他制度的关系发生了重大变化（夏青，1991；黄玉凯，1991；刘作森，1997），这一转变弱化了排污许可制度的定位和价值（徐家良，2002）。“十三五”时期以来，中国环境管理转变为以环境质量改善为核心，排污许可制度成为固定污染源环境管理制度的核心，排污许可制度再次面临重塑、新生与改革（王金南等，2016），我国政府确定了 2020 年基本建立排污许可制度的改革目标。

排污许可制度主要通过核定企业污染物许可排放量、监管污染物实际排放量来挂钩污染物浓度，进而直接关联生态环境质量改善效果。排污许可制度改革进展表明，企业许可排放量主要是根据污染物排放标准、总量控制指标、环境影响评价文件及批复要求等，依法合理确定许可排放的污染物种类、浓度及排放量。然而，排污许可制度改革至今，依然无法与环境质量改善挂钩，无法定量评估当前的企业污染物许可排放量分配方法在效果、效率、公平等维度的真实表现，无法实现排污许可制度改革目标，也无法支撑接下来的排污许可制度的进一步改革和总量控制制度的改革。

分配方法方面和分配结果评估方面的研究结果均比较丰硕，但分配方法及综合评估耦合体系的研究成果依然较少，无法客观、准确、全面地评价分配方法的真实价值，亦无法对分配结果开展效果、效率、公平等方面的单项评估和综合评估。基于我国对污染物许可排放量分配方法及综合评估体系的管理需求，通过对许可排放量分配方法及评估方法进行系统研究，构建点源尺度的污染物许可排放量分配方法及综合评估模型，确定科学合理的点源尺度污染物许可排放量，筛选出合适的分配方法，为制定科学、合理、可行的污染物许可排放量分配决策提供技术支撑，为总量控制制度改革、排污许可制度改革提供参考和借鉴。

1.2　科学问题

本研究的科学问题是在“第 2 章　文献综述”的基础上提出，在这里仅对科学问题进行简要介绍。

“十三五”时期以来，中国环境管理转变为以环境质量改善为核心，排污许可制度成为当前我国固定污染源环境管理制度体系的核心制度，是固定污染源污染管理的核心抓手，关联着总量控制、环境影响评价、环境保护税、环境监测、环境标准、环境统计等诸多制度，其关键技术是污染物许可排放量分配方法（王金南等，2016；蒋洪强等，2017；Zhou et al.，2019）。

污染物许可排放量分配方法从早期的基于历史继续法的分配方法（王金南等，2002；Gert and Morten，2003）、基于等比例的分配方法（张兴榆等，2009）、基于污染贡献率的分配方法（国家环境保护局，1991a，1991b）到目前的基于经济性或社会福利的分配方法（郭宏飞等，2003；李寿德等，2003）、基于环境质量目标的分配方法（王金南等，2005）、基于公平或效率的分配方法（Zhang et al.，2012），从早期的城市（工业区）尺度到国家—省（市、区）—地级市—县尺度，再到目前的固定污染源尺度（王金南等，2016；蒋洪强等，2017；Zhou et al.，2019），从早期的两种污染物（SO_2、COD）到4种污染物（SO_2、NO_x、COD、NH_3-N），再到目前的多种污染物（王金南等，2016；蒋洪强等，2017；Zhou et al.，2019），污染物许可排放量分配方法的内涵、实践经历了从简单到复杂的过程，分配方法的分配原理经历了从单一到多种的过程（王金南等，2016；蒋洪强等，2017；Zhou 等，2019）。

但是，污染物许可排放量分配方法的国内外研究进展比较脱离当前污染物许可排放量分配方法的改革实践进展，较多采用了自上而下的方式，主要开展了行政区域或行业尺度的污染物许可排放量分配研究。针对点源尺度基于不同分配原理的许可排放量分配研究，缺乏系统考虑和全面研究。在分配方法构建时，基本上未考虑区域内各城市的大气污染物传输关系、环境容量，水污染物传输关系、环境容量等相关领域最新研究成果。因此，梳理出来的一个子科学问题是，尝试结合污染物许可排放量分配方法的当前实践成果，引入城市大气污染物传输矩阵、环境容量等最新研究成果，能否构建多种基于不同分配原理的点源尺度大气污染物许可排放量分配模型，即如何构建多种基于不同分配原理的点源尺度大气污染物许可排放量分配模型。

在分配结果的评估研究进展中，大气污染物许可排放量的分配结果评估几乎无人进行相关研究，水污染物许可排放量的分配结果评估中仅有少量研究是公平性方面的评估（刘奇等，2016；徐梦鸿，2019；Wu et al.，2019），但是在这部分水污染物分配结果的公平性评估中，并未与污染物许可排放量分配实践相结合。对污染物许可排放量分配结果—污染物实际排放量—环境质量的非线性响应关系，缺乏系统考虑、研究和评估。污染物许可排放量分配结果对健康效益、治理成本等方面的影响评估，未实现综合考虑和研究。同时，缺乏系统评估污染物许可排放量分配结果对城市之间的公平性影响。未着力实现对污染物许可排放量分配结果的多维度综合评估，仅注重某一维度的单一评估。因此，梳理出来的另一个子科学问题是，尝试能否在效果、效率、公平等多维度实现对分配结果的单项评估和综合评估，进而构建相应的单项评分模型和综合评分模型，从而得到不同分配方法的评估分数，即如何构建分配结果的综合评估体系。

1.3 研究目的和意义

基于上述研究背景和科学问题，本书的主要研究目的是在点源尺度上，尝试结合当前污染物许可排放量的分配方法实践成果，引入城市大气污染物传输矩阵、环境容量等最新研究成果，分别构建了基于排放标准法、排放标准+城市传输法、环境容量法的大气污染物许可排放量分配模型，并在效果（环境质量贡献度）、效率（费用效益）、公平等多维度实现对分配结果的单项和综合评估，进而构建单项评估评分模型和综合评估评分模型，得到排放标准法、排放标准+城市传输法、环境容量法的单项评估分数和综合评估分数，并探讨了分配方法及分配结果综合评估耦合体系在我国环境管理、环境政策领域中的应用。

本研究具有科学研究和实践的双重意义。在科研方面，本研究可丰富我国环境管理、环境政策等学科的研究，推动我国污染物许可排放量分配方法及其评估技术的发展，也能为排污许可、总量控制等研究领域提供研究思路、技术、方法方面的借鉴和参考。在实践方面，本研究可为我国总量控制和排污许可的点源尺度污染物许可排放量的科学合理分配提供技术支撑，更好地实践分配方法的操作性、有效性、公平性，以便服务排污许可制度改革和总量控制制度改革，完成固定污染源环境管理制度体系改革重塑，从而实现生态环境质量改善这一根本目的。

1.4 主要研究内容

根据上述提出的科学问题和管理需求，本研究所确定的研究内容集中于五个方面。

研究内容一：在北京、天津、石家庄、唐山、保定、沧州、廊坊等城市排放清单（M0）的基础上，按照排污许可证申请与核发技术规范，筛选出工业锅炉、水泥、玻璃、焦化、钢铁等 5 个工业行业，结合城市大气污染物传输矩阵、环境容量，分别构建企业（排放口）尺度的基于排放标准法（M1）、标准+传输法（M2）、环境容量法（M3）的 SO_2、NO_x、一次 $PM_{2.5}$ 许可排放量分配模型，并将企业（排放口）尺度的 SO_2、NO_x、一次 $PM_{2.5}$ 许可排放量分别汇总至行业尺度、城市尺度的 SO_2、NO_x、一次 $PM_{2.5}$ 许可排放量。

研究内容二：基于研究内容一的企业（排放口）尺度的 SO_2、NO_x、一次 $PM_{2.5}$ 许可排放量和城市排放清单，加上基础排放清单，分别构建 BAU（M0）、S1（M1）、S2（M2）、S3（M3）的点源 SO_2、NO_x、一次 $PM_{2.5}$ 排放清单，结合 WRF 模型、CMAQ 模型相关数据，从而构建以北京、天津、石家庄、唐山、保定、沧州、廊坊等城市为核心模拟区域的三层网格嵌套的 WRF-CMAQ 模型，分别模拟得到 BAU、S1、S2、S3 的 SO_2、NO_2、$PM_{2.5}$ 的浓度。

研究内容三：基于研究内容一的 M1、M2、M3 与 M0 的 SO_2、NO_x、一次 $PM_{2.5}$ 排放量差值，以及研究内容二的 M1、M2、M3 与 M0 的 SO_2、NO_2、$PM_{2.5}$ 浓度差值，选定恰当的模型及其参数，分别构建基于浓度差值的健康效益模型和基于排放量差值的减排成本模型，从而估算 M1、M2、M3 的效益、成本、净效益。

研究内容四：基于研究内容一的 M0、M1、M2、M3 的 SO_2、NO_x、一次 $PM_{2.5}$ 排放量，分别加上 M0 其余工业行业的 SO_2、NO_x、一次 $PM_{2.5}$ 排放量，结合工业 GDP、工业利润、工业增加值、工业就业人口等经济社会数据，分别构建环境基尼系数（EGC）模型和绿色贡献系数（GCC）模型，分别定量评估 M1、M2、M3 的 EGC、GCC。

研究内容五：基于研究内容二的 SO_2、NO_2、$PM_{2.5}$ 模拟浓度，研究内容三的净效益，以及研究内容四的 EGC、GCC，结合专家建议，首先分别构建基于模拟浓度、净效益、EGC、GCC 等指标的单项评分模型；其次综合多项指标的评分结果，构建基于环境质量贡献度评估、费用效益评估、公平性评估的 3E 综合评分模型，并基于单项分数，定量计算 M1、M2、M3 的 3E 综合分数。最后，本研究讨论了分配及综合评估体系在我国排污许可、总量控制等环境管理、环境政策研究中的应用，并对我国分配方法与评估体系领域的研究进行了展望等。

根据本研究的主要内容，拟定本书框架共分为 8 章，各章简要介绍如下。

第 1 章 绪论。阐述本书的研究背景和我国的管理需求，对科学问题进行分析和归纳，提出本书的研究目的和意义，阐述本书的主要研究内容和框架，拟定研究思路和技术路线。

第 2 章 文献综述。通过文献研究，首先，介绍排污许可证的缘由、发展和关键技术（分配方法）；其次，详细阐述基于不同分配原理的污染物许可排放量分配方法，归纳总结国内外污染物许可排放量分配方法的优点、缺点、应用范围和分配类型；再次，识别许可排放量分配方法的影响因素，以及详细阐述分配结果评估的研究现状；最后，总结现有研究存在的局限，提出本研究所要回答的科学问题。

第 3 章 污染物许可排放量分配模型构建。针对研究内容一，介绍选择北京及周边城市（北京、天津、石家庄、唐山、保定、沧州、廊坊等 7 个城市）为研究区域的理由，介绍北京及周边城市社会经济现状以及污染物排放现状；描述城市排放清单、排污许可证申请与核发技术规范，以及工业锅炉、水泥、玻璃、焦化、钢铁等 5 个工业行业；介绍城市大气污染物传输矩阵、环境容量；详细描述企业（排放口）尺度的基于 M1、M2、M3 的 SO_2、NO_x、一次 $PM_{2.5}$ 许可排放量分配模型的构建；详细描述基于 M1、M2、M3 的 SO_2、NO_x、一次 $PM_{2.5}$ 许可排放量；并比较了 M1、M2、M3 与 M0 在企业、行业、城市尺度的 SO_2、NO_x、一次 $PM_{2.5}$ 许可排放量。

第 4 章 分配结果的环境质量贡献度评估。针对研究内容二，介绍 WRF-CMAQ 模型所需的排放清单、气象场数据、土地数据和污染物观测站点数据的来源与处理；详细介绍 WRF-CMAQ 模型的参数设置，验证 WRF-CMAQ 模型的 SO_2、NO_2、

$PM_{2.5}$模拟浓度与观测浓度的相关性；详细描述基于M0、M1、M2、M3的SO_2、NO_2、$PM_{2.5}$的模拟浓度；并比较了基于BAU、M1、M2、M3的SO_2、NO_2、$PM_{2.5}$的模拟浓度。

第5章 分配结果的费用效益评估。针对研究内容三，介绍健康效益模型和减排成本模型所需的污染物排放量差值、污染物模拟浓度差值、健康效益系数、健康终端货币化数据和污染物单位治理成本的来源与处理；详细介绍健康效益模型和减排成本模型的构建；详细描述基于 M1、M2、M3 的效益、成本、净效益；并比较了基于M1、M2、M3的效益、成本、净效益。

第6章 分配结果的公平性评估。针对研究内容四，介绍环境基尼系数模型和绿色贡献系数模型所需的工业行业污染物排放量、工业GDP、工业利润、工业增加值和工业就业人口的来源与处理；详细介绍EGC模型和GCC模型的构建；详细描述基于M1、M2、M3的EGC、GCC；并比较了基于M1、M2、M3的EGC、GCC。

第7章 分配结果的3E综合评估。针对研究内容五，详细介绍分别基于SO_2模拟浓度、NO_2模拟浓度、$PM_{2.5}$模拟浓度、净效益、EGC、GCC的单项评分模型的构建；详细介绍基于 SO_2、NO_2、$PM_{2.5}$的模拟浓度的环境质量贡献度评估（AQA）模型的构建，基于净效益的费用效益评估（CA）模型的构建，以及基于EGC、GCC的公平性评估（EA）模型的构建；详细介绍基于AQA、CA、EA的3E综合评分模型的构建；详细描述基于M1、M2、M3的AQA评估分数、CA评估分数、EA评估分数、3E综合评估分数；并比较了基于M1、M2、M3的AQA评估分数、CA评估分数、EA评估分数、3E综合评估分数。

第8章 结论与展望。总结本书的主要结论，归纳本研究的主要创新点，对本书的主要局限性进行总结和分析。详细讨论本书的研究成果在环境管理、环境政策研究领域的应用，并展望了我国分配方法与评估体系领域的未来研究方向。

根据本研究的主要研究内容和章节安排，本书的框架结构见图1-2。

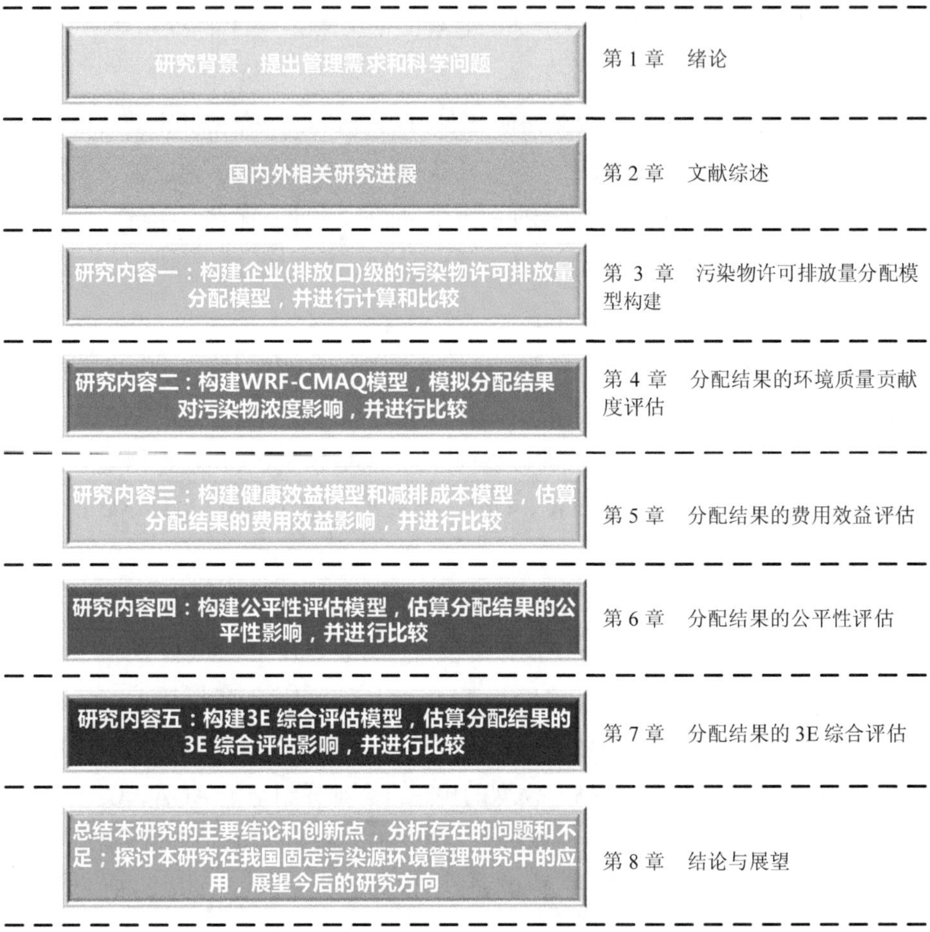

研究内容	章节
研究背景，提出管理需求和科学问题	第 1 章　绪论
国内外相关研究进展	第 2 章　文献综述
研究内容一：构建企业(排放口)级的污染物许可排放量分配模型，并进行计算和比较	第 3 章　污染物许可排放量分配模型构建
研究内容二：构建WRF-CMAQ模型，模拟分配结果对污染物浓度影响，并进行比较	第 4 章　分配结果的环境质量贡献度评估
研究内容三：构建健康效益模型和减排成本模型，估算分配结果的费用效益影响，并进行比较	第 5 章　分配结果的费用效益评估
研究内容四：构建公平性评估模型，估算分配结果的公平性影响，并进行比较	第 6 章　分配结果的公平性评估
研究内容五：构建3E 综合评估模型，估算分配结果的3E 综合评估影响，并进行比较	第 7 章　分配结果的 3E 综合评估
总结本研究的主要结论和创新点，分析存在的问题和不足；探讨本研究在我国固定污染源环境管理研究中的应用，展望今后的研究方向	第 8 章　结论与展望

图 1-2　本书框架结构

1.5　研究技术路线

本研究综合运用了资料收集、数据处理、数据建模、统计分析、WRF-CMAQ 模型、ArcGIS 空间分析、回归分析、专家访谈等技术方法。

针对研究内容一，采用数据处理方法对城市排放清单进行了城市、行业和企业数据的处理和提取，通过统计分析方法对提取出来的数据进行污染物种类的分析和比对，以及在企业、行业、城市等多维度下进行数据统计分析和对比，应用数据建模方法分别构建不同分配方法模型，采用 ArcGIS 空间分析方法和统计分析方法来实现 SO_2、NO_x、一次 $PM_{2.5}$ 的许可排放量分配结果的对比、可视化。

针对研究内容二，采用 ArcGIS 空间分析方法处理基于分配结果的点源排放清单和基础排放清单，收集处理相关数据，应用 WRF-CMAQ 模型得到污染物模拟浓度，通过数据处理、统计分析、ArcGIS 空间分析等方法对 SO_2、NO_2、$PM_{2.5}$ 的模拟浓度进行统计分析、对比和可视化。

针对研究内容三，收集处理大量数据，采用数据建模方法分别构建健康效益模型和减排成本模型，通过数据处理、统计分析、ArcGIS 空间分析等方法对效益、成本、净效益进行统计分析、对比和可视化。

针对研究内容四，收集处理前期数据，采用数据建模方法分别构建环境基尼系数模型和绿色贡献系数模型，通过数据处理、统计分析、ArcGIS 空间分析等方法对环境基尼系数和绿色贡献系数进行统计分析、对比和可视化。

针对研究内容五，参考专家访谈结果和建议，采用数据建模、回归分析等方法构建单项评估评分模型和 3E 综合评估评分模型，通过数据处理、统计分析等方法对单项评估分数和 3E 综合评估分数进行统计分析、对比。

综上所述，本研究的技术路线见图 1-3。

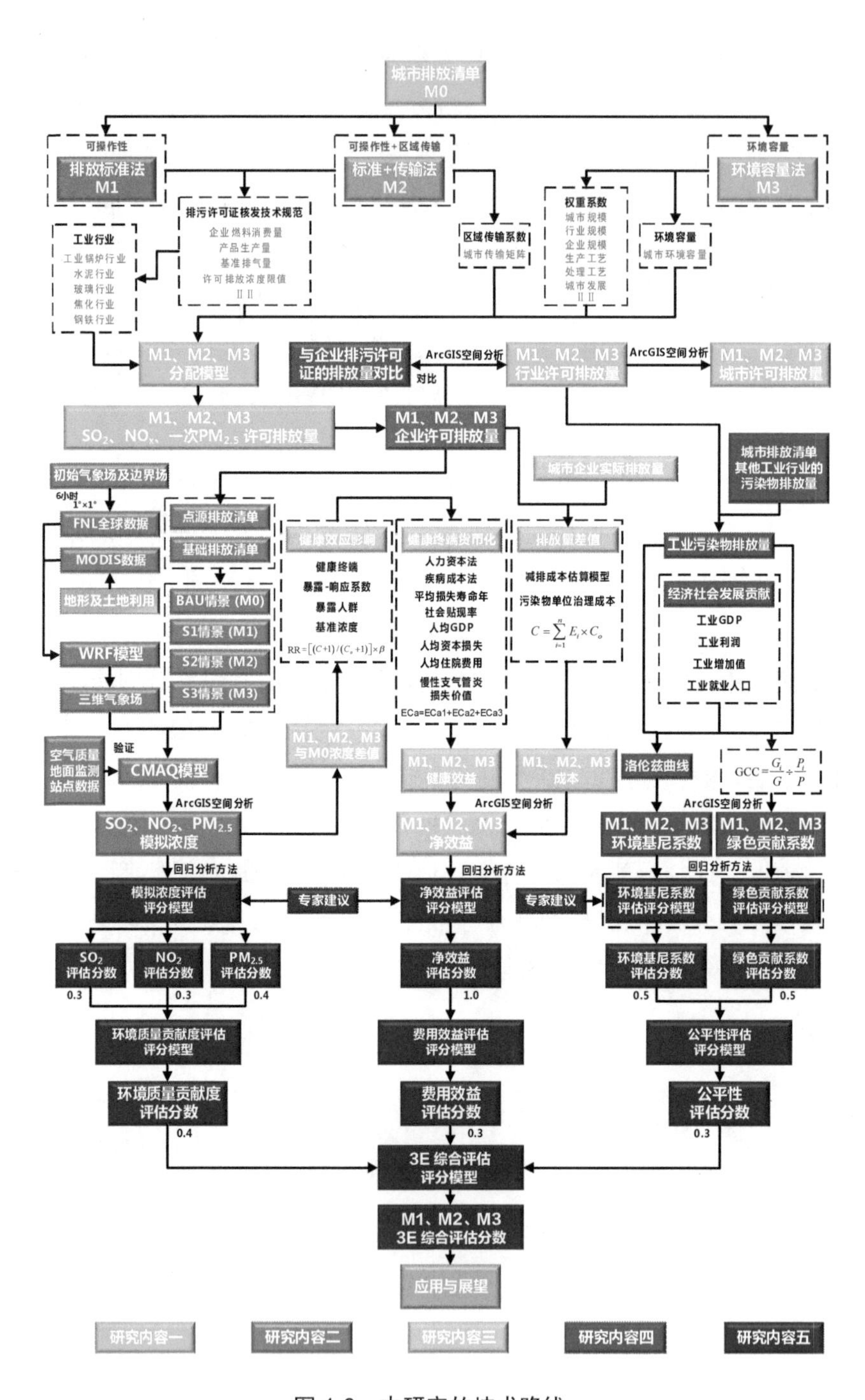

图 1-3　本研究的技术路线

第 2 章
文献综述

排污许可制度是发达国家防治固定污染源污染的成功制度经验，也是我国生态环境管理部门目前正在推进的一项核心管理制度。在中国排污许可制度 30 多年的运行历史上，其内涵、实践（核发、审查、监管等）、法律法规、与其他相关制度的关系等经历了多次变化。排污许可制度的核心技术——许可排放量分配方法随之经历了多次变化，许可排放量分配结果的影响因素以及许可排放量分配结果的评估方法也随之多次变化。

2.1 国际排污许可制度现状

2.1.1 美国排污许可制度

（1）美国排污许可制度发展过程

1955 年颁布的《大气污染防治法》是首次涉及大气污染的美国联邦法律。1963 年颁布的《清洁空气法》首次提出要“控制”大气污染，并授权开展大气污染监测和大气污染控制的技术研究。1967 年，《清洁空气法》修订案第一次开展远距离环境监测和固定污染源检查以研究州际大气污染的传输。1970 年，《清洁空气法》修订案对固定污染源和移动污染源提出法规要求，涵盖美国全部地区的生产及各种活动，并扩大了美国联邦执法内容。1990 年，《清洁空气法》修订案增加了酸雨、有毒空气污染、臭氧层破坏等内容，建立了美国固定污染源大气排污许可证制度，并增加了相应的执法权。

1972 年，《水污染控制法》修正案创建了水污染物排放许可证制度［即国家污染物排放清除系统（National Pollutant Discharge Elimination System，NPDES）］，要求任何排放污染物到水体的行为须获得许可证。1977 年，将《水污染控制法》修正为《清洁水法》，把水污染控制重点从常规污染物（生化需氧量、总悬浮物、pH 等）扩展到有毒污染物，有毒污染物种类从最初的 65 种扩充到现在的 126 种。1987 年，《清洁水法》修正案通过，并颁布了《水体质量法》，明确美国各州需达到的水体质量目标。

（2）美国排放许可限值

《清洁空气法》和《清洁水法》要求制定基于技术的污染物排放标准，这成为美国工业固定污染源污染控制体系的突出特点（张建宇，2016a，2016b）。美国固定污染源的排放标准是基于技术的污染物排放标准，根据污染物种类、新建或现有固定污染源、所在区域达标情况，以及企业生产工艺、原辅材料、实际产能、污染控制技术和污染治理水平等差异，分别制定不同种类的污染物排放标准。

空气和水环境质量的达标是美国实施空气和水污染物排放许可证的目标。基于《美国国家环境空气质量标准》（National Ambient Air Quality Standards，NAAQS），美国国家环保局（EPA）针对大气固定污染源，制定了一系列以空气环境质量达标为目标的固定污染源污染防治政策，主要包括州实施计划（state implementation plans，SIPs）、防止重大恶化许可证制度［达标地区重大排放源的 PSD 许可证（prevention of significant deterioration，PSD）］、不达标地区新污染源审查许可证制度（nonattainment new source review，NNSR）和运行许可证制度等。根据 NAAQS，EPA 确定不达标区域边界，各州分别制定不达标区域的达标规划。对于不达标地区，各州须在 18～36 个月之内提交达标规划（因污染物不同而变化）。达标规划必须说明不达标区域如何“尽快”达标（一般来说 $PM_{2.5}$ 的达标需要 6～15 年，臭氧的达标需要 3～20 年）。达标区域重大排放源对空气质量浓度的影响，不能超出规定的 PSD 增量。不达标区域新重大源的建设许可证实行最低可实现排放率（lowest achievable emission rate，LAER）技术，并采取倍量替代措施。美国水污染物排放许可证必须同时满足排放标准、水质标准以及最大日负荷总量（total maximum daily loads，TMDL）管理要求，使固定污染源污染控制与水体水质改善直接挂钩。TMDL 管理是对不达标水体污染物排放量进行分配的工具，统筹考虑影响不达标水体的固定污染源和非固定污染源，并在所有固定污染源和非固定污染源之间进行污染物排放量分配。

2.1.2　欧盟排污许可制度

（1）欧盟排污许可制度发展过程

1964 年，德国实施《空气质量控制技术指导》（technical instructions on air quality control，TA Luft），并于 1974 年、1983 年、1988 年和 2002 年分别对 TA Luft 进行了修订。TA Luft 规定了不同生产设施的空气污染物排放限值和措施要求，重申了许可证的颁发要求。1972 年，德国通过《废物处理法》，这是最先以立法形式确定环境保护许可证制度。其后，欧洲共同体的成员国相继以立法形式制定类似的环境保护许可证制度。1974 年，德国实施《空气污染、噪声、振动等环境有害影响预防行动》，其核心内容之一是规定了设施建设、运行的许可证颁发程序和要求。

1996 年，基于综合污染预防和控制（integrated pollution prevention and control，IPPC）指令，欧盟实施排污许可证制度，达到对环境实施综合管理的目的。2008 年，重新修订了 IPPC 指令的相关条款。IPPC 指令提出了工业污染源的排放控制要求，确立了有排污潜能的工业项目的审批要求及许可证发放程序。2011 年，IPPC 指令被《工业排放指令》（Industrial Emissions Directive，IED）替代。IED 修改并整合了之前分散的多部指令，是一部管理工业排放的综合性指令，重申了工业项目排污审批和许可证制度。IED 主要要求有，一是预防和控制污染，高污染排放潜能的新建、已建工业活动设施需获得许可证；二是欧盟成员国需在规定期限内采取相应措施以便达到 IED 具体要求，可为每个工业设施的运营方发放许可证，也可为一个工业设施的不同部分的运营方分别发放许可证；三是欧盟成员国应明确不同工业设施需达到的不同要求；四是工业设施运营方需提交申请，并提供工业设施达到要求的证明材料，方能获得排污许可证。

（2）欧盟排放许可限值

欧盟实施的排放许可制度是基于最佳可行技术（best available technology，BAT）展开的制度（European Commission，2008，2010b，2010c，2010d）。许可

制度的内容涉及工业项目的前期建设、审批、运行、监管、后期评估等全过程，其中涉及的主要许可内容均基于 BAT 进行制定，其目的是最大限度地降低工业活动对环境的影响。

IPPC 指令提供了一种控制工业设施污染排放的管理方法，要求对工业污染排放设施实施许可证管理，许可证的发放必须满足最低排放限值的要求，排放限值应该基于 BAT 确定，并在生产工艺设计和污染排放控制方面推广 BAT。欧盟 IED 是 IPPC 指令的延续和升级（王金南等，2014），强化了 BAT 在许可证管理中的作用和地位，对于特定工业设施须获得许可证才能运行。BAT 是制定许可证及确定排放水平的基础，通过 BAT 及其参考文件，给出正常运行条件下工业设施使用 BAT 或 BAT 组合技术能达到的排放水平，并将基于 BAT 的排放水平作为制定许可证的参考。

BAT 在许可证制度中的基础作用主要体现在排放限值、技术参数、污染控制措施和环境监测要求等方面。基于 BAT 制定许可证的要求，既有强制性又有一定灵活性，其强制性体现在许可证要求的排放浓度限值不能超过 BAT 排放标准区间的最高值，并要求工业设施运营方依照 BAT 进行生产、运行和管理；而其灵活性则在于 BAT 及其技术组合由工业设施运营方自主选择，并不限于采用 BAT 及其参考文件中的技术，只需满足 BAT 的排放标准。BAT 对排放许可证的基础性作用和对企业的强制性要求体现在排放目标的实现，而非具体技术的选择。

欧盟成员国在 IED 下实施排污许可证，并在许可证内容的制定过程中主要通过两种形式体现 BAT，一是通过主管单位与工业设施运营方协商确定 BAT 在许可证中的应用。此方式需对工业设施进行逐台评估，从而确定基于 BAT 的排放限值和要求。德国、奥地利、英国、瑞士等国家均采用此形式。二是制定通用性约束规则。在成员国全国范围内实施统一的通用性约束规则，并不需要地方管理部门与企业进行谈判。部分国家采用两种形式相结合的方式来确定许可证的要求。

2.1.3 其他国家排污许可制度

除美国和欧盟外，日本、巴西、俄罗斯、挪威、澳大利亚等国家均在不同层面建立了污染物排放许可制度（王金南等，2014；叶维丽等，2016）。

（1）日本

日本环境法律虽未直接使用“排放污染物许可证”的概念，但《大气污染防治法》《水质污染防治法》《噪声控制法》等法律规定了“申报—审查—认可—遵守”的程序以及违规处罚的内容。在多数法律文本上规范了“排污申报”，但在“认可”程序环节，则规定了环保部门需对符合法律规定的企业出具一份排污申报的“认可证明”材料，即一般意义上的排污许可证。

日本总量控制目标值的确定过程是由技术水平决定总量控制目标的自下而上的过程。区域总量控制目标是基于技术水平，由国家、地方和企业充分考虑地方和企业的执行能力后，所提出的目标控制量。在总量控制方面要求排污企业达到所属行业和工业设施类型的 C 值（污染物排放浓度），并不涉及具体减排任务。

（2）巴西

1977 年，巴西里约热内卢州政府第 1633 号法令设立了污染物排放许可体系。1981 年，巴西联邦法律第 6938 号将环境许可纳入国家环境政策，规定全国范围内强制性实施环境许可制度。1997 年，巴西国家环境委员会第 237 号政令详细规定需申请环境许可的企业或项目及其建设、运行活动。

巴西对可能造成严重影响环境的活动需要颁发许可证。首先，申请人向环境部门提交企业基本信息、建设项目基本信息及建设项目环境影响评估结果。其次，环境部门审核项目建设所在区域及其申请信息，出具技术评估结论，并确定是否发放环境许可证。最后，对项目的污染物排放控制提出具体要求，并允许项目建设、运行。初始许可证有效期不能大于 5 年；建设许可证有效期应为工程计划的年限，但不能大于 6 年；运行许可证有效期应考虑环境污染控制计划，为 4～10 年。

（3）俄罗斯

2002 年，《俄罗斯联邦环境保护法》提出要制定并实施环境保护领域部分活动的许可证制度。同时，其他相关俄罗斯联邦法律，明确列出实行许可证制度的环境保护活动种类名录。

俄罗斯为影响环境的活动颁发许可证。申请人需要提交基本信息、污染物种类、污染物排放情况、工艺流程未变化的证明文件，以及年排放量超过控制总量时需采取的污染治理措施。俄罗斯法律规定废气、废水的排放限值，以及废物、危险废物的处理方式，许可证有效期一般为 5 年。

（4）挪威

1981 年，挪威颁布《污染控制法》，实施排污许可证制度。《污染控制法》规定了可能造成严重环境污染的活动须申请排污许可证。

挪威为可能造成严重环境污染的活动颁发许可证。首先，企业提交许可申请，公开许可申请材料，邀请相关方和当地政府分别对许可申请材料进行评议。其次，污染控制局根据许可申请材料，综合各方建议后，决定拒绝或核准许可证申请。许可证规定了企业废气、废水和噪声的排放限值，以及废物的处理方式；明确了环境监测制度、质量改善计划、自我监控方案、企业向政府报告的义务和污染紧急事故的应急预案等内容。最后，向公众公开许可证申请材料。许可证有效期一般为 10 年。

（5）澳大利亚

20 世纪 90 年代末，澳大利亚开始实施排污许可证管理。澳大利亚各州有各自的环保法规，其中新南威尔士州和维多利亚州的排污许可制度较为完善，且取得良好效果。1999 年，澳大利亚新南威尔士州的排污许可体系基于州《环境保护操作法案》建立，该法案包括多个法规以及行动计划。《环境保护操作法案》取代了《清洁空气法》《清洁水法》《污染控制行动》《废物减量化和管理法》《噪声控制行动》《环境犯罪和处罚法》等多个单项法案，整合了受单项法案约束的企业排污行为，不仅奠定了综合排污许可制度的法律基础，而且详细规定了排污许可证的核发对象、程序、权限和收费标准等具体要求（吴铁等，2015）。

新南威尔士州排污许可证涵盖大气、水、废物和噪声控制方面的要求，属于典型的综合许可证。《环境保护操作法案》根据项目的性质、规模和环境影响，确定一份行业清单，包括水泥、化工、电力、冶金、农业、污染土壤治理、矿山等固定污染源建设项目，以及固体废物运输等移动源，并规定了不同项目的规模限制和豁免特例。许可证载明了污染物排放标准、排放量，通常还要求相应的监测与记录、年度申报、环境审计、资金保障、环境管理、日常合规管理等。澳大利亚的排污许可证收费情况与企业实际排污量挂钩。新南威尔士州的排污许可制度主要采用基于污染物排放负荷的许可方法。设定企业污染物排放限值时，将企业排污许可证收费和实际排放量相结合，并规定该排污许可证费用与实际排放量成正比。若实际排放量超过排放限值，超出排放限值部分将按照该排污许可证费用双倍收取。公众参与、监督是新南威尔士州发放排污许可证的重要环节，公众意见是排污许可申请材料的必要附件之一。公众可通过特定渠道查阅排污许可证申请、发放、变更、收费等信息。依法获得豁免权、诉讼情况、环境审计报告、环境保护整改通知、部分环境监测结果等事项均需要对公众公开。

2.2　中国排污许可制度的演化和改革

排污许可制度是通过经企业申请、政府发放的许可证，对排污单位及其排污设施的实际排污行为提出具体要求，并以书面形式确定下来的唯一许可凭证，是约束企业排放行为与政府监管行为、强化公众监督的有效制度（祝兴祥，1989；祝兴祥等，1991a，1991b；陈茂云，1990；孙佑海，2014）。

中国排污许可制度是始于 20 世纪 80 年代地方环保部门的自主探索，是我国八项基本环境管理制度之一，实施范围从水要素扩展到水和大气要素，形成了早期的中国排污许可制度（刘春玉，1990；李蕾，1993；吴报中等，1995）。随着中国环境管理以浓度控制为核心转变为以总量控制为核心，排污许可制度的内涵、实践（胡景星等，1995；袁钦汉等，1995；韩建光，1995），以及与其他制度的关系发生了重大变化（夏青，1991；黄玉凯，1991；刘作森，1997），这一转变弱化了排污许可制度的定位和价值（徐家良，2002）。“十三五”时期（2016—2020 年）以来，中国环境管理转变为以环境质量改善为核心，排污许可制度成为固定污染源环境管理制度的核心，排污许可制度再次面临重塑、新生与改革（王金南等，2016），我国政府确定了 2020 年基本建立排污许可制度的改革目标。

2.2.1　中国排污许可制度的演变过程

从 20 世纪 80 年代中期开始试点排污许可制度至今，中国排污许可制度经历了以下 4 个阶段。

（1）制度萌芽阶段（1980s—1999 年）

1985 年上海市发布的《上海市黄浦江上游水源保护条例》，要求上海市的区县环境保护部门按照污染物总量控制要求给一切有废水排放黄浦江上游的单位发放排污许可证（上海市，1985）。1987 年，国家环保局召开“实行排污申报登记和排污许可证制度座谈会”，决定在全国试行排污许可制度（王金南等，2014）。同年，在天津、苏州等 10 余个中国大中型城市开始进行试点，向企业发放基于排污申报登记的水污染物排放许可证（祝兴祥等，1991b）。1988 年 3 月，国家环保局制定《水污染物排放许可证管理暂行办法》。1989 年，第三次全国环境保护会议确定推行排污许可制度等八项环境管理制度。1989 年，《水污染物防治法实施细则》规定“对企业事业单位向水体排放污染物的，实施排污许可证管理”，进一步确立了排污许可证的法律地位，并首次将污染物排放总量指标纳入排污许可量。1994 年，国家环保局宣布排污许可证试点工作结束，开始在所有城市推行排污许可制度，此后部分省份开展了排污许可制度地方法规构建工作。1995 年，国务院发布的《淮河水污染防治条例》，规定淮河流域的重点排污单位须申领排污许可证，并保证其排污总量不超过排污许可证规定的排污总量控制指标。但 1984 年颁布的《水污染防治法》、1987 年颁布的《大气污染防治法》、1989 年颁布的《环境保护法》未提及排污许可制度。

在该阶段，尽管在中央文件中排污许可制度被逐步确立其作为八项环境管理制度之一的地位，但各地方的实践并不理想，未从立法层面予以明确，未成为一项真正的基础性环境管理制度。国家层面没有法律载明排污许可制度。在地方层面上，仅有北京、贵州等省市颁发了排污许可证管理办法。此时的排污许可证更像是排污申报制度的载体，虽然首次与总量控制指标相挂钩，但未发挥其行政许可的功能。

（2）地方试点阶段（2000—2007 年）

2000 年修订的《中华人民共和国大气污染防治法》，明确提出核发主要大气污染物排放许可证。2000 年修订的《〈水污染防治法〉实施细则》规定发放水污染物排放许可证。2000—2007 年，我国近 20 个省（自治区、直辖市）制定了专门的排污许可制度暂行办法或暂行规定，部分地区进行了相关发证工作。

在该阶段，排污许可制度在全国基本全面落实，排污许可与总量控制衔接的思想基本确立。全国各地均颁发了本地版排污许可证管理办法，但未实现“持证才能排污”“无证不得排污”的预期行政约束作用，主要有两个原因，一是排污许可制度没有与其他环境管理制度有效衔接，难以突破上位法的约束与环境管理水平现状的制约；二是国家未出台排污许可证管理办法，导致各地区排污许可缺乏管理依据，以及未形成有效统一的管理思路。

（3）基于总量控制的排污许可制度探索阶段（2008—2015 年）

2008 年 1 月，国家环保总局发布《排污许可证管理条例》（征求意见稿），但未明确排污许可与总量控制等制度的关系。2008 年修订的《中华人民共和国水污染防治法》明确表明国家实施排污许可制度，正式确立其法律地位。2008 年，环境保护部开始《排污许可证管理办法（试行）》的编制与意见征求。《排污许可证管理办法（试行）》（草案）要求加强排污许可制度与总量控制制度的关系，将企业排污许可量与企业排污总量指标绑定。2014 年 4 月，环境保护部公布《排污许可证管理暂行办法》（征求意见稿）。2014 年颁布的《中华人民共和国环境保护法》明确要求“未取得排污许可证的，不得排放污染物”。2015 年中共中央、国务院印发的《生态文明体制改革总体方案》明确提出完善污染物排放许可制。

在该阶段，中国排污许可制度正在探索转型为固定污染源综合管理体系的核心与载体。尤其是“十一五”时期（2006—2010 年）以来，我国固定污染源环境污染事件呈现频发、高发态势，需要提高管理固定污染源的要求和能力。以总量控制制度为核心的环境管理体系已无法有效应对频发、高发的固定污染源污染事件。靠企业排污申报核定排污许可量的做法无法满足总量控制、固定污染源精细化管理、环境风险管控的要求，排污许可制度无法发挥设置该制度的作用和意义。因此，国家对固定污染源管理体系进行反思与探索，决心全面深化改革排污许可制度。

（4）固定污染源核心管理制度改革阶段（2016 年至今）

2015 年 12 月，环境保护部环境规划院召开了有关制度框架、技术体系、监督实施机制的排污许可制度国际研讨会。会上首次系统阐述了中国排污许可制度改革顶层设计思路和要求，中国排污许可制度改革正式拉开序幕。

2016 年 11 月，国务院办公厅发布的《控制污染物排放许可制实施方案》，提出全面推行排污许可制度的时间表和路线图。2016 年 12 月，环境保护部印发的《排污许可证管理暂行规定》，规范了排污许可证申请、审核、发放等程序。2016 年 12 月，环境保护部印发《关于开展火电、造纸行业和京津冀试点城市高架源排污许可证管理工作的通知》，启动行业试点和城市试点工作。2017 年 5 月，环境保护部印发的《重点行业排污许可管理试点工作方案》，确定11个省级环保部门和6个市级环保部门牵头负责或参与相应重点行业排污许可证申请与核发试点工作，明确相应任务要求、时间节点与调度计划。2017年7月，环境保护部印发的《固定污染源排污许可分类管理名录（2017年版）》，明确持证对象、持证时间、持证管理要求。2018年1月，环境保护部印发的《排污许可管理办法（试行）》，进一步夯实排污许可实施的法律基础，优化排污许可证核发程序，明确排污许可证内容，落实排污单位按证排污责任，要求依证开展监管执法，加大信息公开力度，提出构建排污许可技术支撑体系。2018年6月，生态环境部首次发布《排污许可管理条例》（征求意见稿）。2018年8月，在第一次意见的基础上，生态环境部再次发布《排污许可管理条例》（征求意见稿）。2018年11月，在前两次征求意见的基础上，生态环境部发布《排污许可管理条例》（征求公众意见稿）。2019年12月，生态环境部印发了《固定污染源排污许可分类管理名录（2019年版）》，扩大了固定污染源的行业覆盖范围，更新了行业管理类别划分标准，解决了和其他统计分类不衔接的问题，《固定污染源排污许可分类管理名录（2017年版）》同时废止。

在该阶段，以排污许可制度为核心的固定污染源管理体系进入快速、高效构建期。通过实施控制污染物排放许可制，实行企事业单位污染物排放总量控制制度，实现由行政区域污染物排放总量控制向企事业单位污染物排放总量控制转变，将范围聚焦到固定污染源。试图将排污许可制度打造成为一项以固定污染源为管理对象，将环境质量改善、总量控制、环境影响评价、污染物排放标准、污染源监测、环境风险防范、排污权交易、环境统计数据等诸多环境管理要求落实到具体固定污染源的综合性环境管理制度（王金南等，2016；王昆婷，2015），努力以环境质量改善为基本出发点，整合固定污染源环境管理的相关制度，实现一企一证、分类管理，坚持属地管理、分阶段推进，强化企业责任，加强发证后的监督与处罚，让排污许可证成为企业环境守法、政府环境执法、社会监督护法的根本依据（王昆婷，2016；卢瑛莹等，2014）。

中国排污许可制度演变过程的主要标志性事件和重要文件见表2-1。

表 2-1　中国排污许可制度演变过程

阶段	时间	标志性事件和重要文件
制度萌芽	1980s—1999 年	➢ 1985 年，上海市发布《上海市黄浦江上游水源保护条例》。 ➢ 1987 年，国家环保局召开“实行排污申报登记和排污许可证制度座谈会”。 ➢ 1988 年 3 月，国家环保局制定《水污染物排放许可证管理暂行办法》。 ➢ 1989 年，第三次全国环境保护会议确定推行排污许可证制度等八项环境管理制度。 ➢ 1994 年，国家环保局宣布排污许可证试点工作结束，向全国推广排污许可证。 ➢ 1995 年，国务院发布的《淮河水污染防治条例》，规定淮河流域的重点排污单位须申领排污许可证
地方试点	2000—2007 年	➢ 2000 年修订的《中华人民共和国大气污染防治法》，明确提出核发主要大气污染物排放许可证。 ➢ 2000 年修订的《水污染防治法实施细则》规定发放水污染物排放许可证
基于总量控制的排污许可制度探索	2008—2015 年	➢ 2008 年 1 月，国家环保总局发布《排污许可证管理条例》（征求意见稿）。 ➢ 2008 年修订的《中华人民共和国水污染防治法》，明确表明国家实施排污许可制度。 ➢ 2008 年，环境保护部开始《排污许可证管理办法（试行）》的编制与意见征求。 ➢ 2014 年 4 月，环境保护部公布《排污许可证管理暂行办法》（征求意见稿）。 ➢ 2014 年颁布的《中华人民共和国环境保护法》明确要求未取得排污许可证的，不得排放污染物。 ➢ 2015 年中共中央、国务院发布的《生态文明体制改革总体方案》明确提出完善污染物排放许可制
固定污染源核心管理制度改革	2016 年至今	➢ 2015 年 12 月，环境保护部环境规划院召开排污许可制度国际研讨会。 ➢ 2016 年 11 月，国务院办公厅发布《控制污染物排放许可制实施方案》。 ➢ 2016 年 12 月，环境保护部印发《排污许可证管理暂行规定》。 ➢ 2017 年 5 月，环境保护部印发《重点行业排污许可管理试点工作方案》。

阶段	时间	标志性事件和重要文件
固定源核心管理制度改革	2016年至今	➢ 2017年7月，环境保护部印发《固定污染源排污许可分类管理名录（2017年版）》。 ➢ 2018年1月，环境保护部印发《排污许可管理办法（试行）》。 ➢ 2018年6—11月，生态环境部发布《排污许可管理条例》（征求意见稿）。 ➢ 2019年12月，生态环境部印发《固定污染源排污许可分类管理名录（2019年版）》

2.2.2 中国排污许可制度改革进展

自2016年开始，中国启动了新一轮的排污许可制度改革，取得了一些进展。截至2020年1月，生态环境主管部门共核发12万多张排污许可证，管控废气排放口30多万个、废水排放口7万多个。截至2020年3月，出台3项部门规章，发布74项排污许可申请与核发技术规范以及50多项配套技术法规。

（1）建立初步的排污许可证法律规章

强化排污许可改革的法律依据。2016年出台的《控制污染物排放许可制实施方案》，是排污许可制度的改革路线图。2017年修改的《水污染防治法》，进一步细化了有关排污许可的要求和制度安排。

出台排污许可证管理的部门规章。2016年12月，环境保护部印发《排污许可证管理暂行规定》，规范排污许可证申请、审核、发放、管理等程序。2017年7月，出台了《固定污染源排污许可分类管理名录（2017年版）》。2018年，环境保护部印发《排污许可管理办法（试行）》，依法规定排污许可的管理对象，明确细化排污单位持证排污和环保部门依证监管的法律要求，具体规定排污单位承诺制、信息公开、自行监测、台账记录和执行报告等要求。2018年，生态环境部发布《排污许可管理条例》（征求意见稿）。2019年12月，出台了《固定污染源排污许可分类管理名录（2019年版）》。

（2）实现排污许可证在固定污染源管理中的主流化

推动排污许可与环境影响评价、总量控制的衔接工作。2017年11月，环境保护部办公厅印发了《关于做好环境影响评价制度与排污许可制衔接相关工作的通知》。研究总量控制改革思路，并在 2017 年环保约束性指标考核工作中予以体现。

建立国家、省、地市三级工作机制，推动排污许可证核发工作。通过国家总体指导，省、市、县环保部门加大技术服务，强化宣传培训等方式，分行业、分阶段推动排污许可证核发工作。截至 2020 年 1 月，全国已核发排污许可证 12 万多张，分别来自火电、造纸、钢铁、水泥、石化、焦化、电镀等 24 个重点行业。

设立专门的排污许可改革管理机构。2017 年 4 月，环境保护部成立了控制污染物排放许可制实施工作专项小组及办公室，负责排污许可制度改革的具体工作。各地也成立了相应的改革领导小组及组织机构，共同推进排污许可制度改革。2018 年 8 月印发的生态环境部“三定方案”，明确组建环境影响评价与排放管理司来承担排污许可综合协调与管理工作，进一步理顺体制机制。

开展行业排污许可证管理工作。各地启动火电、造纸等 24 个行业排污许可证管理工作，京津冀地区部分城市试点开展高架源排污许可证管理工作。按照“核发一个行业，清理一个行业，达标一个行业，规范一个行业”的思路，2018 年，生态环境部启动固定污染源清理排查工作，2019 年持续推动排污许可发证工作，实现 2020 年覆盖所有固定污染源的排污许可制度的改革目标。

明确企业依证排污的主体责任和应尽义务。作为排污者的企业要依法承担防止、减少环境污染的责任；持证排污、按证排污，不得无证排污；落实污染物排放控制措施和其他环境管理要求；说明污染物排放情况并接受社会监督；明确单位责任人和相关人员的环境保护责任。企业自行申领排污许可证并对申请材料的真实性、准确性和完整性承担法律责任；履行依证自主管理排污行为的责任；承担自行监测或委托开展监测、建立排污台账、按期报告持证排污情况等自证守法的责任和依法依证进行信息公开的责任；履行当产排污情况等发生变更或许可证到期时应自行申请变更或延期的责任。

（3）形成排污许可证技术规范体系

形成一证式、综合性的排污许可管理。实施水、大气等多种污染物的一证式、综合性排放许可管理，明确排污单位申领许可证类型。按行业制订并公布排污许可分类管理名录，分批、分步骤推进排污许可证管理，对不同行业或同一行业的不同类型排污单位实行排污许可差异化管理。排污许可证内容全面具体，包括企业基本信息、许可事项、管理要求等。排污许可证申请、核发等程序的情景设置详细客观，可操作性较强。

初步建立排污许可的技术体系框架。发布了钢铁、水泥等74项排污许可证申请与核发技术规范，24项自行监测技术指南以及其他配套技术规范，将企业排放要求落实到排放口上，逐步实现由以企业排放浓度监管为主向企业排放浓度和排放总量并重监管转变（环境保护部，2017b；邹世英等，2018）。

构建统一的全国排污许可证管理信息平台。出台了《固定污染源（水、大气）编码规则（试行）》，建成全国排污许可证管理信息平台，实现统一平台、统一编码、精准定位、信息公开，实现"同一平台申请核发、同一平台监管执法、同一平台执行公开"。河北、上海等地以排污许可数据为基础，通过二维码推动排污口信息化和移动执法的无缝衔接。

（4）强化对排污许可证实施的监督管理

构建基于排污许可证的环境监管执法体系。对企业环境管理的基本要求将在排污许可证中载明，今后对固定污染源的环境监管执法将以排污许可证为主要依据，包括检查持证排污、核查台账记录、核实自行监测结果、检查信息公开、执法监测等，通过核对企业提供的监测数据和台账记录来判定企业是否依证排污；同时也可对企业进行随机抽查式监测，企业应对不符合排污许可证要求的行为做出说明，未能说明并无法提供自行监测原始记录的，政府部门依法予以处罚；将抽查结果记录在排污许可管理平台中，对有违规记录的企业，将提高检查频次。

强化违证排污处罚。根据国家有关法律法规，细化违证排污行为的各种类型和情节，强化基于此的相关处罚措施。这些处罚措施包括责令改正或者限制生产、停产整治，处以罚款，责令停业、关闭，实施按日连续处罚等。

加强信息公开与公众参与。通过国家排污许可证管理信息平台，实现对企业排污许可证申领、核发、变更、注销等全过程的信息公开。要求企业在申请前自行进行信息公开、政府在核发后发布公告，让公众知晓持证排污的企业名单、企业排污应履行的环保义务。要求企业在排污许可证执行过程中，应定期公布企业自行监测报告、污染物排放情况和执行报告等。要求政府在监管执法过程中应及时公布监管执法信息。

打造一套基于实际排放量的固定污染源污染物排放数据。实际排放量是判断企业是否按证排污的重要内容，也是环境保护税、环境统计、污染源清单等工作的数据基础，确定实际排放量的原则是“以企业自行核算为主、环保部门监管执法为准、公众社会监督为补充”。

表 2-2 是自 2016 年 12 月以来我国新一轮排污许可制度改革文件。

表 2-2　自 2016 年 12 月以来我国新一轮排污许可制度改革文件

类型	文件名称		时间
法律法规	1. 排污许可管理办法（试行）	（环境保护部令　第 48 号）	2017.11
	2. 固定污染源排污许可分类管理名录	（环境保护部令　第 45 号）	2017.7
	3. 排污许可管理条例（征求意见稿）		2018.11
	4. 固定污染源排污许可分类管理名录	（生态环境部令　第 11 号）	2019.12
排污许可证申请与核发技术规范	1. 火电行业	（环水体[2016]189 号）	2016.12
	2. 造纸行业	（环水体[2016]189 号）	2016.12
	3. 水泥工业	（HJ 847—2017）	2017.7
	4. 钢铁工业	（HJ 846—2017）	2017.7
	5. 石化工业	（HJ 853—2017）	2017.8
	6. 炼焦化学工业	（HJ 854—2017）	2017.9
	7. 电镀工业	（HJ 855—2017）	2017.9
	8. 玻璃工业——平板玻璃	（HJ 856—2017）	2017.9
	9. 制药工业——原料药制造	（HJ 858.1—2017）	2017.9
	10. 制革及毛皮加工工业——制革工业	（HJ 859.1—2017）	2017.9
	11. 农副食品加工工业——制糖工业	（HJ 860.1—2017）	2017.9
	12. 纺织印染工业	（HJ 861—2017）	2017.9
	13. 农药制造工业	（HJ 862—2017）	2017.9
	14. 有色金属工业——铅锌冶炼	（HJ 863.1—2017）	2017.9
	15. 有色金属工业——铝冶炼	（HJ 863.2—2017）	2017.9
	16. 有色金属工业——铜冶炼	（HJ 863.3—2017）	2017.9
	17. 化肥工业——氮肥	（HJ 864.1—2017）	2017.9
	18. 有色金属工业——汞冶炼	（HJ 931—2017）	2017.12
	19. 有色金属工业——镁冶炼	（HJ 933—2017）	2017.12
	20. 有色金属工业——镍冶炼	（HJ 934—2017）	2017.12
	21. 有色金属工业——钛冶炼	（HJ 935—2017）	2017.12
	22. 有色金属工业——锡冶炼	（HJ 936—2017）	2017.12

类型	文件名称	时间
排污许可证申请与核发技术规范	23. 有色金属工业——钴冶炼（HJ 937—2017）	2017.12
	24. 有色金属工业——锑冶炼（HJ 938—2017）	2017.12
	25. 总则（HJ 942—2018）	2018.2
	26. 农副食品加工工业——屠宰及肉类加工工业（HJ 860.3—2018）	2018.6
	27. 农副食品加工工业——淀粉工业（HJ 860.2—2018）	2018.6
	28. 锅炉（HJ 953—2018）	2018.7
	29. 陶瓷砖瓦工业（HJ 954—2018）	2018.7
	30. 有色金属工业——再生金属（HJ 863.4—2018）	2018.8
	31. 磷肥、钾肥、复混钾肥、有机肥料及微生物肥料工业（HJ 864.2—2018）	2018.9
	32. 电池工业（HJ 967—2018）	2018.9
	33. 汽车制造业（HJ 971—2018）	2018.9
	34. 水处理（试行）（HJ 978—2018）	2018.11
	35. 家具制造工业（HJ 1027—2019）	2019.5
	36. 食品制造工业——调味品、发酵制品制造工业（HJ 1030.2—2019）	2019.6
	37. 食品制造工业——乳制品制造工业（HJ 1030.1—2019）	2019.6
	38. 畜禽养殖行业（HJ 1029—2019）	2019.6
	39. 酒、饮料制造工业（HJ 1028—2019）	2019.6
	40. 人造板工业（HJ 1032—2019）	2019.7
	41. 电子工业（HJ 1031—2019）	2019.7
	42. 食品制造工业——方便食品、食品及饲料添加剂制造工业（HJ 1030.3—2019）	2019.8
	43. 工业固体废物和危险废物治理（HJ 1033—2019）	2019.8
	44. 废弃资源加工工业（HJ 1034—2019）	2019.8
	45. 无机化学工业（HJ 1035—2019）	2019.8
	46. 聚氯乙烯工业（HJ 1036—2019）	2019.8
	47. 危险废物焚烧（HJ 1038—2019）	2019.8
	48. 生活垃圾焚烧（HJ 1039—2019）	2019.10
	49. 制药工业——生物药品制品制造（HJ 1062—2019）	2019.12
	50. 制药工业——化学药品制剂制造（HJ 1063—2019）	2019.12
	51. 制药工业——中成药生产（HJ 1064—2019）	2019.12
	52. 制革及毛皮加工工业——毛皮加工工业（HJ 1065—2019）	2019.12
	53. 印刷工业（HJ 1066—2019）	2019.12

类型	文件名称	时间
排污许可证申请与核发技术规范	54. 煤炭加工——合成气和液体燃料生产　（HJ 1101—2020）	2020.2
	55. 化学纤维制造业　（HJ 1102—2020）	2020.2
	56. 专用化学产品制造工业　（HJ 1103—2020）	2020.2
	57. 日用化学产品制造工业　（HJ 1104—2020）	2020.2
	58. 医疗机构　（HJ 1105—2020）	2020.2
	59. 环境卫生管理业　（HJ 1106—2020）	2020.2
	60. 码头　（HJ 1107—2020）	2020.2
	61. 羽毛（绒）加工工业　（HJ 1108—2020）	2020.2
	62. 农副食品加工工业——水产品加工工业　（HJ 1109—2020）	2020.2
	63. 农副食品加工工业——饲料加工、植物油加工工业　（HJ 1110—2020）	2020.2
	64. 金属铸造工业　（HJ 1115—2020）	2020.3
	65. 涂料、油墨、颜料及类似产品制造业　（HJ 1116—2020）	2020.3
	66. 铁合金、电解锰工业　（HJ 1117—2020）	2020.3
	67. 储油库、加油站　（HJ 1118—2020）	2020.3
	68. 石墨及其他非金属矿物制品制造　（HJ 1119—2020）	2020.3
	69. 水处理通用工序　（HJ 1120—2020）	2020.3
	70. 工业炉窑　（HJ 1121—2020）	2020.3
	71. 橡胶和塑料制品工业　（HJ 1122—2020）	2020.3
	72. 制鞋工业　（HJ 1123—2020）	2020.3
	73. 铁路、船舶、航空航天和其他运输设备制造业（HJ 1124—2020）	2020.3
	74. 稀有稀土金属冶炼　（HJ 1125—2020）	2020.3
污染源源强核算技术指南	1. 准则　（HJ 884—2018）	2018.3
	2. 钢铁工业　（HJ 885—2018）	2018.3
	3. 水泥工业　（HJ 886—2018）	2018.3
	4. 制浆造纸　（HJ 887—2018）	2018.3
	5. 火电　（HJ 888—2018）	2018.3
	6. 平板玻璃制造　（HJ 980—2018）	2018.11
	7. 炼焦化学工业　（HJ 981—2018）	2018.11
	8. 石油炼制工业　（HJ 982—2018）	2018.11
	9. 有色金属冶炼　（HJ 983—2018）	2018.11
	10. 电镀　（HJ 984—2018）	2018.11
	11. 纺织印染工业　（HJ 990—2018）	2018.12

类型	文件名称		时间
污染源源强核算技术指南	12. 锅炉	（HJ 991—2018）	2018.12
	13. 制药工业	（HJ 992—2018）	2018.12
	14. 农药制造工业	（HJ 993—2018）	2018.12
	15. 化肥工业	（HJ 994—2018）	2018.12
	16. 制革工业	（HJ 995—2018）	2018.12
	17. 农副食品加工工业——制糖工业	（HJ 966.1—2018）	2018.12
	18. 农副食品加工工业——淀粉工业	（HJ 996.2—2018）	2018.12
	19. 陶瓷制品制造	（HJ 1096—2020）	2020.1
	20. 汽车制造	（HJ 1097—2020）	2020.1
排污单位自行监测技术指南	1. 总则	（HJ 819—2017）	2017.4
	2. 火力发电及锅炉	（HJ 820—2017）	2017.4
	3. 造纸工业	（HJ 821—2017）	2017.4
	4. 水泥工业	（HJ 848—2017）	2017.9
	5. 钢铁工业及炼焦化学工业	（HJ 878—2017）	2017.12
	6. 纺织印染工业	（HJ 879—2017）	2017.12
	7. 石油炼制工业	（HJ 880—2017）	2017.12
	8. 提取类制药工业	（HJ 881—2017）	2017.12
	9. 发酵类制药工业	（HJ 882—2017）	2017.12
	10. 化学合成类制药工业	（HJ 883—2017）	2017.12
	11. 制革及毛皮加工工业	（HJ 946—2018）	2018.7
	12. 石油化学工业	（HJ 947—2018）	2018.7
	13. 化肥工业——氮肥	（HJ 948.1—2018）	2018.7
	14. 电镀工业	（HJ 985—2018）	2018.12
	15. 农副食品加工业	（HJ 986—2018）	2018.12
	16. 农药制造工业	（HJ 987—2018）	2018.12
	17. 平板玻璃工业	（HJ 988—2018）	2018.12
	18. 有色金属工业	（HJ 989—2018）	2018.12
	19. 水处理	（HJ 1083—2020）	2020.1
	20. 食品制造	（HJ 1084—2020）	2020.1
	21. 酒、饮料制造	（HJ 1085—2020）	2020.1
	22. 涂装	（HJ 1086—2020）	2020.1
	23. 涂料油墨制造	（HJ 1087—2020）	2020.1
	24. 磷肥、钾肥、复混肥料、有机肥料和微生物肥料	（HJ 1088—2020）	2020.1

类型	文件名称		时间
污染防治可行技术指南	1. 火电厂污染防治可行技术指南	（HJ 2301—2017）	2017.5
	2. 污染防治可行技术指南编制导则	（HJ 2300—2018）	2018.1
	3. 制浆造纸工业	（HJ 2302—2018）	2018.1
	4. 制糖工业	（HJ 2303—2018）	2018.12
	5. 陶瓷工业	（HJ 2304—2018）	2018.12
	6. 玻璃制造业	（HJ 2305—2018）	2018.12
	7. 炼焦化学工业	（HJ 2306—2018）	2018.12
	8. 印刷工业	（HJ 1089—2020）	2020.1
其他配套措施	1. 排污单位环境管理台账及排污许可证执行报告技术规范 总则（试行）	（HJ 944—2018）	2018.3

数据资料截至 2020 年 3 月

2.2.3 中国排污许可制度改革存在的问题

新一轮排污许可制度改革已开展 3 年多，在取得较大成绩的同时，比对排污许可证制度改革顶层设计，依然存在着以下 4 个问题。

（1）法律法规支撑不足

国家法律支撑不足。《环境保护法》未规定排污许可的适用范围或者事项，更未规定排污许可的程序性问题，仅笼统规定“国家依照法律规定实行排污许可管理制度”。《水污染防治法》和《大气污染防治法》授权其他法律、法规、规章设定排污许可的其他情形，同时特别授权国务院规定排污许可的具体办法和实施步骤（刘源，2011；吴卫星，2016）。但依然缺少全国层面统一的排污许可证管理法律法规。

部门规章效力不够。原环境保护部先后制定了《排污许可证管理暂行规定》和《排污许可管理办法（试行）》，前者仅是原环境保护部制定的规范性文件，后者则是部门规章。而排污许可制度涉及行政审批制度改革、部门权责调整、环境保护税、排污权交易等多领域、多部门事项，其中部分事项已超出部门规章的立法权限范围，必须通过创立专门的法律或法规来解决。生态环境部虽发布了《排污许可管理条例》（征求意见稿），但仍未出台正式的《排污许可管理条例》。

（2）固定污染源管理制度衔接不畅

排污许可制度与环境影响评价、总量控制、环境保护税、环境监测、环境标准、环境统计等固定污染源环境管理制度之间依然存在衔接不畅的问题，未起到固定污染源环境管理核心制度的作用（李元实等，2015；赵英煚等，2015；赵若楠等，2015；王灿发，2016；蒋洪强等，2016）。以上各项制度均在污染防治的某一阶段发挥作用。从制度体系设计来看，新一轮排污许可制度改革文件不能满足排污许可与其他制度的衔接要求，无法实现与其他制度的无缝衔接。

（3）制度设计科学性不强

未形成覆盖面广的排污许可证。分析地方排污许可证试点现状后，各地方许可证大多仅覆盖到重点污染源，而这些重点污染源主要污染物排放量占固定污染源的 85% 左右（吴悦颖等，2017），虽管住 85% 左右的主要污染物排放量，但余下 15% 左右的主要污染物排放量可能因管理松懈而产生巨大环境风险。而且排污许可证并未覆盖 VOCs、重金属等其他有毒有害污染物的固定污染源，对非主要污染物的监管依然处于起步阶段（吴悦颖等，2017）。

缺乏信息化、动态化的排污许可证信息管理平台。当前，国家排污许可证信息管理平台无法实现全国范围内排污许可证数据的深度挖掘应用、交叉验证等目标，更无法促进固定污染源环境管理的信息化、动态化。

污染物许可排放量分配方法科学性不强。污染物许可排放量分配是排污许可制度的核心内容，直接关联生态环境质量改善。许可排放量分配方法主要有总量减排、环境影响评价等方法以及产排污系数法、排放绩效法等。一直以来，许可排放量分配方法未能与环境质量改善相挂钩，存在着各种局限性（如污染源之间的公平与效率问题、成本与效益问题），导致分配结果存在较大的不确定性。

（4）证后监管能力不够

证后监督管理及违证排污处罚不够。证后监管和违证排污处罚是排污许可制度有效运行的关键保障。证后的违证排污处罚不具体、力度不大，造成企事业单位违证排污成本过低，不足以有效遏制违证排污行为，已严重影响排污许可证的作用发挥（蒋洪强等，2016）。

信息公开与公众参与的程度不够。信息公开与公众参与是保障排污许可证有效运行的重要手段。虽然已有公开渠道获取排污企业的污染物种类、排污量、排放位置等基本信息，但对公众而言，信息获取渠道依然存在不便捷、不及时问题，亦无法很好监督企业依法排污。

2.2.4 深化中国排污许可制度改革的方向与建议

尽管排污许可制度改革已取得一定进展，但离“排污许可证作为固定污染源管理的核心制度”的目标依然有较大差距。为此，建议未来排污许可制度改革主要关注以下 7 个方面。

（1）加快制定和出台《排污许可管理条例》

《控制污染物排放许可制实施方案》是政策性文件（孙佑海，2016），《排污许可证管理暂行规定》仅是原环境保护部制定的规范性文件，《排污许可管理办法（试行）》是原环境保护部印发的部门规章。建议生态环境部加快研究《排污许可证条例》，形成《排污许可管理条例》（草案）提交国务院，以便国务院尽快制定出台《排污许可管理条例》。

（2）加强固定污染源管理制度衔接研究

排污许可制度融合其他制度应与“以改善环境质量为核心”目标紧密结合，抓住固定污染源污染物排放量，结合固定污染源产污、治污、排污环节的制度政策和规律，找准排污许可制度与其他制度的结合点，谨慎研究结合点衔接的关系、问题、技术，创新排污许可制度的内涵与手段，加强以排污许可制度为核心的固定污染源管理体系构建。

（3）完善排污许可证的技术支撑体系

加快更新完善实测法、物料衡算法、产排污系数法对行业生产工艺和污染治理工艺的计算公式及参数。鉴于计算公式及参数与当前生产实际存在较大脱节，需要通过行业协会进行自上而下与自下而上方式相结合的大规模行业自测自检，摸清行业的生产原料、生产工艺、生产设备、产品、污染物种类及产生量、污染治理工艺、污染治理设备等方面与实测法、物料衡算法、产排污系数法计算公式及参数的关系，从而更新完善相应的计算公式及参数。

排污许可证的许可内容仅包括污染物排放位置、种类、排放量，建议加入污染物排放特征、对周边环境及人体健康的影响程度、事故预防及处理等内容。受限于行业排污许可申请与核发技术规范，排污许可证发证范围和种类仍有缺失，建议排污许可证涵盖重金属、VOCs、颗粒物、总氮、总磷及其他有毒有害物质，并将“小三产”等部分企业纳入排污许可管理。

（4）建立信息化的排污许可证管理数据库系统

基于现有全国排污许可证管理信息平台，加入企业台账、核查、执法等软件模块，构建包含核发、台账、核查、执法等环节的排放清单动态更新的排污许可证管理数据库，结合地理信息系统深度分析污染源排放的时空特征和行业特征。这些数据之间可进行交叉校验，有益于政府执法用法、企业遵法守法。

（5）构建科学合理的污染物许可排放量分配方法

构建企事业单位污染物许可排放量分配方法，应当以环境质量改善为目标，结合“自上而下”“自下而上”等方式，跟区域实际排放量、企业最佳可行技术等挂钩。分配方法不仅需要解决公平、效率、与环境质量改善挂钩等问题，更需要具备现实可操作性。生态环境部门统计区域实际排放量后，分析各企事业单位的污染贡献责任，并综合企事业单位的污染物历史排放量、预期增加量等数据，来调整企事业单位的许可排放量。

构建环境质量不达标地区（或河流控制单元）的污染物许可排放量分配方法。我国各地区的能源、经济结构及发展水平不同，导致环境问题的空间差异性较大，建议污染严重地区需要实施更严格的区域总量控制，推行“一区一策”“一厂一策”的精细化、差别化的许可排放量分配方法。由于各行业间的耗能、污染差异性较大，建议构建基于高耗能、高污染行业的污染物许可量分配方法。建议确定高污染季节及重污染不同预警等级状况下季（月、日）级别企业许可排放量，推动工业企业错峰生产和重污染削峰；建议制定丰、平、枯水期差异化的企业污染物排放控制要求。

（6）提高企业污染物监测自主性

允许企业填报排污许可证数据后拥有一次修改机会，增强企业自主性。企业定时上报自行监测数据，生态环境部门建立针对企业自行监测方案、监测设备、数据真实性等方面的考核和现场检查制度。若企业真实准确地上报数据，则给予其政策支持、减少抽查频次等奖励；若上报数据与真实值不符，则需要进行政策处罚、增加抽查频次等严惩。生态环境部门加强对企业环境保护专职人员的设置及管理，设置基于企业排污规模的专职人员资质规定和人数配备要求，强化对企业专职人员的能力培训。

（7）加大排污许可证信息公开和公众参与程度

采取公告、报纸、电视、听证会、微信公众号、微博、科普文章等手段来强化排污许可证的信息公开和公众参与。开发针对环境监管部门、企业、公众的不同版本排污许可证管理手机软件。制作排污口二维码标识牌，设计开发企业排污口二维码信息查询与公开系统，并整合排污许可证管理手机软件。

2.3　污染物许可排放量分配方法研究

污染物许可排放量分配方法是决定固定污染源污染物许可排放量的关键问题。分配方法直接决定了固定污染源的污染物许可排放量分配结果，决定了固定污染源的污染物排污量，进而影响了污染物浓度，而且关联了生态环境质量。

从“九五”时期（1996—2000 年）至“十二五”时期（2011—2015 年），污染物总量控制制度一直是我国环境管理体系的核心制度，担负着治污减排、改善环境质量的主要责任，在产业结构调整升级、主要污染物总量减排、环境质量改善等方面发挥了重要作用。“十三五”时期（2016—2020 年）开始至今，排污许可制度是固定污染源环境管理制度体系的核心制度，是固定污染源污染管理的核心抓手。总量控制制度与排污许可制度的融合之处是固定污染源的污染物许可排放量。当前，排污许可制度改革进展表明，固定污染源许可排放量分配方法主要是根据污染物排放标准、总量控制指标、环境影响评价文件及批复要求等，依法合理确定许可排放的污染物种类、浓度及排放量。随着排污许可制度和总量控制制度的萌芽、发展和成熟，作为核心技术的分配方法一直在不断改进。

关于分配方法的学术研究已有大量报道，构建了多种基于不同分配原理的许可排放量分配方法。从早期的基于历史继续法的分配方法（王金南等，2002；Gert and Morten，2003）、基于等比例的分配方法（张兴榆等，2009）、基于污染贡献率的分配方法（国家环境保护局，1991a，1991b）到目前的基于经济性或社会福利的分配方法（郭宏飞等，2003；李寿德等，2003）、基于环境质量目标的分配方

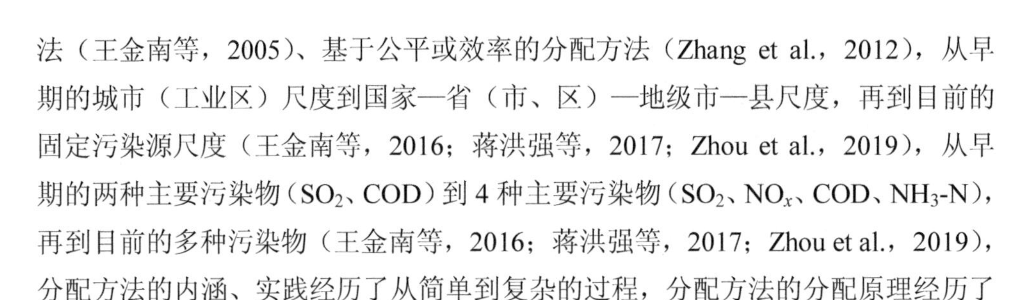
法（王金南等，2005）、基于公平或效率的分配方法（Zhang et al.，2012），从早期的城市（工业区）尺度到国家—省（市、区）—地级市—县尺度，再到目前的固定污染源尺度（王金南等，2016；蒋洪强等，2017；Zhou et al.，2019），从早期的两种主要污染物（SO_2、COD）到4种主要污染物（SO_2、NO_x、COD、NH_3-N），再到目前的多种污染物（王金南等，2016；蒋洪强等，2017；Zhou et al.，2019），分配方法的内涵、实践经历了从简单到复杂的过程，分配方法的分配原理经历了从单一到多种的过程（王金南等，2016；蒋洪强等，2017；Zhou et al.，2019）。

本研究现归纳总结典型分配方法的基本原理及其研究进展。

2.3.1 基于操作简便的分配方法

（1）排放标准法

排放标准法是指依据污染物许可排放浓度限值、单位产品基准排污量和产品产能来确定固定污染源污染物许可排放量的方法。根据《控制污染物排放许可制实施方案》《排污许可管理办法》等相关文件，排放标准法是生态环境管理部门向企业核发排污许可证时确定企业污染物许可排放量的3种主要方法之一。鉴于目前我国大部分企业未按相关排放标准进行合法合规排污，排放标准法是我国确定企业许可排放量的优先方法。排放标准法具有社会经济公平性较高、计算简单直接、时效性高等优点，但存在行业覆盖面不全、与环境质量改善相关性不高等不足。

学界对于排放标准法的研究较少。魏玉霞等（2016）从现行水污染物排放标准与许可排放量的关系入手，分别系统研究排放标准法的理论基础、计算公式、适用条件、优缺点，以制浆造纸工业进行案例分析，其结果表明排放标准法是符合我国当前国情、时效性高且科学合理的许可排放量分配方法。

（2）有偿分配法

有偿分配法，也称排污权有偿使用法，是指排污单位以有偿（付费）方式获取排污权（污染物许可排放量）的方法。根据国务院办公厅《关于进一步推进排污权有偿使用和交易试点工作的指导意见》（国办发[2014]38号），要求试点地区新建项目排污权和改建、扩建项目新增排污权，原则上要以有偿方式取得。然而，目前我国排污权有偿使用改革处于停顿状态，其主要原因：一是污染物的新增量比较小；二是“国办发[2014]38 号”文目前并未更新，地方实践随之处于停止状态。美国、欧盟采用排污权拍卖方式来实现排污权有偿使用（EPA，2003；Hepburn 等，2006）。有偿分配法具有以市场的手段实现环境容量利用率最高化而不影响环境质量的优点，但存在实践和研究不够全面、不够充分等不足（毕军等，2007；郭默，2018）。

毕军等（2007）依据污染物平均处理成本，构建排污权有偿使用的初始分配定价模型。张培等（2012）参考阶梯水价、电价的制定思路，结合不同行业经济贡献与污染物排放量的差异，构建基于恢复成本法定价的有偿使用阶梯式定价模型。郭默等（2017）基于最优化控制理论，分别构建 COD 和 NH_3-N 为独立变量的有偿使用定价模型，并模拟预测模型执行后的影响。郭默（2018）基于优化控制理论，构建管理者、企业多方博弈的 COD、NH_3-N 排污权定价模型，确定全国省级层面的污染控制最优水平及其有偿使用价格；并将排污收费政策和总量控制政策引入定价模型，设计不同政策组合情景，构建动态博弈的排污权定价模型，分别评估两项政策对排污权有偿使用政策效果的影响。

（3）历史继承法

历史继承法（Grandfathering）是指根据企业污染物排放量的历史数据来确定企业污染物许可排放量的方法。美国在酸雨控制和 SO_2 排污权交易中，主要采用历史继承法来分配企业许可排放量（王金南等，2002）。欧盟的温室气体分配方法主要采用历史继承法（Gert and Morten，2003）。其中，历史数据是具有代表性的一年数据或过去几年数据的平均值。

历史继承法的主要优势是确保了所有企业的许可排放量之和不会超过总量控制指标。但该方法存在未考虑企业间生产技术水平和能源利用率的差异、未考虑企业污染治理现状等不足。历史继承法间接鼓励了落后企业，打击了企业治理环境污染、提升技术水平的积极性。

（4）等比例分配法

等比例分配法是指以现状排污量为基础，按相同的削减比例分配削减量，从而得到企业许可排放量的方法。该方法具有直观简单、容易执行等优势；但其注重分配过程的绝对公平，未考虑排污单位的历史责任、污染治理的边际效益、排污现状成因等差异（刘巧玲和王奇，2012；苑清敏和高凤凤，2016）。

张兴榆等（2009）根据流域水功能区域及COD、NH_3-N限排总量要求，通过等比例分配法对流域内的行政单元进行排污权初始分配。刘巧玲等（2012）考虑各地区在污染物结构减排、工程减排和环境质量状况等方面的差异，改进了等比例分配法，并在我国省际间进行 COD 削减总量分配。蒋洪强等（2015）考虑经济发展水平、污染物排放现状、污染物治理水平、空气质量、国家主体功能区环境目标约束等因素，进一步改进了等比例分配法，并对2015年国家SO_2、NO_x总量控制目标进行了区域分配。苑清敏等（2016）从经济发展水平、污染物排放、主体功能区和环境质量差异等方面选取评价指标，采用离差标准化法和熵权法确定指标权重，改进等比例分配方法，以2010年为基准年，对我国31个省（自治区、直辖市）2015年大气污染物总量控制目标进行分配，在此基础上应用DEA模型研究污染物分配效率，并将该分配方案结果与国家行政分配结果进行对比分析。嵇灵烨（2018）采用等比例分配法和两层等比例综合分配方法，分别对WASP模型水环境容量估算结果开展允许排放量和削减量分配，并应用水质模型和基尼系数法评估分配结果，结果表明两层等比例综合分配方法具有更好的分配公平性，但其操作比等比例分配法复杂。

（5）排放绩效法

排放绩效法（generating performance standard，GPS）是指根据基于产品公平的排放绩效值和排污单位生产现状来分配污染物许可排放量的方法。该方法的优点是考虑了排污单位的历史排放量和排污现状，考虑了排污单位的技术进步，同时操作简单（Haites，2003）；其劣势是造成了不同行业间的不公平（Haites，2003；朱法华等，2003；王金南和高树婷，2006；周威，2010）。

孙卫民等（2003）介绍了排放绩效法的优缺点和适用条件。朱法华等（2005）通过对不同排污权分配方法的研究，认为基于排放绩效的分配方法适用于电力行业，并已在江苏省电力行业成功实践。颜蕾等（2010）以经济密度因子和人口密度因子为调节因素，构建了基于排放绩效法的重庆SO_2初始排污权分配模型。Lin等（2011）通过对福建省14家燃煤发电厂的调查，比较了4种不同的SO_2排放量分配方法，结果表明排放绩效法和产值法是适合福建省燃煤发电厂大气污染物许可排放量的分配方法。许艳玲等（2013）结合排放标准、技术经济可行性、减排效果、治理设施运行稳定性等因素，制定了3个排放绩效值测算方法和基于排放绩效标准的火电行业 SO_2、NO_x 总量指标分配方案，并通过对比分析筛选出最优的绩效方案。

（6）利税法

利税法是指根据排污利税值标准和企业利税来确定企业污染物许可排放量的方法（张迎珍，2002）。企业产值仅能表现出绝对数量，未体现出企业的生产效率和绿色化水平。而企业的排污利税值标准和利税能较好体现出企业生产效率和绿色化水平。

利税法的优势是考虑了企业的经济效益与环境效益，使企业走上绿色发展道路。但利税法存在着不同行业因技术、管理、能源利用等方面的差异导致的不公平性。

2.3.2　基于环境质量目标的分配方法

（1）空气质量模型法

空气质量模型法是指基于区域内排放清单、气象、地形、土地利用、大气物理化学反应等，利用空气质量模型模拟得到环境容量的方法，若该环境容量下的污染物浓度达到环境质量目标，则各部门排放清单数据为许可排放量。该方法较精准地模拟实际情况，为分配决策提供技术支撑。但该方法存在模型适用条件较复杂、数据种类和数量较多、硬件要求较高等不足（薛文博等，2013）。

薛文博等（2014）基于 CAMx 模型，开发了大气环境容量迭代算法，实现了区域大气环境容量的最大化。空气质量模型的复杂性和模拟结果的精确性之间存在着正相关性。在第一、第二、第三代空气质量模型中，综合考虑模型的复杂性、精确性、可靠性、实用性后，认为第三代空气质量模型（CMAQ、CAMx、NAQPMS）适用于确定环境容量，从而进一步分配固定污染源污染物许可排放量。其中，CMAQ 能系统模拟多尺度大气环境污染问题，是当前全世界应用最广泛、最为成熟的第三代空气质量模型。

（2）线性规划法

线性规划法是指通过由决策变量、目标函数、约束条件组成的线性规划模型来计算和分配固定污染源污染物许可排放量的方法。该方法的优势是算法统一，且线性规划问题都能求解。其劣势是线性规划模型无法解决现实中的非线性问题，且缺少大气物理化学反应过程（王金南和潘向忠，2005；邓义祥等，2009）。

李开明等（1990）介绍了潮汐河网地区水污染负荷总量分配的 6 种方法及其数学模型。陈文颖等（1998）提出平权分配污染源允许排放量的 B 值法，并建立 B 值法分配模型。王金南等（2005）分析线性规划法在环境容量分配中的若干种应用类型，提出相应的目标函数和约束条件，并构建基于线性规划法的大气环境容量分配模型。马晓明等（2006）构建基于环境功能区和线性规划法的城市大气污染物许可排放总量分配模型。Huang 等（2014）以不同水环境分区为基础，构建以排污者的公平、效率和生产连续性为目标函数，以污染物浓度和总量为约束条件，基于多目标优化的水污染物许可排放量两级分配模型。Yang 等（2016）构建了风险显式区间线性规划模型（risk-explicit interval linear programming model），提升模型对流域最佳负荷减少量的决策支持能力。Xia 等（2017）通过增加一个公平目标函数和三个约束条件，改进了风险显式区间线性规划模型，从而克服了不同区域间公平性问题，解决了小流域越境污染负荷分配问题。

（3）A-P 值法

A-P 值法是指以“箱模式”为基础，根据区域面积计算出区域许可排放总量，并按照排放高度将许可排放总量分配到各点源的方法。A-P 值法需要的条件少，操作简便易行，能在短时间内利用常规资料完成。但 A-P 值法未考虑企业的规模、经济效益贡献、污染治理投资等因素，也未考虑大气物理化学反应。

1991 年发布的《制定地方大气污染物排放标准的技术方法》（GB/T 13201—1991）规定了 A-P 值法确定大气环境容量的计算公式，给出了全国各地区 A 值取值范围。范绍佳等（1994）将 A-P 值法应用于广东某新设市大气总量控制规划，其结果表明 A-P 值法计算简单、可操作性强，是值得推广的实用方法。谭昌岚（2005）构建了大气污染物总量控制的三级控制模型，一级、二级、三级控制模型分别为改进的 A-P 值法、平权分配法、基于离散规划法的优化方法，提高了总量分配的准确性，将总量合理地分配到污染源，更加切合实际情况。欧明晓光（2008）对 A-P 值法的 A 值取值范围进行了合理修正，并以长三角地区某开发区为案例进行了可靠性验证。

（4）平方比例削减法

平方比例削减法是指按各污染源对控制点贡献的平方所占比重将控制点的总

超标量分配给每一个污染源，从而确定各污染源的许可排放量（杨吉林，1991；国家环境保护局，1991b）。具体计算步骤是先计算出各污染源对控制点贡献浓度的超标量，再进一步确定各污染源的削减量与许可排放量。该方法要求对环境质量影响大的源要多削减，影响小的源要少削减，明确指出了为实现大气污染治理目标，各污染源需承担应负的责任，充分体现了“谁污染，谁治理”原则。但该方法较易引起削减的责任集中到一些规模大的污染源，存在超负荷削减的现象，未考虑企业的经济贡献与污染治理投资等因素，不能充分利用环境容量，无法体现气象变化、大气物理化学反应。

2.3.3　基于多目标优化的分配方法

（1）多目标决策法

多目标决策法是指基于多个目标和不同约束条件构建分配模型，通过计算得到模型最优解（即分配方案）。该方法的优势是设计灵活、操作简便，较好地贯彻政府的政策和调控目标。其不足是目标函数和约束条件易受到主观因素的影响，无法反映分配结果的合理性，可能导致分配结果与现实需求的错位，无法体现大气物理化学反应（肖晓伟等，2011；李红梅，2009）。

郭宏飞等（2003）构建了基于宏观经济优化的区域水污染物负荷分配模型。李寿德等（2003）根据经济最优性、公平性和生产连续性原则，构建了基于多目标决策的初始排污权免费分配模型。李寿德等（2004）构建了基于经济最优性与公平性的初始排污权免费分配模型。黄显峰等（2008）提出了水功能区、排污者两级分配模式，构建了以经济最优和水质最优为目标、以污染物浓度控制和总量控制为约束的河流排污权多目标优化分配模型。黄彬彬等（2011）以污染物总量控制、浓度控制、企业生产连续性等为约束条件，构建了河流排污权多目标分配优化模型。易永锡等（2012）以与厂商的历史绩效不相关的外部因素为依据分配排污权，构建了基于社会最优的初始排污权分配模型。完善等（2013）构建了基于经济最优性和公平性的流域初始排污权分配模型。Hu 等（2016）以可持续性（保证最低生态需水量）为约束条件，从公平、效率、经济效益出发，构建了基于多目标规划方法、基尼系数方法和折中规划方法的水资源分配模型。Duan 等（2020）考虑到产业结构调整和技术创新，以 2020 年中国典型地区的 8 个重点行业 SO_2 许可排放量分配方案为例，将正向（关注环境效益）优化与反向（关注经济效益）优化相结合，构建了双向耦合优化模型（bidirectional-coupling optimization model）。

（2）层次分析法

层次分析法（analytic hierarchy process，AHP）是指通过专家打分等方式来确定指标权重，从而构建分配模型来确定区域许可排放量的方法。该方法的优点是综合考虑经济、社会和环境等要素，专家打分确定的指标权重比较符合实际情况。其不足是基于主观的指标体系可能导致分配过程中人为干扰较大（吴殿廷和李东方，2004；郭金玉等，2008；邓雪等，2012）。

何冰等（1991）构建了基于层次分析法的水污染物削减总量分配模型。李如忠（2002）考虑经济、社会和环境等因素影响，构建了基于层次分析法的多指标决策下水污染物许可排放总量分配模型，并应用于合肥市水污染物排放总量分配。李如忠等（2005）在区域水环境-社会经济系统现状的指标体系的基础上，构建了基于 Delphi-AHP 法的区域水污染负荷分配模型。幸娅等（2011）构建了基于层次分析法的水污染物排放总量分配模型，并应用于太湖流域（常州市武进区）。阎正坤（2012）基于水环境容量计算模型、面源污染源调查和经验参数，应用 Delphi-AHP 法对最大允许排放量进行了总量初次分配，采用基尼系数法对初次分配结果做评估和调整，对现状削减量采用等比例分配法进行总量分配，构建基于 Delphi-AHP 法的最大允许排放量模型和基于等比例分配法的现状削减量分配模型。徐江（2013）构建了基于包含社会、经济、环境、技术与管理等方面共 15 个指标的层次分析法的流域目标削减量分配模型，应用基尼系数法以人口、GDP、行政区面积、新鲜水消耗量等评判指标来评估初次分配公平性，针对分配结果的三种不公平情况，构建了分配结果优化技术路线和反馈优化模型。

（3）数据包络法

数据包络法（data envelopment analysis，DEA）是指通过基于数据包络法的模型计算得到指数，依据该指数来调整和确定区域或污染源的许可排放量的方法。该方法的优点是不需要生产函数和权重假设，即可分配许可排放量，其不足是通过基于线性规划原理的 DEA 方法求得最优解，会导致与非线性、复杂的现实相脱节（吴德胜，2006；罗艳，2012；杨国梁等，2013）。

傅平等（1992）利用 DEA 方法根据经济、管理及排污等方面得到企业素质综合指数，依据该指数确定水污染物总量控制对象和总量削减分配权重。郑佩娜等（2007）在综合分析 COD、SO_2 排放绩效以及水资源、能源的利用效率基础上，构建了基于 DEA 方法的区域污染物削减指标分配模型。Wu（2013）构建了基于数据包络法的排污权分配模型来分配初始排污权。金玲等（2013）构建了基于 DEA 方法的省际大气污染物总量减排指标分配方法。苗壮等（2013）借鉴零和博弈的思想，兼顾节能与减霾目标构建了 ESG-DEA 模型，分配区域大气污染物排放权。叶维丽等（2014）构建了基于 DEA 方法的点源水污染物排放指标初始分配方法，并应用于南京市 280 家企业 COD 排放指标的初始分配。Sun 等（2014）根据单个公司的当前投入和产出水平，构建了基于 DEA 方法的行业内企业水污染物排放量分配模型。郭际等（2015）利用投入导向的 ZSG-DEA 模型，分析总量目标不变下的省际 $PM_{2.5}$ 排放权的分配效率。Ji 等（2017a）通过扩展 DEA 理论，构建基于 DEA 方法的多准则的区域大气污染物许可排放量分配模型，并应用于我国 202 个地级市 SO_2 排放许可证分配实践。Ji 等（2017b）基于 DEA 理论，以系统帕累托最优为目标，利用不同阶段状态变量的特征，构建了三种不同限制情景的概念式排污权分配模型，并以我国主要百万千瓦燃煤电厂 SO_2 排污权分配为实证分析。Sun 等（2017）从保持生产效率和控制排污量出发，构建了基于 DEA 方法和博弈论的行业内企业水污染物排放权分配模型。Cucchiella 等（2018）构建了基于零和收益的 DEA 分配模型，并应用于欧盟成员国温室气体排放限额和能源消费的分配。Wu 等（2018）考虑到生产稳定性，构建了基于 DEA 方法的排污权分配模型，应用于我国 31 个省（自治区、直辖市）的 SO_2 排放权分配。Lee（2019）基于混合互补问题与 DEA 方法提出了以纳什均衡为分配基准的燃煤电厂分散式 CO_2 排污权分配模型。Momeni 等（2019）建立了一个在总量控制和交易下具备国家效率的基于集中式 DEA 模型的温室气体排放许可证再分配模型。

（4）基尼系数法

基尼系数法是指通过各因素的基尼系数来评估初始分配方案的合理性的方法，若不合理，则以洛伦兹曲线为依据调整分配方案。该方法的优点是考虑区域许可排放量的差异性和公平性，方法的科学性、公平性较好，其不足是需要一个初始分配方案，未考虑费用最小化，分配过程烦琐，仅能优化分配结果（徐宽，2003；秦迪岚等，2013）。

王媛等（2008）筛选出指标体系，构建了基于基尼系数法的区域水污染物总量分配模型。王丽琼（2008）构建了基于基尼系数法的水污染物总量分配模型，定量评估GDP、人口、水资源量等指标对水污染物总量分配公平性的影响。肖伟华等（2009）构建了基于基尼系数法的湖泊流域水污染物总量分配模型，并在汤逊湖流域案例中，以工业增加值为主要限制指标调整分配方案。盛虎等（2010）采用层次分析法和基尼系数法构建了基于人口和经济的流域容量总量分配方案。李如忠等（2010）筛选出与水污染负荷分配有关的指标体系，构建了基于基尼系数法的水污染负荷分配模糊优化决策模型，并应用于巢湖流域COD和NH_3-N削减负荷的分配。Sun（2010）构建了基于基尼系数法的排污权分配模型来分配天津市流域COD排污权。姜磊（2011）构建了基于环境基尼系数与线性规划函数的分配模型，对非点源的污染物排放量进行地区、行业级别的分配。Zhang等（2012）考虑社会、经济和环境因素，构建了基于基尼系数法的区域水污染物排污权分配优化模型。吴丹等（2012）构建了流域内和区域间初始排污权配置的判别准则，由此判别准则构建了基尼系数法分配模型。王国庆等（2012）构建了流域内微观点源级别的基于基尼系数法的水污染物总量两级梯阶优化分配模型。尹真真等（2014）利用基尼系数法评估了三峡库区污染物总量分配方案在GDP、人口和水资源量等指标方面的公平性。卢小燕（2015）基于利用WASP模型模拟得到的2015年松花江哈尔滨段5个控制单元河段的水环境容量，构建了基于环境基尼系数法和等比例分配法的分配模型，对2015年哈尔滨市各辖区及各污染水体的污染物削减量或纳污总量进行二次分配。吴文俊等（2017）综合考虑水循环的社会-经济-资源-环境因素，从社会经济发展、科技进步水平、资源禀赋差异和水污染治理水平角度出发，选出人均GDP、重污染行业总产值比重、单位国土面积水资源量、人均水污染物产生强度、国控劣Ⅴ类断面占比、工业水污染物去除率、生活水污染物去除率等7项指标，以COD及NH_3-N负荷为控制因子，以贡献系数表征外部不公平性，构建了基于基尼系数法的流域水污染负荷优化分配模型。Yuan等（2017）以GDP、人口、面积、环境承受能力等指标，构建了基于加权基尼系数的水污染物许可排放量分配模型。Xie等（2019）基于2013年京津冀地区人口、工业、能源消费和技术水平等数据，运用基尼系数法和贡献系数法评估$PM_{2.5}$污染排放的公平性，并根据基于基尼系数最小化的$PM_{2.5}$浓度削减量分配模型，确定到 2020 年京津冀地区 13 个城市 $PM_{2.5}$ 浓度的削减分配方案。

（5）熵权法

熵权法是指通过信息熵理论得到指标权重，根据指标权重得到区域或污染源的分配系数，进而得到区域或污染源的污染物许可排放量的方法。该方法的优点是考虑分配影响因素的全面性和合理性，考虑行业间与污染源间的公平性，其不足是指标权重计算存在误差，缺乏指标比较、分析的合理性；不考虑指标本身的重要程度，其结果缺乏说服力，亦会导致分配结果的误差（张近乐等，2011）。

王媛等（2009）构建了基于熵权法的区域水污染物总量分配模型，计算结果表明熵权法定量反映多种公平准则。郝信东（2010）构建了基于信息熵的水污染物总量分配模型。刘年磊等（2014）构建了国家水污染物总量控制目标分配指标体系，以 2015 年 COD 和 NH_3-N 国家总量控制目标的省级分配为例，构建了基于熵权法与改进等比例分配法的分配模型。刘杰（2015）构建了基于熵权法的区域水污染物总量分配模型。陈艳萍等（2015）构建了基于熵权法和层次分析法的分配模型，得到指标权重，确定区域水污染物总量分配方案。董战峰等（2016）构建了基于信息熵理论的流域间水污染物总量分配模型。戴平（2016）基于熵值法和改进等比例分配法，构建了水污染物削减量分配模型。陈姝等（2017）通过筛选社会、经济、环境等方面的行业分配指标，构建了基于信息熵法和变异系数法的 SO_2 初始排污权行业分配模型。李泽琪等（2018）构建了基于熵值加权基尼系数法和排污绩效法的行政单元—排污企业两级水污染负荷分配模型。陈佳璇等（2018）通过筛选城市大气污染主导行业和主控因子，考虑污染源空间分布和产业结构特征，选取指标体系，从而构建了基于熵权法的空间与行业两级污染物排放总量分配模型。Huang 等（2018）考虑到省域尺度的 GDP、人口、水资源和排放历史的差异，以我国 30 个省份 COD 排放量分配为例，构建了基于熵权法和改进等比例法的水污染物许可排放量分配模型。杨永俊等（2019）构建了基于熵值法、层次分析法、基尼系数法的海域-流域 COD 总量分配模型。

（6）其他分配方法

为更好实现科学、公平、合理地分配，研究人员依然将不同理论引入分配方法中，从而构建基于不同理论的分配模型。

李晓等（2013）构建了基于波尔兹曼模型的安徽省 SO_2 初始分配计算模型，根据波尔兹曼分布和安徽省各城市发展需求进行引导性公平分配。Liang 等（2015）开发环境容量管理系统（environmental capacity management system），将高度富营养化湖泊的污染物来源分成 5 个级别，分别进行湖泊流域不同级别的污染物负荷分配。Xu 等（2017）构建模糊随机环境下基于 Stackelberg-Nash 均衡策略的两级优化负荷分配规划模型，研究了流域管理局-地区环境保护局-功能区三者之间的负荷分配。段海燕等（2018）综合考虑区域差异、行业差异，设定区域差异、行业差异、一般耦合和综合耦合等 4 个情景，通过基于 Nash 谈判模型的政府横向公平对比谈判机制，构建区域污染物总量控制指标差异性公平分配的优化算法。Ghorbani 等（2019）针对上游水流的不确定性和多样化社会选择规则，构建了模糊环境下多利益相关者的社会最优的分配方法，用于共同分配河流系统的水与废物负荷。白颖杰（2019）构建了基于技术的符合直排和间排污染源水污染物排放特征的排污许可限值核定分配模型。

但是，污染物许可排放量分配方法的国内外研究进展比较脱离当前我国污染物许可排放量分配方法的改革实践进展，较多采用了自上而下的方式，主要进行了行政区域或行业尺度的污染物许可排放量分配研究。针对点源尺度基于不同分配原理的污染物许可排放量分配研究，缺乏系统考虑和全面研究。在分配方法构建时，基本上未考虑区域内各城市的大气污染物传输关系、环境容量，以及水污染物传输关系、环境容量等相关领域的最新研究成果。因此，梳理出来的一个子科学问题是，尝试结合污染物许可排放量分配方法的当前实践成果，引入城市大气污染物传输矩阵、环境容量等最新研究成果，能否构建多种基于不同分配原理的点源尺度大气污染物许可排放量分配模型，即如何构建多种基于不同分配原理的点源尺度大气污染物许可排放量分配模型。

表 2-3 是对污染物许可排放量各分配方法优缺点、研究边界、分配类型的总结。

表 2-3 污染物许可排放量分配方法的优点和不足

分配原理	分配方法	内涵	优势	劣势	研究边界	分配类型
操作简便	排放标准法	依据污染物许可排放浓度限值、单位产品基准排污量和产品产能来确定固定污染源污染物许可排放量	社会经济公平性较高、计算简单直接、时效性高	行业覆盖面不全、与环境质量改善相关性不高	点源	自下而上
	有偿分配法	也称排污权有偿使用法，是指排污单位以有偿（付费）方式获取排污权（污染物许可排放量）的方法	以市场的手段实现环境容量利用率最高化而不影响环境质量	实践和研究不够全面、不够充分	点源	自下而上
	历史继承法	根据企业污染物排放量的历史数据来确定企业污染物许可排放量	所有企业的许可排放量之和不会超过总量控制指标	未考虑企业间生产技术水平和能源利用率的差异、未考虑企业污染治理现状，间接鼓励了落后企业，打击了企业治理环境污染、提升技术水平的积极性	点源	自下而上
	等比例分配法	以现状排污量为基础，按相同的削减比例分配削减量，从而得到企业许可排放量	直观简单、容易执行	注重分配过程的绝对公平，未考虑排污单位的历史责任、污染治理边际效益、排污现状成因等差异	区域/点源	自上而下
	排放绩效法	根据基于产品公平的排放绩效值和排污单位生产现状来分配污染物许可排放量	考虑了排污单位的历史排放量和排污现状，考虑了排污单位的技术进步，同时操作简单	造成了不同行业间的不公平	点源	自下而上
	利税法	根据排污利税值标准和企业利税来确定企业污染物许可排放量	考虑了企业的经济效益与环境效益，使企业走上绿色发展道路	存在着不同行业因技术、管理、能源利用等方面的差异导致的不公平性	点源	自下而上

分配原理	分配方法	内涵	优势	劣势	研究边界	分配类型
环境质量目标	空气质量模型法	基于区域内排放清单、气象、地形、土地利用、大气物理化学反应等，利用空气质量模型模拟得到环境容量，若该环境容量下的污染物浓度达到环境质量目标，则各部门排放清单数据为许可排放量	较精准地模拟实际情况，为分配决策提供技术支撑	模型适用条件较复杂、数据种类和数量较多、硬件要求较高	区域/点源	自下而上
	线性规划法	通过由决策变量、目标函数、约束条件组成的线性规划模型来计算和分配固定污染源污染物许可排放量	算法统一，且线性规划问题都能求解	线性规划模型无法解决现实中非线性问题，且缺少大气物理化学反应过程	区域/点源	自上而下
	A-P 值法	以“箱模式”为基础，根据区域面积计算出区域许可排放总量，并按照排放高度将许可排放总量分配到各点源	需要的条件少，操作简便易行，能在短时间内利用常规资料完成	未考虑企业的规模、经济效益贡献、污染治理投资等因素，亦未考虑大气物理化学反应	点源	自上而下
	平方比例削减法	按各污染源对控制点贡献的平方所占比重将控制点的总超标量分配给每一个污染源，从而确定各污染源的许可排放量	要求对环境质量影响大的源要多削减，影响小的源要少削减，明确指出了为实现大气污染治理目标，各污染源需承担应负的责任，充分体现了“谁污染，谁治理”原则	较易引起削减责任集中到一些规模大的污染源，存在超负荷削减的现象，未考虑企业的经济贡献与污染治理投资等因素，不能充分利用环境容量，无法体现气象变化、大气物理化学反应	点源	自下而上
多目标优化	多目标决策分配法	基于多个目标和不同约束条件构建分配模型，通过计算得到模型最优解（即分配方案）	设计灵活、操作简便，较好地贯彻政府的政策和调控目标	目标函数和约束条件易受到主观因素的影响，无法反映分配结果的合理性，可能导致分配结果与现实需求的错位，无法体现大气物理化学反应	区域/点源	自上而下

分配原理	分配方法	内涵	优势	劣势	研究边界	分配类型
多目标优化	层次分析法	通过专家打分等方式来确定指标权重，从而构建分配模型来确定区域许可排放量	综合考虑经济、社会和环境等要素，专家打分确定的指标权重比较符合实际情况	基于主观的指标体系可能导致分配过程人为干扰较大	区域/点源	自上而下
	数据包络法	通过基于数据包络法的模型计算得到指数，依据该指数来调整和确定区域或污染源的许可排放量	不需要生产函数和权重假设，即可分配许可排放量	通过基于线性规划原理的 DEA 方法求得最优解，会导致与非线性、复杂的现实相脱节	区域/点源	自上而下
	基尼系数法	通过各因素的基尼系数来评估初始分配方案的合理性，若不合理，则以洛伦兹曲线为依据调整分配方案	考虑区域许可排放量的差异性和公平性，方法的科学性、公平性较好	需要一个初始分配方案，未考虑费用最小化，分配过程烦琐，仅能优化分配结果	区域	自上而下
	熵权法	通过信息熵理论得到指标权重，根据指标权重得到区域或污染源的分配系数，进而得到区域或污染源的污染物许可排放量	考虑分配影响因素的全面性和合理性，考虑行业间与污染源间的公平性	指标权重计算存在误差，缺乏指标比较、分析的合理性；不考虑指标本身的重要程度，其结果缺乏说服力，亦会导致分配结果的误差	区域/点源	自上而下

2.4　影响许可排放量分配结果的因素识别

分配结果的优劣取决于分配方法的好坏。影响分配方法好坏的因素主要包括可分配的污染物许可排放总量、分配原理、分配尺度、分配指标体系、污染物种类等。分配方法构建时，应尽量适当全面地统筹考虑这些影响因素。

2.4.1　可分配的污染物许可排放总量

确定可分配的区域污染物许可排放总量，是许可排放量分配的首要问题。在许可排放量分配领域，关于可分配总量问题的研究较少，其中多数分配研究的可分配总量是总量控制指标或者假设总量。这些分配研究与区域环境质量状况的不相关性越发突出，无法较好反映区域环境质量改善需求（王金南等，2015；蒋春来等，2016）。

区域污染物大气环境容量与区域气象条件紧密相关。在排放清单不存在巨大差异的情况下，气象条件是决定大气环境容量的主要因素，区域气象条件的复杂多变决定了大气环境容量的多样性（李宗恺，1985；Lam et al.，2001；于淑秋等，2002）。当前主要有年、季度、月、日 4 种尺度的大气环境容量，应用较多的是年尺度的大气环境容量。但年尺度的大气环境容量已无法较好满足区域环境管理精细化需求。而日尺度的大气环境容量会大幅增加环境管理部门对污染源的监管成本和其他边际成本（卢瑛莹等，2014；冯晓飞等，2016）。鉴于政策和管理的费效比，以及浙江省排污许可证试点（刷卡排污）的实践，月尺度的大气环境容量更适合当前环境管理需求。

大气环境容量的计算模式主要有大气扩散烟团轨迹模型、A-P 值法、ADMS、ISC-AERMOD、CALPULL、EIAA 环评助手、区域大气污染物总量控制模型、NAQPMS、WRF-CHEM、WRF-CMAQ、WRF-CAMx 11 种。其中，WRF-CMAQ 是基于“一个大气”（“One-atmosphere”）理念，系统模拟多尺度、复杂的大气环境污染问题，是当前全世界应用广泛、技术成熟的空气质量模型。

2.4.2 分配原理

分配原理是影响分配方法及分配结果的重要因素。分配原理主要有操作性、环境质量目标、公平性、效率性、经济最优化、社会福利最优化等。长期以来，分配原理从早期的操作性、环境质量的单一目标慢慢扩展到当前的操作性、环境质量目标、公平性、效率性、经济最优化、社会福利最优化等多项原理。随着分配原理的多样化、复合化，分配方法及分配指标体系随之变化，从而带来分配结果的变化。

2.4.3 分配尺度

分配尺度直接影响到分配方法及其分配结果的操作性、环境质量目标可达性。

分配尺度主要有国家、区域、固定污染源等尺度级别。长期以来，有关将污染物许可排放量从区域尺度到固定污染源尺度的分配研究相对薄弱，大多数研究是由国家尺度分解到省（自治区、直辖市）、市（区、县）尺度的分配研究（宋国君等，2012）。随着我国固定污染源环境管理的强烈需求和环境管理精细化程度的提高，固定污染源尺度的污染物许可排放量分配研究越发重要（夏光等，2005）。精细化环境管理要求许可排放量分配尺度由省（自治区、直辖市）尺度降到固定污染源尺度，由此决定固定污染源为污染物许可排放量分配结果的分配对象（杨玉峰等，2001）。

2.4.4 分配指标体系

分配方法、分配原理和分配尺度是影响分配指标体系及其权重的重要因素。分配指标体系通过选取指标和计算指标权重来影响分配结果（徐百福，1993；杨玉峰，2000）。将许可排放量分配到点源的指标体系及其权重的研究较少。指标体系的筛选方法有主观方法和客观方法。指标权重的衡量方法有主观方法和客观方法。现有研究多是区域、流域尺度的许可排放量分配，表征指标权重的衡量方法多是贡献法、综合法、层次分析法、熵权法。

2.4.5 污染物种类

大气化学反应和大气物理反应是机理复杂、影响因子多的反应，且大气化学反应和大气物理反应的叠加带来复杂多变的反应结果。至今，学界尚未将 $PM_{2.5}$、O_3 等二次污染物的反应机理彻底研究清楚，依然存在着多种假设和争议，当然也形成了不少共识。由于化学反应引起的二次污染物的生成和消亡，一次污染物和二次污染物的环境容量是处于变化状态，因此一次污染物和二次污染物的分配结果无法与环境质量改善要求完全一致。

纳入国家总量控制目标的大气污染物仅有 SO_2、NO_x 两项。然而当前大气污染的源解析结果显示，我国大气污染呈现区域性、复合型态势。从大气化学反应和大气物理反应来看，单纯控制 SO_2、NO_x 两项污染物，不足以较好改善环境质量，依然需要将一次颗粒物、VOCs、NH_3 等纳入减排目标（郝吉明等，2016）。

2.5 许可排放量分配结果评估研究

科学评估不仅有助于政策体制的完善、政策质量的提高，还能够提高政府及政策的绩效水平。我国环境政策体系正在不断制订完善，政策执行率和执行效果也在不断提高，但环境政策评估作为政策执行周期的一个重要环节，依然未得到足够重视，在实施过程中环境政策普遍缺乏评估阶段。

环境政策评估（王金南，2007）是指根据一定的标准和程序，对环境政策的效果、效率、公平进行评估判断的行为。其目的在于提高环境政策的可实施性，降低环境政策的实施成本，为改进环境政策和制定新的环境政策提供依据和参考。

2.5.1 评估维度

环境政策评估主要对环境政策实施的有效性、费用-效益比、公平性进行评估判断，包括效果评估、效率评估和公平评估 3 个方面。

（1）效果评估

效果评估（王金南，2007；宋国君等，2003）也称结果评估，是指评估判断环境政策制定时预定目标的实现程度。政策效果评估要对照预定目标的主要任务或指标，检查政策执行情况和差异变化，分析差异变化的产生原因，以便评估判断预定目标的实现程度。政策效果评估的另一项任务是对政策原定决策目标的正确性、合理性和实践性进行分析。在某些情况下，一些政策的原定目标可能不明确或不符合实际，应该给予分析评估。

（2）效率评估

效率评估（王金南，2007；宋国君等，2003）是指评估判断环境政策结果和环境政策投入之间的关系。确定环境政策效率的目的是衡量一项环境政策达到某种程度的产出时所需的资源投入量，或者是定量的环境政策投入量所能取得的最大价值量。环境政策效率的实质是环境政策效益与环境政策投入之间的比率，表现为效益量与投入量之间的比值。在某些情况下，最好对环境政策的各方案均进行效率评估。环境政策一旦实施，便会对环境-社会-经济系统产生影响。对该系统单因素而言，可进行专项的效率评估；对整个系统或由多因素组成的子系统（如社会系统）来说，可进行综合的效率评估。环境政策的效率评估，需要特别关注环境政策对社会、经济方面的影响（毕军，2016）。

（3）公平评估

公平评估（陈振明，1998）是指评估判断环境政策执行后与该环境政策有关的社会资源、利益及成本的公平分配情况。环境是人类生存和发展的基础。环境政策绝对不能因为一部分人的发展而牺牲其他人的环境权益，其实质是保证生存权和发展权的公平。但公平不等于平均，环境政策的实施应该确保“污染者付费”原则，不仅应使环境政策成本的承担者从中受益，还应使环境政策的受益者承担环境政策的成本，并且兼顾不同地区或群体的承受能力，确保不会阻碍其他地区或群体的发展。

2.5.2　评估方法研究进展

对排污许可排放量分配结果的评估同样包括效果评估（环境质量模拟评估）、效率评估（费用-效益评估）、公平评估（公平性评估）。在效果评估方面，聚焦分配目的——环境质量，即进行环境质量模拟评估。在效率评估方面，专注分配效率——效益与费用，即进行费用-效益评估。在公平评估方面，侧重于分配前后的公平比较——公平性，即进行公平性评估。

（1）效果评估——环境质量模拟评估

许可排放量的分配目的是控制污染物的排放。从分配效果评估来看，控制多少污染物排放，才能实现分配目的，即环境质量改善。空气质量模拟技术能很好地模拟污染物排放量变化与环境质量的关系。

空气质量模型是基于大气物理反应、大气化学反应的研究进展，运用气象学原理和数值模拟方法，从水平、垂直方向仿真模拟一定区域范围内空气质量变化情形，情景再现了大气中污染物反应、输送、清除等过程，是分析大气污染的时空演变规律、反应机理、成因来源，以及定量分析污染排放变化与环境质量改善的关系的方法（薛文博等，2013）。

根据空气质量模型的原理，国内外空气质量模型主要分为三代，文献（薛文博等，2013；王占山等，2013）总结了不同原理下的空气质量模型，详见表 2-4。

表 2-4　空气质量模型总结

代数	模型原理	模型	时间	优势	不足
第一代	箱式	AURORA、CPB	1970s	结构简单，计算速度快，基础数据要求低，一次污染物的模拟准确度高	没有或仅有简单化学反应模块，无法很好模拟 O_3、$PM_{2.5}$ 等区域性复合型大气污染过程
	高斯扩散	ISC3、AREMOD、ADMS			
	拉格朗日轨迹	CALPUFF、OZIP			
第二代	欧拉网格	CIT、UAM、ROM、HRCM、RAQM、RegADM	1980s	将区域划分为单元格，添加较复杂的气象模型和非线性反应机制	仅考虑单一大气污染问题，不全面地考虑污染物之间的相互转化和影响
第三代	“一个大气”理念	CMAQ、CAMx、Chem、NAQPMS、GEOS-Chem	1990s	考虑实际大气中不同物种间的相互转换和互相影响	需弄清楚 $PM_{2.5}$、O_3 等二次污染物生成转化机理

应用第三代空气质量模型模拟可获得准确度高的符合实际情形的环境质量。WRF-CMAQ 是美国国家环保局大力推广使用的第三代空气质量模型。WRF-CMAQ 是多层次网格模型，其空间尺度从区域到城市，包含当前所有数学可表达的大气物理、大气化学现象。多层次网格是指将模拟区域分成大小不等的网格。

WRF 气象模型提供多种物理过程方案选择，主要包括微物理过程方案、积云参数化方案、长波辐射方案、短波辐射方案、边界层方案、陆面过程方案以及次网格扩散方案等。其中，微物理过程方案包括 Kessler 方案、Lin 方案、WSM3、WSM5、WSM6、Eta 微物理、Goddard 微物理、Thompson 方案、Morrison 方案；积云参数化方案包括 Kain-Fritsch 方案、Grell 集合方案、Betts-Miller-Janjic 方案；长波辐射方案包括 RRTM 方案、GFDL 方案、CAM 方案；短波辐射方案包括 Dudhia（MM5）方案、Goddard 方案、GFDL 短波方案；扰动方案包括预报 TKE 方案、Smagorinsky 方案以及稳定扩散方案；地面层方案包括相似理论方案、MYJ 方案及 Menin-Obukhov 方案；陆面过程方案包括 5 层土壤模型方案、RUC 陆面模型方案、Noah 统一的陆面模型方案；边界层方案包括 MRF 方案、MYJ 方案、YSU 方案。

CMAQ 模型主要包括边界条件处理器（BCON）、初始条件处理器（ICON）、光解速率处理器（JPROC）、气象-污染交互模块（MCIP）和化学传输主模块（CCTM）。其中，MCIP 模块主要功能是从气象模型（WRF）中提取风压、温度、湿度和网格等基本气象要素信息。CMAQ 模型需要的输入数据包括满足模型格式要求的排放清单和三维气象场。图 2-1 为 WRF-CMAQ 空气质量数值模型计算流程。其中，三维气象场由 WRF 模型提供，通过气象-化学预处理模块 MCIP 转化为 CMAQ 模型所需格式。

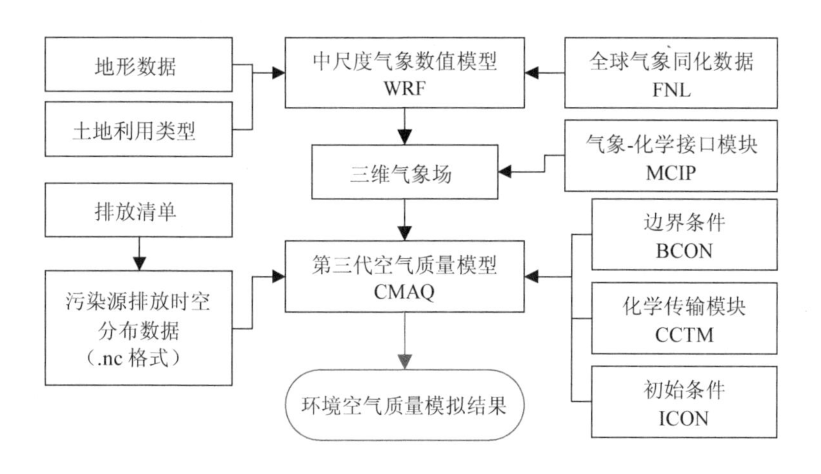

图 2-1　WRF-CMAQ 空气质量数值模型计算流程

（2）效率评估——费用-效益评估

许可排放量分配会引起企事业单位许可排放量的预期变化，进而影响区域环境质量；而企事业单位许可排放量的预期变化会直接影响企事业单位的产污量和治污量，进而影响企事业单位的排污成本。

许可排放量分配带来效益变化和成本变化。从分配效率评估来看，效益主要是指区域环境质量变化带来的健康效益，费用主要是指企事业单位许可排放量变化引起的排污成本。费用-效益分析能较好地定量评估许可排放量分配引起的效益变化和成本变化。

首先，效益方面。大气环境质量改善带来的效益主要有公众健康效益、农业效益、材料效益、生活效益，其中公众健康效益是最主要的效益（Health Effects Institute，2004）。公众健康效益主要取决于环境质量变化，而环境质量变化主要来自许可排放量变化，因此需要结合空气质量模拟方法、环境健康风险评估方法、环境健康价值评估方法来构建效益定量评估方法。

2003年EPA开发了空气污染控制健康效益评估工具——BenMAP（Environmental Benefits Mapping and Analysis Program）模型，用以评估空气质量改善带来的健康效益及其经济价值。BenMAP 原理（EPA，2017）是：①计算空气污染浓度变化量；②计算空气污染与健康效应（健康终端）之间的浓度-响应关系；③将健康效应的削减量乘以每个案例的经济价值估算值，从而得到效益（总的经济价值估算值）。杨毅等（2013）基于 BenMAP 构建了本地化的 BenMAP-CE 模型。Ding 等（2016）运用 BenMAP-CE 模型评估广州亚运会期间的健康效益。

2015年环境保护部环境规划院采用本地参数构建健康效益定量评估分析模型，提前定量评估《大气污染防治行动计划》（简称“大气十条”）实施后的健康效益（雷宇等，2015）（表2-5）。同时，在欧洲，也有利用 ExternE 模型（Streimikiene and Alisauskaite，2014；Jochem 等，2016）进行大气污染控制的成本效益评估的研究。

表2-5　“大气十条”实施后的公众健康效益估算结果

健康终端	减少健康损失/（万例/a）	增加健康效益/（亿元/a）
过早死亡	8.9	816
呼吸系统疾病住院治疗	7.5	7
循环系统疾病住院治疗	4.2	8
门诊/急诊	940.6	36

其次，成本方面。本研究的大气污染物排放量控制成本主要是指企业污染物治理成本。企业污染物治理成本属于企业环境成本的一种。企业环境成本是环境税（排污收费）、排污权交易、绿色经济核算和环境政策费用-效益分析的重要基础（彭菲等，2018）。从经济角度来看，环境成本是经济活动过程使用的环境货物

和环境服务的价值（Sadler，1966；Wilson，1992）。从环境角度来看，环境成本是经济生产导致的实际或潜在的环境损失（Vaughn，1995）。界定环境成本的定义及范围不一致，带来不一样的环境成本核算技术方法（Repetto，1989；Partidario，1996；Ohara，1997）。环境成本核算方法主要有直接市场法、恢复费用法、支付意愿法和计量经济法等（Ryther，1969；Han，1996；Costanza，1997；靳乐山，1997；蒋洪强等，2002）。联合国统计署的综合环境经济核算（1993 版）（System of Integrated Environment and Economic Accounting，SEEA）提出基于虚拟治理成本和实际治理成本的核算方法（Costanza，1993）。

基于费用-效益分析和环境经济核算，学者们开展环境成本的实证研究。EPA 颁布多个版本 *Guidelines for Preparing Economic Analyses*，规定环境政策的环境成本和效益核算方法（EPA，2010b）。经济合作与发展组织（Organization for Economic Co-operation and Development，OECD）长期进行环境政策的费用效益分析（董战峰等，2017）。随着我国环境污染治理的不断深入发展，核算环境治理成本越来越重要。生态环境部环境规划院出版的《中国环境经济核算技术指南》和《绿色国民经济核算》，提出了环境成本核算方法（於方等，2009；王金南等，2009），完成了 2004—2014 年我国大气污染防治的费用-效益分析（彭菲等，2017）。

部分学者对具体行业的企业污染治理成本进行了环境会计式计算。德国、英国等国家的研究者核算燃煤电厂的环境成本，得到排放一个单位污染物的污染损失值（Hohmeyer and Ottinger，1991；Audenaert et al.，2002；Latvenergo and Energija，2005；Klaassen and Riahi，2007；Holmgrena and Amiri，2007；Czarnowska and Frangopoulos，2012）。尚方方（2013）构建由预防污染成本和内部环境损失成本组成的我国钢铁企业环境成本核算体系，其中预防污染成本包括环保设施、环境管理、环境监测等成本，内部环境损失成本包括排污费、赔偿费和其他环境支出。杨建军等（2014）核算了西安市工业大气和城市生活废气的实际治理成本和虚拟治理成本。孙俏（2016）核算了由环境预防成本、环境治理成本和环境损失成本组成的火电企业环境成本，其中环境预防成本包括环境监测、环境教育、环境研发等成本，环境治理成本包括环保设备投资、环保设备运行、绿化美化等成本，环境损失成本包括排污收费、污染事故赔偿、其他排污费用等。王庆九等（2017）核算了南京市不同行业 VOCs 治理成本，提出了排污费征收策略。彭菲等（2018）

构建“2+26”城市“散乱污”企业的环境治理成本评估模型，核算得到企业尺度、行业尺度、城市尺度的大气污染物治理成本。王金南等（2018）构建了中国经济-生态生产总值核算模型，计算得到我国大气污染物治理成本以及其他成本和效益，最后综合得到中国经济-生态生产总值。牟雪洁等（2019）构建了基于国家环境经济核算体系的北京市延庆区生态环境核算体系，计算得到了延庆区的大气污染物治理成本。利用 ABaCAS-SE 系统的大气污染控制成本评估工具（International Cost Estimate Tool，ICET）（ABaCAS-China 项目团队，2017a）可估算不同排放源的排放削减量，通过设定的总排放削减量选择未来年份在各种控制决策下得到相应的控制成本，通过迭代计算优化污染排放控制决策。

在净效益方面。净效益是由效益和成本决定的。因此，基于价值量计算理论，分别评估得到货币化的效益和成本，进而得到货币化的净效益。效益主要来自健康效益，成本主要由污染控制成本组成。

2012 年，为综合评估空气污染控制成本与健康经济效益，U.S. EPA 搭建空气污染控制费用效益及达标评估系统（Air Benefit and Cost and Attainment Assessment System，ABaCAS）（Voorhees et al.，2014）。ABaCAS 的费用评估模块主要分析大气污染物减排技术投入成本和运行成本，效益评估模块主要分析不同情景下空气质量改善及其健康效益。2013 年，清华大学、华南理工大学、田纳西大学等技术团队引进 ABaCAS，成功进行本土化开发，得到中国空气污染控制成本效益与达标评估系统（ABaCAS-China 项目团队，2017b）。ABaCAS 包含 8 个模块：①一体化大气污染控制费效及达标评估系统（ABaCAS-SE）；②空气污染控制成本效益与达标评估优化反算系统（ABaCAS-OE）；③大气污染控制成本评估工具（ICET）；④实时空气质量模拟可视化分析工具（RSM-VAT/CMAQ）；⑤空气质量达标评估工具（SMAT-CE）；⑥大气污染控制健康效益评估工具（BenMAP-CE）；⑦模型可视化分析工具（Model-VAT）；⑧数据融合工具（Data-Fusion）。

（3）公平评估——公平性评估

鉴于公平的主观性或价值性，通常使用不公平指标来量化公平（Allison，1978）。不公平指标主要有以下 4 种（表 2-6）。

表 2-6　不公平指标说明

序号	不公平指标		说明	研究者
1	基尼系数		衡量居民内部收入分配差异状况	Dreznera. et al.，2009
2	熵指数	平均对数偏差	衡量个人之间或者地区间收入差距，平均对数偏差对底层收入水平的变化比较敏感，泰尔指数对上层收入水平的变化比较敏感	Ramjerdi，2005
		泰尔指数		
3	阿特金森指数		测度收入分配不公平中带有社会福利规范性质	Atkinson，1970
4	变异系数		衡量居民收入偏离全国人均居民收入的相对不平等	Bendel. et al.，1989

国内外对基尼系数的研究较多，对其他不公平指标的研究相对较少。基尼系数法主要有两种计算方法（彭妮娅，2013），分别是几何法（曲线拟合法）和代数法（离散数据法）。

在环境领域，王金南等（2006）将基尼系数扩展为资源环境基尼系数，并根据资源环境基尼系数来判断不公平因子。王丽琼（2008）运用基尼系数分析人口、GDP、水资源量等控制指标对水污染物总量分配的影响。刘蓓蓓等（2009）通过计算长三角各地级市基于 GDP 的 COD、SO_2 环境基尼系数与绿色贡献系数，评估长江三角洲各城市间的环境公平性。刘奇等（2016）运用环境基尼系数法，以成都市 19 个区县为对象，以 2014 年区县 GDP、水环境容量、人口数量和面积为指标，分别计算 4 个指标对应 COD 排放量的基尼系数，结果表明水环境容量和 GDP 的分配基尼系数超出了分配警戒线。徐梦鸿（2019）选取 COD 削减量、化石燃料节约量、环保产业增加值、投资成本、就业机会 5 项定量指标和科学性、可接受度、竞争优势 3 项定性指标，构建了基于 VIKOR 方法的区域水污染物排放总量分配方法的评价方法，并应用于吉林省 9 个地市 COD 排放总量的分配方案适用等比例削减分配、按区域分配、按行业分配、均分耦合分配、非均分耦合分配、按地区人口分配和按 GDP 分配 7 种方法对分配结果进行评价和比较。Wu 等（2019）考虑 45 种代表不同管理倾向的水污染物排放分配方案，构建多指标基尼系数法来评价分配方案之间的公平性，结果表明基于流域功能区划单元的分配方案比基于行政单元的更为公平。

总之，在分配结果评估的研究进展中，大气污染物许可排放量的分配结果评估几乎无人进行相关研究，水污染物许可排放量的分配结果评估中仅有很少部分做过公平性方面的评估研究（刘奇等，2016；徐梦鸿，2019；Wu et al.，2019），且在这部分水污染物分配结果的公平性评估中，并未与当前我国污染物许可排放量分配改革进展相结合。对污染物许可排放量分配结果—污染物实际排放量—环境质量的非线性响应关系，缺乏系统考虑、研究和评估。污染物许可排放量分配结果对健康效益、治理成本等方面的影响评估，未进行综合考虑和研究。同时，缺乏系统评估污染物许可排放量分配结果对城市之间的公平性影响。未着力实现对污染物许可排放量分配结果的多维度综合评估，仅注重某一维度的单一评估。因此，梳理出来的另一个子科学问题是，尝试能否在效果（环境质量贡献度）、效率（费用效益）、公平（公平性）等多维度实现对分配结果的单项评估和综合评估，进而构建相应的单项评估评分模型和综合评估评分模型，从而得到不同分配方法的评估分数，即如何构建分配结果的综合评估体系。

2.6 本章小结

本章从排污许可制度的缘由、发展和关键技术（分配方法），基于不同分配原理的污染物许可排放量分配方法，分配方法的影响因素以及分配结果的多维评估等方面对国内外研究进展进行详细的文献综述。对当前国内外研究现状总结如下：

（1）进入“十三五”时期以后，中国环境管理转变为以环境质量改善为核心，排污许可制度成为当前我国固定污染源环境管理制度体系的核心制度，是固定污染源污染管理的核心抓手，关联着总量控制、环境影响评价、环境保护税、环境监测、环境标准、环境统计等诸多制度，其关键技术是污染物许可排放量分配方法。

（2）分配方法从早期的城市（工业区）尺度到国家—省（自治区、直辖市）—地级市—县尺度，再到目前的固定污染源尺度，从早期的两种主要污染物（SO_2、COD）到 4 种主要污染物（SO_2、NO_x、COD、NH_3-N），再到目前的多种污染物，分配方法的内涵、实践经历了从简单到复杂的过程，分配方法的分配原理经历了从单一到多种的过程。

（3）分配方法的国内外研究进展比较脱离当前我国污染物许可排放量分配方法的改革实践进展，较多采用了自上而下的方式，主要进行了行政区域或行业尺度的污染物许可排放量分配研究。针对点源尺度基于不同分配原理的污染物许可排放量分配研究，缺乏系统考虑和全面研究。在分配方法构建时，基本上未考虑区域内各城市的大气污染物传输关系、环境容量，水污染物传输关系、环境容量等相关领域最新研究成果。

（4）分配结果的优劣取决于分配方法的好坏。影响分配方法好坏的因素主要包括可分配的污染物许可排放总量、分配原理、分配尺度、分配指标体系、污染物种类等。分配方法构建时，应尽量适当全面地统筹考虑这些影响因素。

（5）在分配结果评估的研究进展中，大气污染物许可排放量的分配结果评估几乎无人进行相关研究，水污染物许可排放量的分配结果评估中仅有很少部分做过公平性方面的评估研究，且在这部分水污染物分配结果的公平性评估中，并未与当前我国污染物许可排放量分配改革进展相结合。对许可排放量分配结果—污染物实际排放量—环境质量的非线性响应关系，缺乏系统考虑、研究和评估。污染物许可排放量分配结果对健康效益、治理成本等方面的影响评估，未进行综合考虑和研究。同时，缺乏系统评估污染物许可排放量分配结果对城市之间的公平性影响。未着力对污染物许可排放量分配结果进行多维度综合评估，仅注重某一维度的单一评估。

总结上述实践和研究现状，虽然分配方法在分配尺度、污染物种类、分配原理、内涵与实践等方面取得了显著进步、成果丰硕，但限于当前排污许可制度的再次改革重生，分配方法的研究与排污许可制度的当前需求存在一定程度的错位。为更好地实践分配方法的操作性、有效性、公平性，以便服务排污许可制度改革和总量控制制度改革，从而实现固定污染源环境管理制度体系改革重塑是为了生态环境质量改善这一根本目的，因此有必要结合排污许可制度的当前实践和管理需求，开展分配方法及其综合评估体系的进一步研究。在这些科学问题背景下，本研究在点源尺度上，尝试结合当前污染物许可排放量分配方法的实践成果，引入城市大气污染物传输矩阵、环境容量等最新研究成果，分别构建了基于排放标

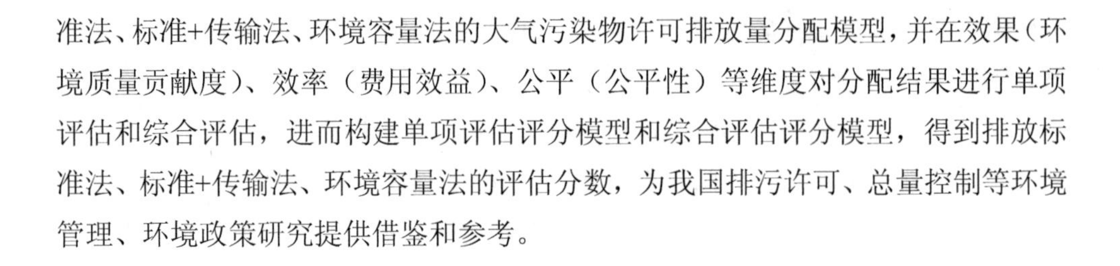

准法、标准+传输法、环境容量法的大气污染物许可排放量分配模型，并在效果（环境质量贡献度）、效率（费用效益）、公平（公平性）等维度对分配结果进行单项评估和综合评估，进而构建单项评估评分模型和综合评估评分模型，得到排放标准法、标准+传输法、环境容量法的评估分数，为我国排污许可、总量控制等环境管理、环境政策研究提供借鉴和参考。

第3章

污染物许可排放量分配模型构建

当前，我国排污许可制度主要依据排污许可证申请与核发技术规范，构建基于污染物排放标准的企业排放口污染物许可排放量分配方法。因不同行业的生产工艺、原材料、辅料、生产环境、治污工艺等因素差异，带来企业排放口污染物许可排放量分配方法中所需参数及取值范围的差异，导致行业间分配方法的差异。大型企业可能拥有分属不同行业的排放口，需要对同一企业下分属不同行业的排放口污染物许可排放量分别进行单独核算。生态环境部采取“核发一个行业，清理一个行业，达标一个行业，规范一个行业”的思路，于2018年启动固定污染源清理排查工作，争取2020年实现覆盖所有固定污染源。然而，企业排放口污染物许可排放量分配方法依然无法实现与生态环境质量改善紧密相关，也无法在费用效益、公平性等维度实现最优解。因此，仍需在当前我国排污许可制度改革进展的基础上，进行企业排放口污染物许可排放量分配方法的创新，分别对分配结果开展效果（环境质量改善贡献度）评估、效率（费用效益）评估、公平（公平性）评估，基于这3个单项评估结果构建3E综合评估方法，从而评估不同分配方法在环境质量改善的贡献度、费用效益、公平性等方面的表现。

3.1 研究对象

3.1.1 区域与城市：北京及周边城市

（1）空气污染与排放状况

京津冀及周边地区（“2+26”城市）作为全国大气污染最严重的区域之一，“2+26”城市 2018 年 $PM_{2.5}$ 均值浓度为 60 μg/m^3，超过全国平均水平（39 μg/m^3）的 54%，在空气质量达标率和重污染天数等方面依然远差全国平均水平。蓝天保卫战是污染防治攻坚战的第一大战役，三大重点区域是打赢蓝天保卫战的主战场，京津冀及周边地区在三大重点区域中大气污染程度最重、政治地位最特殊。所以，京津冀及周边地区是“打赢蓝天保卫战”甚至是“打赢污染防治攻坚战”最重要的战场。

“2+26”城市占全国国土面积不到 3%，却排放全国 10%以上的 SO_2 和 VOCs、15%以上的 NO_x 和一次颗粒物。2018 年，“2+26”城市排放 SO_2 69 万 t、NO_x 225 万 t、一次 $PM_{2.5}$ 124 万 t、PM_{10} 290 万 t、VOCs 221 万 t、CO 1939 万 t、黑碳（BC）12 万 t、有机碳（OC）18 万 t、NH_3 139 万 t。该区域内污染物排放量依然巨大，其污染物单位面积排放量分别是 2017 年全国平均水平的 2～10 倍、欧盟 28 国平均水平的 5～23 倍，美国的 5～14 倍。与 2016 年相比，区域内污染物排放量平均降低 30%，其中 SO_2 排放量降幅最高，达 54%。“2+26”城市的冶金、建材等高污染、高能耗产业的产能大，其中 2018 年其粗钢总产能（4.8 亿 t）占全国的 45%，焦炭产量约占全国的 30%，水泥产量约占全国的 18%，建筑陶瓷约占全国的 10%。

2018—2019 年秋冬季，“2+26”城市 $PM_{2.5}$ 的主要来源是工业源（30%）、机动车源（29%）、燃煤源（27%）、扬尘源（14%）。根据 2018—2019 年采暖季“2+26”城市 $PM_{2.5}$ 来源解析结果的聚类分析，并结合排放源、产业结构、能源结构等信息，将“2+26”城市按 $PM_{2.5}$ 来源贡献划分为四种类型：偏机动车类（北京、天津），偏综合工业类（唐山、廊坊、沧州、衡水、邯郸、滨州、济南、淄博），偏燃煤源类（保定、石家庄、邢台），偏二次源类（德州、聊城、菏泽、济宁、安阳、鹤壁、新乡、焦作、郑州、濮阳、开封、太原、阳泉、长治、晋城）。

“2+26”城市的城市大气污染物环境容量方面已有研究成果正在发表中，而“2+26”城市的城市大气污染物传输关系方面的研究尚在进行中，同时京津冀地区的城市大气污染物传输关系方面已有研究成果发表（王燕丽等，2017）。

北京及周边城市是指北京、天津、石家庄、唐山、保定、沧州、廊坊等 7 个城市，是京津冀传输通道核心城市，属于以北京为核心的传输通道西南方向、东南方向、偏东方向的主要影响城市。北京及周边城市一共贡献北京 82.52%的 $PM_{2.5}$ 浓度（王燕丽等，2017）。北京及周边城市中，大多数污染是由工业等固定污染源导致的，其中北京、天津属于偏机动车源类，唐山、沧州、廊坊属于偏综合工业源类，石家庄、保定属于偏燃煤源类。

基于城市环境容量和传输关系的研究现状，结合我国大气污染防治现状，北京及周边城市的环境容量、传输关系、排放清单、社会经济数据等研究基础均能满足本研究需求和研究意义，是一个具备较强可行性的可靠研究区域。

无论是从我国大气污染防治现状来看，还是从城市、行业、企业的污染物排放量现状来看，抑或从城市传输关系、城市环境容量、排放清单、社会经济数据等研究基础来看，“2+26”城市都是研究污染物许可排放量分配及评估体系的理想研究区域。同时，北京及周边城市是“2+26”城市的核心区域。因此，本研究将研究区域确定为北京及周边城市。

（2）北京及周边城市社会经济现状

京津冀地区是我国北方经济规模最大、最具发展活力的地区，位于华北平原北部，北靠燕山山脉，南面华北平原，西倚太行山山脉，东临渤海湾。该地区由西北向的燕山—太行山山系构造向东南逐步过渡为平原，整体呈现西北高、东南低的地形特征。该区域内地形差异显著，地貌类型复杂多样，高原、山地、丘陵、平原、盆地、湖泊等地貌类型齐全，以平原地貌为主，主要包括坝上高原、燕山山区、冀西北山间盆地、太行山山区、滦河海河下游冲积平原等。海河流域以扇状水系的形式铺展在该地区。该地区气候条件属于暖温带向寒温带，半湿润向半干旱过渡性气候。年平均气温 0～12℃，北部高原区低于 4℃。无霜期 90～120 d，局部山区 87 d。年平均降水量 410 mm，降水年际年内变化大。降雨年内分配不均，

7 月、8 月、9 月三个月降雨量约占全年的 70%；冬春季节干旱。年平均大风天数为 15～60 d。

北京及周边城市位于京津冀地区的中部，包括北京市、天津市以及河北省的石家庄市、唐山市、保定市、沧州市、廊坊市，国土面积约为 9.88 万 km^2（约占全国的 1.03%）（图 3-1）。

图 3-1 北京及周边城市地图

2017 年北京及周边城市的地区生产总值为 69 245.42 亿元，约占全国的 8.43%，其中第一产业增加值为 1 992.85 亿元，第二产业增加值为 23 894.16 亿元，第三产业增加值为 43 358.52 亿元。各城市的三产比例见图 3-2。北京市作为中华人民共和国首都，是我国政治中心、文化中心、国际交往中心、科技创新中心，是世界著名古都和现代化国际城市，其第三产业发达，产业结构已基本处于后工业化阶段。而天津、石家庄、唐山、保定、沧州、廊坊等城市的第二产业依然占比 40%以上，在其经济结构中工业依然扮演重要角色。

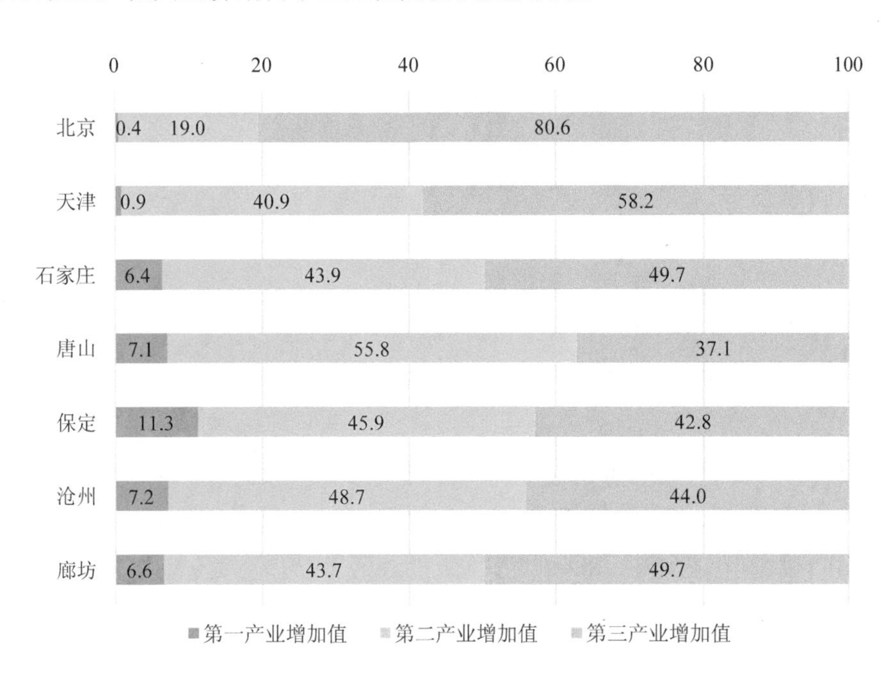

图 3-2　2017 年北京及周边城市第一、第二、第三产业所占比重

2017 年北京及周边城市的常住人口约为 8 003.69 万人，约占全国的 5.75%，其中城市人口约为 5 594.55 万人，城镇化率为 69.90%（图 3-3）。从城镇化进程来看，北京和天津作为直辖市，其城镇化率均超过 80%，处于城镇化进程后期。而在石家庄、唐山、保定、沧州、廊坊等城市中城镇化率中最高者仅为 61.64%，依然处于快速城镇化阶段。

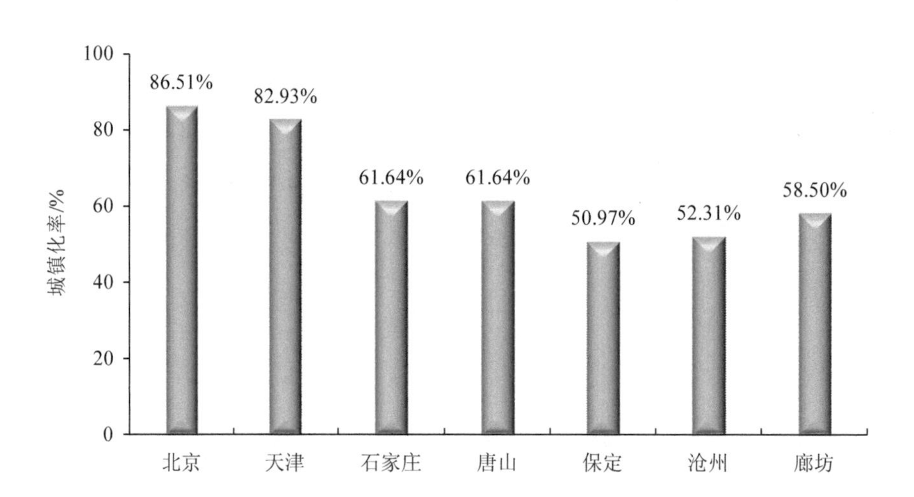

图 3-3　2017 年北京及周边城市城镇化率

3.1.2　分配的行业与企业排放口

根据北京及周边城市的城市大气污染物排放清单（见第 3.2.1 节数据来源），2017 年北京及周边城市共排放 SO_2 38.07 万 t、NO_x 100.39 万 t、一次 $PM_{2.5}$ 56.29 万 t。其中唐山市的 SO_2、NO_x、一次 $PM_{2.5}$ 排放量均为最高，分别为 18.39 万 t、25.77 万 t、20.87 万 t，分别占北京及周边城市的 48.31%、25.67%、37.07%。2017 年北京及周边城市大气污染物排放量见图 3-4。

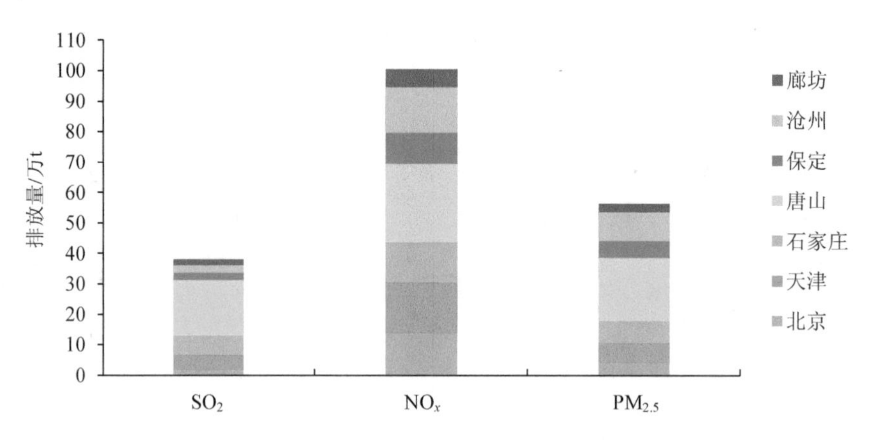

图 3-4　2017 年北京及周边城市大气污染物排放量

根据排污许可证申请与核发技术规范，结合研究基础，选定工业锅炉、水泥、玻璃、焦化、钢铁等 5 个工业行业（以下简称“5 工业”）进行大气污染物许可排放量分配研究。

图 3-5 显示，2017 年北京及周边城市工业 SO_2、NO_x、$PM_{2.5}$ 排放量分别是 28.43 万 t、38.82 万 t、23.84 万 t，分别占北京及周边城市排放量的 75%、39%、42%，5 工业 SO_2、NO_x、$PM_{2.5}$ 排放量分别是 22.41 万 t、28.70 万 t、13.99 万 t，分别占北京及周边城市排放量的 59%、29%、25%。这些比例数据充分说明在 SO_2 排放量方面，工业及 5 工业是北京及周边城市的最主要排放源；在 NO_x、$PM_{2.5}$ 排放量方面，工业及 5 工业是北京及周边城市的主要排放源之一。

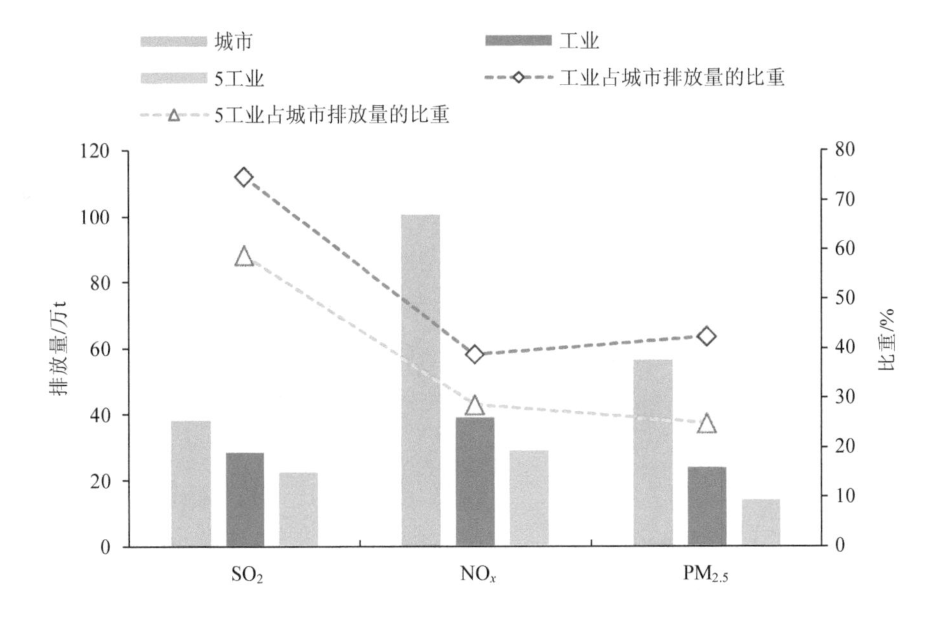

图 3-5 2017 年北京及周边城市工业、5 工业大气污染物排放量及比重

从图 3-6 可知，2017 年，北京、天津、石家庄、唐山、保定、沧州、廊坊等城市工业的 SO_2 排放量分别是 0.83 万 t、3.84 万 t、4.15 万 t、15.91 万 t、0.77 万 t、1.43 万 t、1.50 万 t，其 5 工业的 SO_2 排放量分别是 0.66 万 t、2.81 万 t、2.18 万 t、14.93 万 t、0.28 万 t、0.60 万 t、0.94 万 t。从工业占城市排放量的比重和 5 工业占城市排放量的比重来看，唐山市的 SO_2 比重均超过 80%，说明唐

山市的5工业是SO_2最主要的排放源；同时天津市的SO_2比重虽从77%降低到56%，说明天津市的5工业是SO_2主要的排放源。同理说明北京市、廊坊市的5工业是SO_2主要的排放源，以及石家庄市、保定市、沧州市的5工业是SO_2重要的排放源。

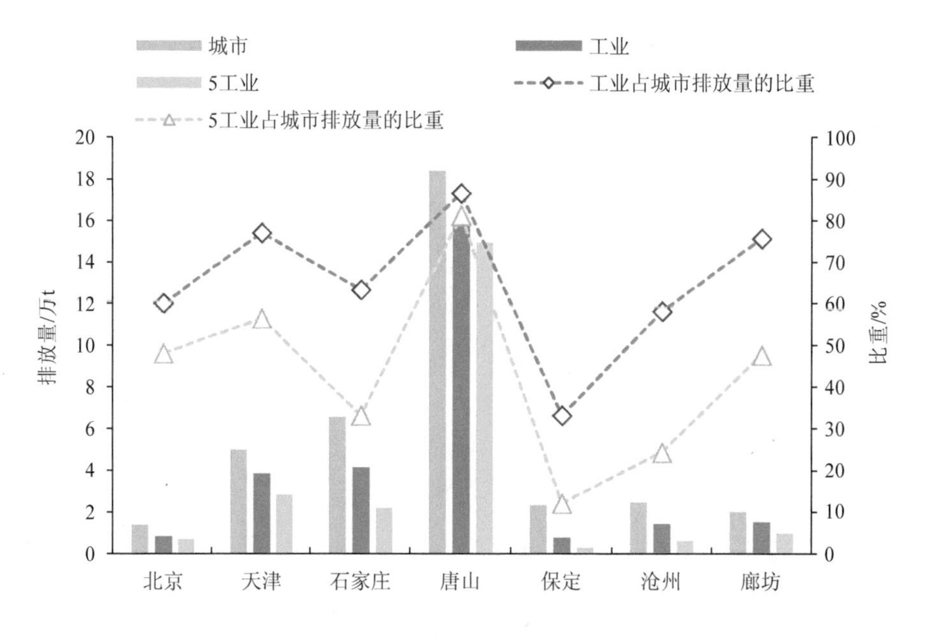

图3-6　2017年北京及周边城市的工业、5工业SO_2排放量及比重

从图3-7可知，2017年，北京、天津、石家庄、唐山、保定、沧州、廊坊等城市工业的NO_x排放量分别是1.95万t、3.99万t、6.95万t、18.96万t、2.26万t、2.61万t、2.10万t，其5工业的NO_x排放量分别是1.36万t、3.05万t、3.83万t、16.15万t、1.58万t、1.54万t、1.18万t。从工业占城市排放量的比重和5工业占城市排放量的比重来看，唐山市的NO_x比重均超过60%，说明唐山市的5工业是NO_x最主要的排放源。同理说明石家庄市、廊坊市的5工业是NO_x主要的排放源，以及北京市、天津市、保定市、沧州市的5工业是NO_x重要的排放源。

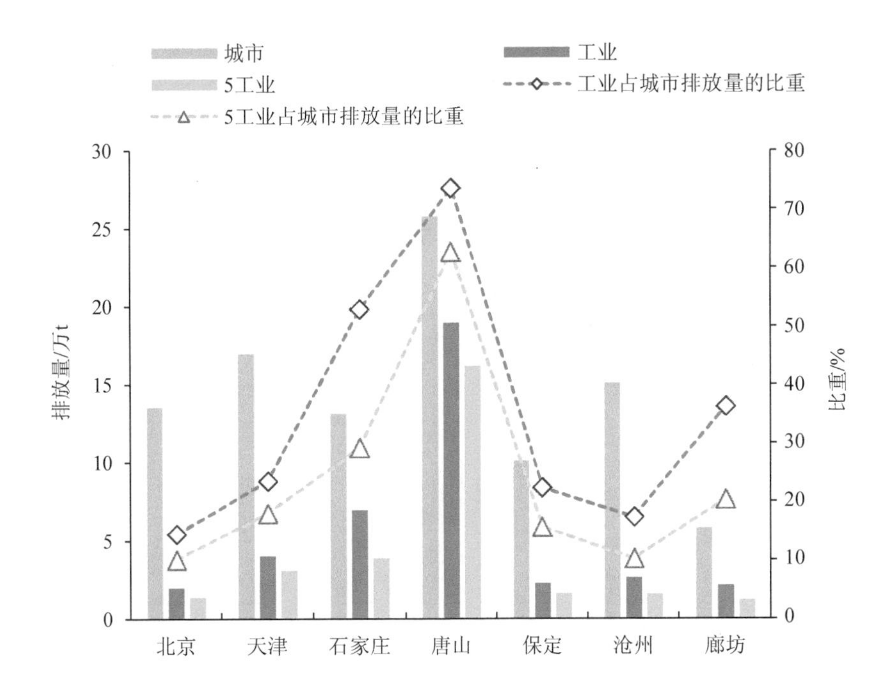

图 3-7　2017 年北京及周边城市的工业、5 工业 NO_x 排放量及比重

从图 3-8 可知，2017 年，北京、天津、石家庄、唐山、保定、沧州、廊坊等城市工业的一次 $PM_{2.5}$ 排放量分别是 0.20 万 t、2.92 万 t、2.24 万 t、11.43 万 t、1.23 万 t、4.16 万 t、1.65 万 t，其 5 工业的一次 $PM_{2.5}$ 排放量分别是 0.15 万 t、2.01 万 t、0.67 万 t、8.54 万 t、0.38 万 t、1.30 万 t、0.93 万 t。从工业占城市排放量的比重和 5 工业占城市排放量的比重来看，天津市、唐山市、廊坊市的 $PM_{2.5}$ 比重均超过 30%，说明天津市、唐山市、廊坊市的 5 工业是 $PM_{2.5}$ 最主要的排放源。同理说明石家庄市、保定市、沧州市的 5 工业是 $PM_{2.5}$ 主要的排放源，以及北京市的 5 工业是 $PM_{2.5}$ 重要的排放源。北京及周边城市的城市排放量、5 工业的 SO_2、NO_x、一次 $PM_{2.5}$ 排放量及比重见表 3-1。

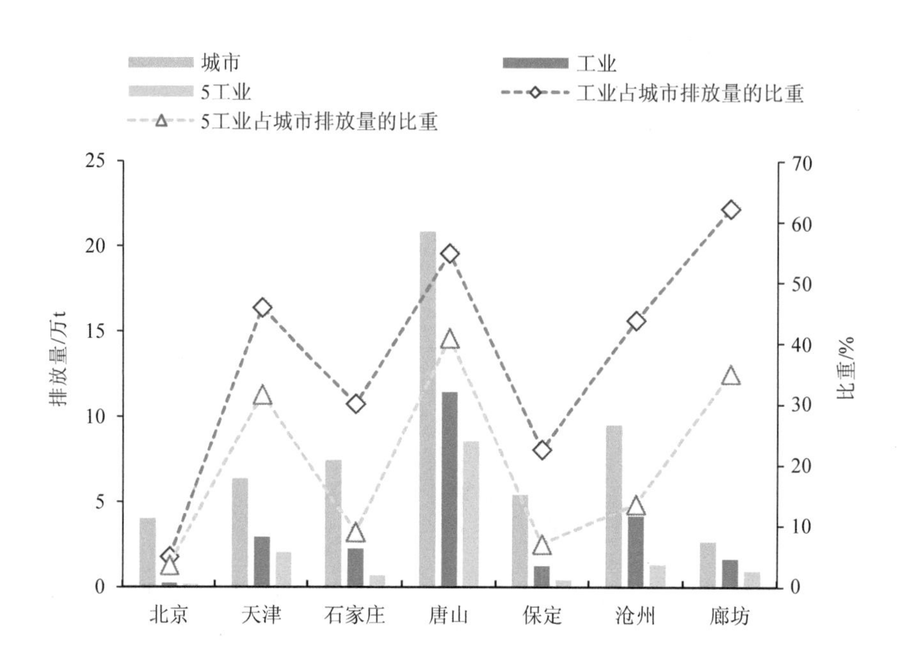

图 3-8　2017 年北京及周边城市的工业、5 工业 $PM_{2.5}$ 排放量及比重

表 3-1　2017 年北京及周边城市的城市、5 工业大气污染物排放量及比重

城市	城市排放量/万 t			5 工业排放量/万 t			5 工业占城市排放量的比重		
	SO_2	NO_x	一次 $PM_{2.5}$	SO_2	NO_x	一次 $PM_{2.5}$	SO_2	NO_x	一次 $PM_{2.5}$
北京	1.38	13.53	4.01	0.66	1.36	0.15	47.89%	10.05%	3.74%
天津	4.98	16.96	6.37	2.81	3.05	2.01	56.43%	17.98%	31.55%
石家庄	6.55	13.15	7.45	2.18	3.84	0.67	33.28%	29.20%	8.99%
唐山	18.40	25.78	20.87	14.93	16.15	8.55	81.14%	62.65%	40.97%
保定	2.32	10.10	5.43	0.28	1.58	0.38	12.07%	15.64%	7.00%
沧州	2.45	15.07	9.50	0.60	1.54	1.30	24.49%	10.22%	13.68%
廊坊	1.99	5.81	2.66	0.94	1.18	0.93	47.24%	20.31%	34.96%

2017 年，城市的 5 工业 SO_2、NO_x、一次 $PM_{2.5}$ 排放量分别占 5 工业 SO_2、NO_x、一次 $PM_{2.5}$ 排放量的比重均在 30%以上，其中 SO_2 方面的比重均在 35%以上，NO_x

方面的比重均在 55%以上，一次 $PM_{2.5}$ 方面的比重均在 30%以上（图 3-9）。这些充分说明 5 工业的 SO_2、NO_x、一次 $PM_{2.5}$ 在不同城市的工业中均为最主要的来源。北京及周边城市的工业、5 工业的 SO_2、NO_x、一次 $PM_{2.5}$ 排放量及比重见表 3-2。

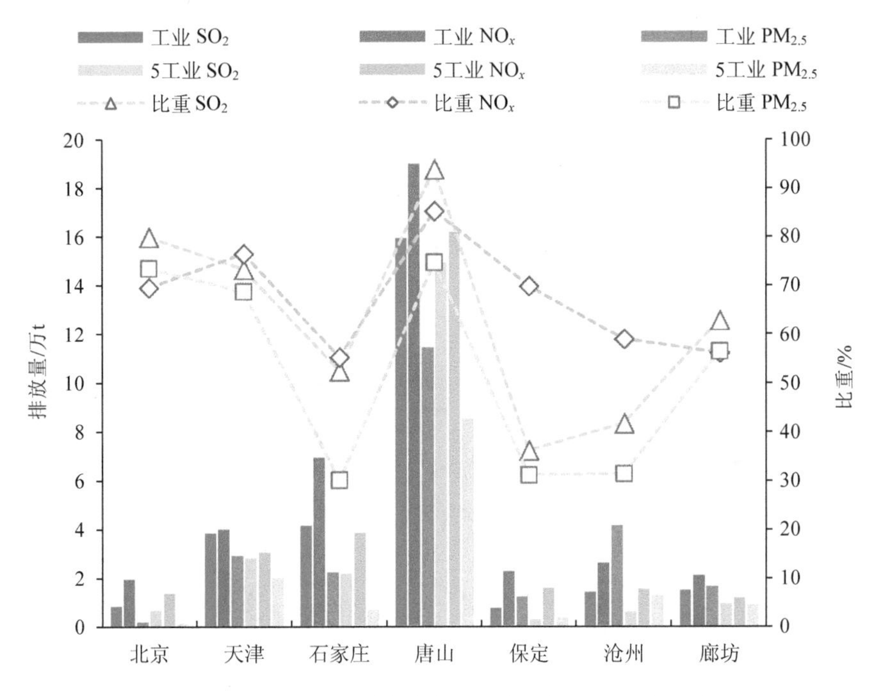

图 3-9　2017 年北京及周边城市 5 工业大气污染物排放量及比重

表 3-2　2017 年北京及周边城市的 5 工业大气污染物排放量及比重

城市	工业排放量/万 t			5 工业排放量/万 t			5 工业占工业排放量的比重/%		
	SO_2	NO_x	$PM_{2.5}$	SO_2	NO_x	$PM_{2.5}$	SO_2	NO_x	$PM_{2.5}$
北京	0.83	1.96	0.20	0.66	1.36	0.15	79.52	69.39	75.00
天津	3.84	3.99	2.92	2.81	3.05	2.01	73.18	76.84	68.84
石家庄	4.15	6.95	2.24	2.18	3.84	0.67	52.53	55.25	29.91
唐山	15.91	18.96	11.44	14.93	16.15	8.55	93.84	85.18	74.74
保定	0.77	2.26	1.23	0.28	1.58	0.38	36.36	69.91	30.89
沧州	1.43	2.61	4.16	0.60	1.54	1.30	41.95	59.00	31.25
廊坊	1.50	2.10	1.65	0.94	1.18	0.93	62.67	56.19	56.36

2017年北京及周边城市工业锅炉、水泥、玻璃、焦化、钢铁等5工业SO_2、NO_x、一次$PM_{2.5}$排放量如图3-10所示，其排放量占5工业的比重如图3-11所示。从5工业内部的SO_2、NO_x、$PM_{2.5}$排放量及比重来看，钢铁行业均为最大排放源，其次是工业锅炉、水泥、焦化行业，最后的是玻璃行业。

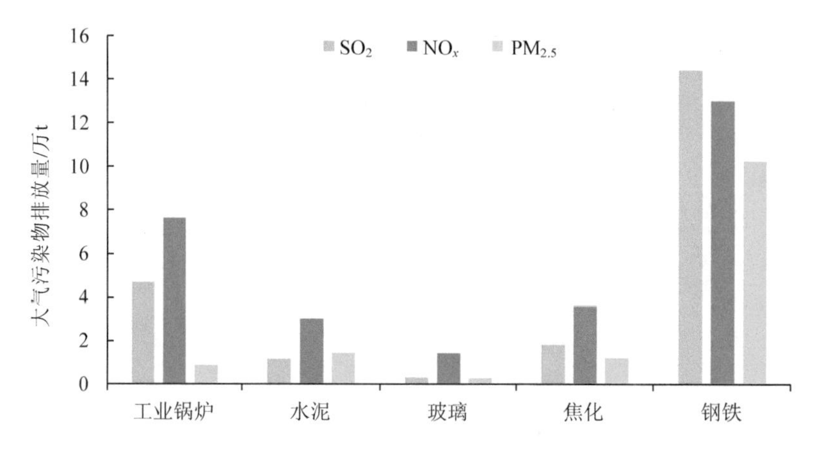

图3-10　2017年工业锅炉、水泥、玻璃、焦化、钢铁行业大气污染物排放量

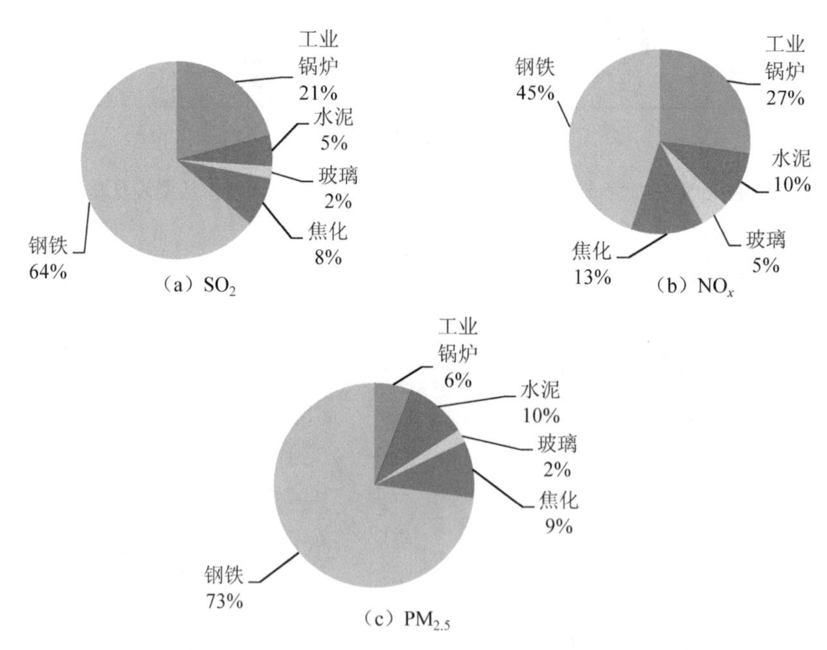

图3-11　2017年工业锅炉、水泥、玻璃、焦化、钢铁行业大气污染物排放量比重

剔除掉城市排放清单 5 工业中大气污染物（SO_2、NO_x、$PM_{2.5}$）排放量均为 0 t 的排放口后，5 工业排放口数量一共有 13 692 个。基于这些排放口，本研究开展了接下来的污染物许可排放量分配方法及分配结果评估研究。本研究所有结果均基于这 13 692 个排放口取得。

2017 年北京及周边城市 5 工业的 13 692 个排放口位置分布如图 3-12 所示。2017 年北京及周边城市的城市 5 工业排放口数量见表 3-3。其中工业锅炉、水泥、玻璃、焦化、钢铁某行业的排放口数量分别为 12 666 个、216 个、28 个、47 个、735 个，分别占 5 工业排放口数量的 92.51%、1.58%、0.20%、0.34%、5.37%（图 3-13）。这些排放口数量及比重数据充分说明工业锅炉行业的排放口数量占据绝大部分的份额，其次是钢铁行业和水泥行业的排放口数量，最少的是玻璃行业和焦化行业的排放口数量。结合上文的工业锅炉、水泥、玻璃、焦化、钢铁行业大气污染物排放量数据表明，工业锅炉行业的单个排放口 SO_2、NO_x、$PM_{2.5}$ 排放量平均值分别为 3.72 t、6.02 t、0.68 t，水泥行业的平均值分别为 53.67 t、139.28 t、66.41 t，玻璃行业的平均值分别为 113.97 t、511.61 t、95.67 t，焦化行业的平均值分别为 384.74 t、769.84 t、253.03 t，钢铁行业的平均值分别为 196.08 t、177.10 t、139.30 t。工业锅炉行业的排放口数量最多，但单个排放口 SO_2、NO_x、$PM_{2.5}$ 排放量均最少。单个排放口 SO_2、NO_x、$PM_{2.5}$ 排放量最多的是焦化行业，其次是钢铁行业、玻璃行业、水泥行业。

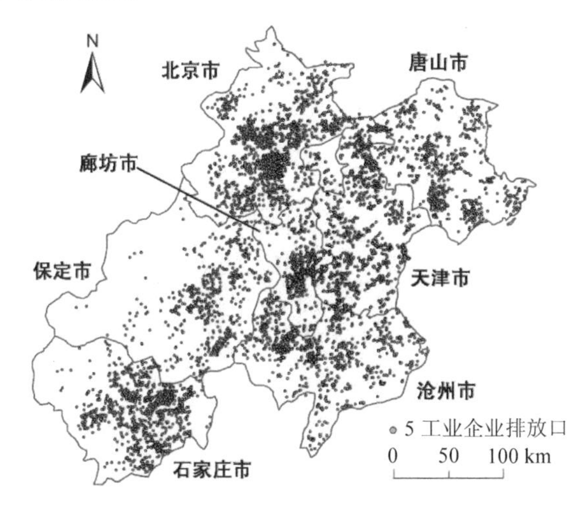

图 3-12　北京及周边城市 5 工业排放口位置分布

表 3-3　北京及周边城市 5 工业的排放口数量

城市	工业锅炉排放口/个	水泥排放口/个	玻璃排放口/个	焦化排放口/个	钢铁排放口/个
北京	2 663	6	7	0	0
天津	2 289	44	5	1	14
石家庄	1 785	36	3	7	24
唐山	492	97	5	37	660
保定	1 044	14	0	0	3
沧州	3 403	15	1	2	22
廊坊	990	4	7	0	12
北京及周边城市	12 666	216	28	47	735

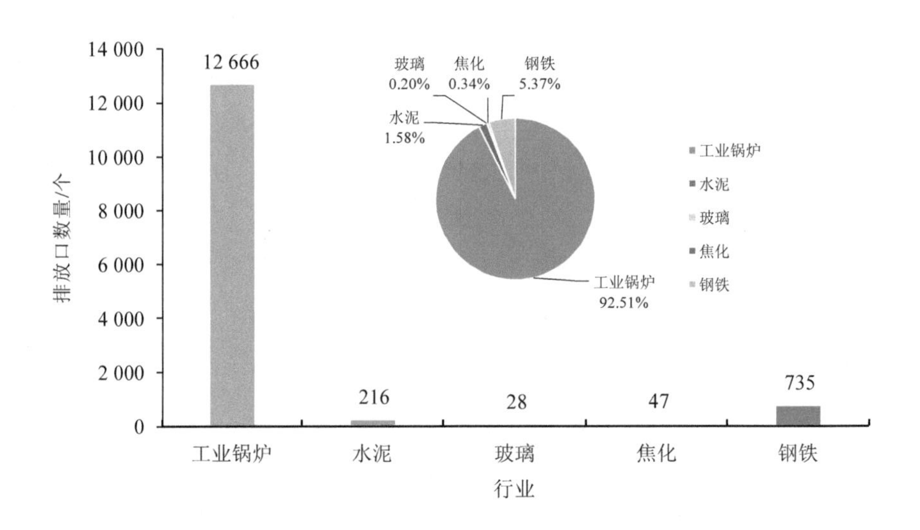

图 3-13　北京及周边城市 5 工业的排放口数量及比重

同时将拥有多个排放口的企业进行归纳统计后，得到 2017 年北京及周边城市的 5 工业企业数量为 11 475 家（表 3-4）。其中，工业锅炉、水泥、玻璃、焦化、钢铁等行业的企业数量分别为 11 188 个、173 个、21 个、24 个、69 个，分别占 5 工业企业数量的 97.50%、1.51%、0.18%、0.21%、0.60%。结合表 3-3 的排放口数据进行分析，可知工业锅炉行业的大部分企业拥有一个排放口，水泥、玻璃行业的部分企业拥有多个排放口，而焦化、钢铁行业的大部分企业拥有多个排放口。

表 3-4　北京及周边城市 5 工业的企业数量

城市	工业锅炉企业/家	水泥企业/家	玻璃企业/家	焦化企业/家	钢铁企业/家
北京	2 642	2	6	0	0
天津	2 022	39	4	1	8
石家庄	1 180	29	1	6	3
唐山	407	81	3	16	48
保定	854	7	0	0	2
沧州	3 157	11	1	1	6
廊坊	926	4	6	0	2
北京及周边城市	11 188	173	21	24	69

3.2　数据与方法

3.2.1　数据来源

（1）排污许可证申请与核发技术规范

截至 2020 年 3 月，生态环境部共发布了 74 项行业排污许可证申请与核发技术规范，见第 2 章第 2.1.2 节的表 2-2。本研究梳理了不同行业排污许可证申请与核发技术规范，总结了不同工业行业大气污染物许可排放量核发的核心计算模型与数据需求。

（2）城市大气污染物排放清单

本书利用《国家重点研发计划——国家及主要区域空气质量改善路线图研究》中《空气质量达标约束下的大气污染物承载力研究报告》提供的北京、天津、石家庄、唐山、保定、沧州、廊坊等城市排放清单（薛文博等）。本研究根据城市排放清单的数据基础，结合大气污染物许可排放量核发的核心计算模型与数据需求，梳理得到工业锅炉、水泥、玻璃、焦化、钢铁等 5 个重点工业行业。在城市排放清单中，分别获取 5 个重点工业行业的企业排放口大气污染物（SO_2、NO_x、一次

$PM_{2.5}$）排放量、燃料使用量、原料辅料使用量、产品产量等数据信息。

（3）城市大气污染物传输矩阵

王燕丽等（2017）基于 CAMx-PSAT，定量模拟 2015 年京津冀区域城市间 $PM_{2.5}$ 污染输送特征，建立京津冀地区 13 个城市的 $PM_{2.5}$ 传输矩阵。参考借鉴引用王燕丽等（2017）的研究成果，本研究构建北京及周边城市之间 $PM_{2.5}$ 污染传输矩阵（表 3-5）。本研究将表 3-5 的 $PM_{2.5}$ 传输系数直接运用到北京及周边城市之间 SO_2、NO_2 传输研究中。

表 3-5　北京及周边城市之间 $PM_{2.5}$ 污染传输矩阵

受休城市	源分区贡献率/%							区外	BC
	北京	大津	石家庄	唐山	保定	沧州	廊坊		
北京	66.29	3.45	0.91	2.22	3.16	1.68	4.81	16.94	0.54
天津	2.23	55.67	0.91	3.55	1.95	5.73	3.53	25.69	0.74
石家庄	0.85	0.88	52.16	0.83	5.16	1.69	0.66	36.94	0.83
唐山	1.24	4.73	0.51	68.74	0.81	1.47	0.92	20.97	0.61
保定	1.95	1.69	4.22	1.29	54.22	5.01	2.15	28.63	0.84
沧州	1.57	3.88	1.33	1.69	1.58	43.11	2.04	43.78	1.02
廊坊	15.35	18.28	1.42	4.44	5.45	5.12	21.49	27.52	0.93

（4）城市大气污染物环境容量

《国家重点研发计划——国家及主要区域空气质量改善路线图研究》中《空气质量达标约束下的大气污染物承载力研究报告》提供的北京、天津、石家庄、唐山、保定、沧州、廊坊等城市 SO_2、NO_x、一次 $PM_{2.5}$ 环境容量数据（表 3-6）（薛文博等，2019）。

表 3-6　北京及周边城市 SO_2、NO_x、一次 $PM_{2.5}$ 的环境容量　单位：万 t/a

污染物类别	北京	天津	石家庄	唐山	保定	沧州	廊坊
SO_2	3.6	10.2	6.6	12.3	2.2	3	4.2
NO_x	6.6	9.8	7.7	13.8	4.9	6.4	4.1
$PM_{2.5}$	1.8	6.8	3.3	9.3	3	3.8	2.5

基于城市大气污染物排放清单、城市大气污染物传输矩阵、城市大气污染物环境容量等以上数据，根据梳理得到的 5 个重点工业行业的《排污许可证申请与核发技术规范》，分别构建基于排放标准法、排放标准+城市传输法、环境容量法的企业排放口尺度的大气污染物许可排放量分配模型。

3.2.2　基于排放标准法的分配模型构建

首先，基于不同行业的污染物排放标准，通过排放口的烟（粉）尘与 $PM_{2.5}$ 的比例关系，分别构建不同行业不同排放口基于排放标准法的不同污染物许可排放量分配模型。其次，将不同排放口的不同污染物许可排放量，分别汇总到企业的不同污染物许可排放量。再次，将不同企业的不同污染物许可排放量，分别汇总到行业的不同污染物许可排放量。最后，将不同行业的不同污染物许可排放量，统一汇总到城市的不同污染物许可排放量。

$$E_{\mathrm{E}}^{j}=\sum_{i=1}^{n}E_{\mathrm{M}}^{ij} \tag{3-1}$$

$$E_{\mathrm{I}}^{j}=\sum_{i=1}^{n}E_{\mathrm{E}}^{ij} \tag{3-2}$$

$$E_{\mathrm{C}}^{j}=\sum_{i=1}^{n}E_{\mathrm{I}}^{ij} \tag{3-3}$$

式中，E_{M}^{ij}——排放口 i 的污染物 j 许可排放量；

E_{E}^{ij}——企业 i 的污染物 j 许可排放量；

E_{I}^{ij}——行业 i 的污染物 j 许可排放量；

E_{C}^{j}——城市污染物 j 许可排放量；

i——排污口、企业、行业；

j——污染物，即 SO_2、NO_x、颗粒物（一次 $PM_{2.5}$）。

（1）工业锅炉行业

根据 2018 年 7 月生态环境部发布的《排污许可证申请与核发技术规范 工业锅炉行业》（HJ 953—2018），因工业锅炉的燃料类型不同，其污染物许可排放量核发公式随之变化，现构建基于不同燃料类型的工业锅炉行业大气污染物许可排放量核发公式。

基于固体/液体燃料的工业锅炉行业大气污染物许可排放量核发公式

$$E_E^j = \sum_{i=1}^{n} E_M^{ij} = \sum_{i=1}^{n} C_{ij} \times V_{ij} \times R_{ij} \times \delta_{ij} \times 10^{-6} \tag{3-4}$$

式中，C_{ij}——排放口 i 大气污染物 j 排放标准浓度限值，mg/m^3；

V_{ij}——排放口 i 基准烟气量，m^3/kg；

R_{ij}——排放口 i 燃料使用量，t 或万 m^3；

δ_{ij}——排放口 i 对应的大气污染物许可排放量调整系数（表 3-7）。

表 3-7 工业锅炉行业大气污染物许可排放量调整系数取值表

锅炉排污单位执行标准		污染物类别		
		SO_2	NO_x	颗粒物
GB 13271		0.8	1	1
地方标准	标准限值＞0.8 倍 GB 13271 特别排放限值	0.8	1	1
	标准限值≤0.8 倍 GB 13271 特别排放限值	1	1	1

基于气体燃料的工业锅炉行业大气污染物许可排放量核发公式

$$E_{\mathrm{E}}^j = \sum_{i=1}^{n} E_{\mathrm{M}}^{ij} = \sum_{i=1}^{n} C_{ij} \times V_{ij} \times R_{ij} \times 10^{-5} \tag{3-5}$$

式中，C_{ij}——排放口 i 大气污染物 j 排放标准浓度限值，mg/m^3；

V_{ij}——排放口 i 基准烟气量，m^3/m^3；

R_{ij}——排放口 i 燃料使用量，万 m^3。

（2）水泥行业

根据 2017 年 7 月环境保护部发布的《排污许可证申请与核发技术规范 水泥行业》（HJ 847—2017），因水泥行业的排放口类型不同，其污染物许可排放量核发公式随之变化，构建基于不同排放口类型的水泥行业大气污染物许可排放量核发公式。

基于主要排放口的水泥行业大气污染物许可排放量核发公式

$$E_{\mathrm{E}}^j = \sum_{i=1}^{n} E_{\mathrm{M}}^{ij} = \sum_{i=1}^{n} C_{ij} \times Q_{ij} \times G \times T \times 10^{-9} \tag{3-6}$$

式中，C_{ij}——主要排放口 i 大气污染物 j 许可排放浓度限值，mg/m^3；

Q_{ij}——主要排放口 i 单位产品基准排气量，m^3/t 熟料，见表 3-8；

G——主要产品产能，t 熟料/d；

T——年运行时间，d/a；

$G \times T$——主要产品产量，t 熟料/a。

基于一般排放口的水泥行业大气污染物许可排放量核发公式

$$E_{\mathrm{E}}^{j} = \sum_{i=1}^{n} E_{\mathrm{M}}^{ij} = \sum_{i=1}^{n} C_{ij} \times Q_{ij} \times G \times T \times 10^{-9} \tag{3-7}$$

式中，C_{ij}——一般排放口 i 大气污染物 j 许可排放浓度限值，mg/m^3；

Q_{ij}——一般排放口 i 单位产品基准排气量，m^3/t 产品，见表 3-8；

G——主要产品产能，t 产品/d；

T——年运行时间，d/a；

$G \times T$——主要产品产量，t 产品/a。

表 3-8　水泥行业排污单位基准排气量表

序号	主要生产单元	排放口	排放口类别	主要污染物	基准排气量
1	熟料生产	窑头（冷却机）	主要排放口	颗粒物	1 800 m^3/t 熟料
2		窑尾（水泥窑及窑尾余热利用系统）	主要排放口	颗粒物、SO_2、NO_x	2 500 m^3/t 熟料
3		煤磨	一般排放口	颗粒物	460 m^3/t 熟料
4		熟料库前其他一般排放口	一般排放口	颗粒物	600 m^3/t 熟料
5	水泥粉磨	水泥磨	一般排放口	颗粒物	1 550 m^3/t 水泥
6		熟料库后其他一般排放口	一般排放口	颗粒物	600 m^3/t 水泥

（3）平板玻璃行业

根据 2017 年 9 月环境保护部发布的《排污许可证申请与核发技术规范　玻璃工业——平板玻璃行业》（HJ 856—2017），因平板玻璃行业的熔窑燃烧方式不同，其污染物许可排放量核发公式随之变化，构建基于不同燃烧方式熔窑的平板玻璃行业污染物许可排放量核发公式。

基于非纯氧燃烧玻璃熔窑的平板玻璃行业大气污染物许可排放量核发公式

$$E_{\mathrm{E}}^{j}=\sum_{i=1}^{n}E_{\mathrm{M}}^{ij}=\sum_{i=1}^{n}C_{ij}\times Q_{ij}\times P_{ij}\times T\times K\times 10^{-9} \quad (3\text{-}8)$$

式中，C_{ij}——主要排放口 i 大气污染物 j 许可排放浓度限值，mg/m^3；

Q_{ij}——主要排放口 i 大气污染物 j 在标准状态下的基准排气量，m^3/t 产品，见表 3-9；

P_{ij}——主要排放口 i 大气污染物 j 对应装置的产能，以玻璃液计，t/d；

T——环境影响评价文件批复或设计的年运行天数，d/a；

K——玻璃熔窑熔化量与产品产量转换系数，浮法工艺取 0.88，压延工艺取 0.85；

$P_{ij}\times T\times K$——玻璃产量，t/a。

基于纯氧燃烧玻璃熔窑的平板玻璃行业大气污染物许可排放量核发公式

$$E_{\mathrm{E}}^{j}=\sum_{i=1}^{n}E_{\mathrm{M}}^{ij}=\sum_{i=1}^{n}C_{ij}\times Q_{ij}\times P_{ij}\times T\times 10^{-9} \quad (3\text{-}9)$$

式中，C_{ij}——主要排放口 i 大气污染物 j 许可排放浓度限值，mg/m^3；

Q_{ij}——主要排放口 i 大气污染物 j 在标准状态下的基准排气量，取 3 000 m^3/t 玻璃液；

P_{ij}——主要排放口 i 大气污染物 j 对应装置的产能，以玻璃液计，t/d；

T——环境影响评价文件批复或设计的年运行天数，d/a；

$P_{ij}\times T$——玻璃产量，t/a。

表 3-9　平板玻璃行业排污单位基准排气量表

序号	生产单元	主要工艺	排放口	排放口类别	规模等级	基准排气量/（m^3/t 产品）
1	浮法	熔化工序	经玻璃熔窑烟气治理设施处理后的净烟气排放口	主要排放口	日熔量≤500 t	4 410（4 950[a]）
					500 t<日熔量≤600 t	4 220（4 500[a]）
					600 t<日熔量≤900 t	4 080（4 250[a]）
					日熔量>900 t	3 200
2	压延	熔化工序	经玻璃熔窑烟气治理设施处理后的净烟气排放口	主要排放口	—	4 394（4 550[a]）

[a] 适用于使用煤气发生炉的平板玻璃工业排污单位。

（4）炼焦化学行业

根据 2017 年 9 月环境保护部发布的《排污许可证申请与核发技术规范 炼焦化学工业》（HJ 854—2017），因炼焦化学行业的排放口类型不同，其污染物许可排放量核发公式随之变化，构建基于不同排放口类型的炼焦化学行业污染物许可排放量核发公式。

基于主要排放口的炼焦化学行业大气污染物许可排放量核发公式

$$E_{\mathrm{E}}^{j}=\sum_{i=1}^{n}E_{\mathrm{M}}^{ij}=\sum_{i=1}^{n}C_{ij}\times Q_{ij}\times R_{i}\ \times10^{-9} \tag{3-10}$$

式中，C_{ij}——主要排放口 i 大气污染物 j 许可排放浓度限值，mg/m³；

Q_{ij}——主要排放口 i 大气污染物 j 的基准排气量，m³/t 焦或 m³/m³（m³/kg），按表 3-10 至表 3-12 取值；

R_i——主要排放口 i 对应装置的主要产品产能，t 焦/a 或 m³/a（kg/a）。

基于一般排放口的炼焦化学行业大气污染物许可排放量核发公式

$$E_{\mathrm{E}}^{j}=\sum_{i=1}^{n}E_{\mathrm{M}}^{ij}=\sum_{i=1}^{n}C_{ij}\times Q_{ij}\times R_{i}\ \times10^{-9} \tag{3-11}$$

式中，C_{ij}——一般排放口 i 大气污染物 j 许可排放浓度限值，mg/m³；

Q_{ij}——一般排放口 i 大气污染物 j 的基准排气量，m³/t 焦或 m³/m³（m³/kg），按表 3-10 至表 3-12 取值；

R_i——一般排放口 i 对应装置的主要产品产能，t 焦/a 或 m³/a（kg/a）。

表 3-10 炼焦化学行业排污单位有组织排放口基准排气量参考表（常规机焦炉）

产污环节名称		顶装/（m³/t 焦）		捣固/（m³/t 焦）
		炭化室≥6 m	炭化室 4.3～6 m	
主要排放口				
焦炉烟囱	使用焦炉煤气加热	1 280	1 420	1 500
	使用高炉煤气加热	1 830	1 960	2 040
装煤地面站		340	360	360
推焦地面站		660	690	700
干法熄焦地面站		750		

产污环节名称	顶装/（m^3/t 焦）		捣固/（m^3/t 焦）
	炭化室≥6 m	炭化室 4.3～6 m	
一般排放口			
粗苯管式炉	100		
精煤破碎、焦炭破碎、筛分及转运	650		

表 3-11 炼焦化学行业排污单位有组织排放口基准排气量参考表（热回收焦炉）

产污环节名称	基准排气量/（m^3/t 焦）
主要排放口	
焦炉烟囱	4 100
一般排放口	
精煤破碎、焦炭破碎、筛分及转运	650

表 3-12 炼焦化学行业排污单位有组织排放口基准排气量参考表（内热式半焦炭化炉）

产污环节名称	基准排气量/（m^3/t 焦）
一般排放口	
精煤破碎、焦炭破碎、筛分及转运	650

（5）钢铁行业

根据 2017 年 7 月环境保护部发布的《排污许可证申请与核发技术规范 钢铁工业》（HJ 846—2017），因钢铁行业的排放口类型不同，其污染物许可排放量核发公式随之变化，构建基于不同排放口类型的钢铁行业污染物许可排放量核发公式。

基于主要排放口的钢铁行业大气污染物许可排放量核发公式

$$E_{\mathrm{E}}^{j}=\sum_{i=1}^{n}E_{\mathrm{M}}^{ij}=\sum_{i=1}^{n}C_{ij}\times Q_{ij}\times R_{i}\times 10^{-5} \qquad (3\text{-}12)$$

式中，C_{ij}——主要排放口 i 大气污染物 j 许可排放浓度限值，mg/m^3；

Q_{ij}——主要排放口 i 大气污染物 j 的基准排气量，m^3/t 产品，按表 3-13 取值；

R_i——主要排放口 i 对应装置的主要产品产量，万 t。

表 3-13　钢铁行业排污单位主要排放口基准排气量表

序号	生产单元	产污环节名称	基准排气量
1	烧结	烧结机头废气	2 830 m^3/t 烧结矿
2		烧结机尾废气	1 300 m^3/t 烧结矿
3	球团	球团焙烧废气	2 480 m^3/t 球团矿
4	炼铁	高炉矿槽废气	3 250 m^3/t 铁水
5		高炉出铁场废气	2 900 m^3/t 铁水
6	炼钢	转炉二次烟气	1 550 m^3/t 粗钢
7		电炉烟气	1 120 m^3/t 粗钢

基于一般排放口的钢铁行业大气污染物许可排放量核发公式

$$E_{\mathrm{E}}^{j}=\sum_{i=1}^{n}E_{\mathrm{M}}^{ij}=\sum_{i=1}^{n}\mathrm{GSP}_{ij}\times R_i\times 10 \tag{3-13}$$

式中，GSP_{ij}——一般排放口 i 大气污染物 j 排放量绩效值，kg/t，按表 3-14 取值；

R_i——一般排放口 i 对应单元的主要产品产量，万 t。

基于无组织排放的钢铁行业大气污染物许可排放量核发公式

$$E_{\mathrm{E}}^{j}=\sum_{i=1}^{n}E_{\mathrm{M}}^{ij}=\sum_{i=1}^{n}\mathrm{GSP}_{ij}\times R_i\times 10 \tag{3-14}$$

式中，GSP_{ij}——无组织排放 i 大气污染物 j 排放量绩效值，kg/t，按表 3-14 取值；

R_i——无组织排放 i 对应单元的主要产品产量，万 t。

表 3-14　钢铁行业排污单位一般排放口及无组织排放绩效值选取表

生产单元	排污单位类型	一般排放口绩效值	无组织绩效值
原料系统	执行特别排放限值排污单位	0.016 kg 颗粒物/t 原料	0.024 3 kg 颗粒物/t 原料
	其他排污单位	0.040 kg 颗粒物/t 原料	0.200 0 kg 颗粒物/t 原料
烧结	执行特别排放限值排污单位	0.070 kg 颗粒物/t 烧结矿	0.015 5 kg 颗粒物/t 烧结矿
	其他排污单位	0.105 kg 颗粒物/t 烧结矿	0.280 0 kg 颗粒物/t 烧结矿

生产单元	排污单位类型	一般排放口绩效值		无组织绩效值
球团	执行特别排放限值排污单位		0.046 kg 颗粒物/t 球团矿	0.013 0 kg 颗粒物/t 球团矿
	其他排污单位		0.069 kg 颗粒物/t 球团矿	0.600 0 kg 颗粒物/t 球团矿
炼铁	执行特别排放限值排污单位		0.026 kg 颗粒物/t 铁水	0.015 9 kg 颗粒物/t 铁水
			0.130 kg SO_2/t 铁水	
			0.390 kg NO_x/t 铁水	
	其他排污单位		0.041 kg 颗粒物/t 铁水	0.295 1 kg 颗粒物/t 铁水
			0.130 kg SO_2/t 铁水	
			0.390 kg NO_x/t 铁水	
炼钢	执行特别排放限值排污单位	炼钢	0.086 kg 颗粒物/t 粗钢	0.034 8 kg 颗粒物/t 粗钢
		石灰、白云石焙烧	0.15 kg 颗粒物/t 活性石灰或轻烧白云石	
			0.4 kg SO_2/t 活性石灰或轻烧白云石	
			2 kg NO_x/t 活性石灰或轻烧白云石	
	其他排污单位	炼钢	0.109 kg 颗粒物/t 粗钢	0.104 4 kg 颗粒物/t 粗钢
		石灰、白云石焙烧	0.15 kg 颗粒物/t 活性石灰或轻烧白云石	
			0.4 kg SO_2/t 活性石灰或轻烧白云石	
			2 kg NO_x/t 活性石灰或轻烧白云石	
轧钢	执行特别排放限值排污单位		0.019 kg 颗粒物/t 钢材	—
			0.09 kg SO_2/t 钢材	
			0.18 kg NO_x/t 钢材	
	其他排污单位		0.025 kg 颗粒物/t 钢材	—
			0.09 kg SO_2/t 钢材	
			0.18 kg NO_x/t 钢材	

3.2.3 基于排放标准+城市传输法的分配模型构建

基于第 3.2.2 节基于排放标准法的分配模型构建，结合城市传输矩阵（见第 3.2.1 节数据来源）分别构建不同行业不同排放口基于排放标准+城市传输法（标准+传输法）的不同污染物许可排放量分配模型。将不同排放口的不同污染物许可排放量，分别汇总到企业的和行业的许可排污量。最后，将不同行业的不同污染物许可排放量，统一汇总到城市的不同污染物许可排放量。

其中，需要说明的是由于数据资料的限制，本研究将表 3-5 的 $PM_{2.5}$ 传输系数直接引用在北京及周边城市之间 SO_2、NO_2 的传输特征研究中。

$$E_{\mathrm{E}}^{j}=\sum_{i=1}^{n}E_{\mathrm{M}}^{ij} \tag{3-15}$$

$$E_{\mathrm{I}}^{j}=\sum_{i=1}^{n}E_{\mathrm{E}}^{ij} \tag{3-16}$$

$$E_{\mathrm{C}}^{j}=\sum_{i=1}^{n}E_{\mathrm{I}}^{ij} \tag{3-17}$$

式中，E_{M}^{ij}——排放口 i 污染物 j 许可排放量；

E_{E}^{ij}——企业 i 污染物 j 许可排放量；

E_{I}^{ij}——行业 i 污染物 j 许可排放量；

E_{C}^{j}——城市污染物 j 许可排放量。

（1）工业锅炉行业

根据 2018 年 7 月生态环境部发布的《排污许可证申请与核发技术规范 工业锅炉行业》（HJ 953—2018），因工业锅炉的燃料类型不同，其污染物许可排放量核发公式随之变化，结合城市传输矩阵，现构建基于不同燃料类型的工业锅炉行业大气污染物许可排放量核发公式。

基于固体/液体燃料的工业锅炉行业大气污染物许可排放量核发公式

$$E_{\mathrm{E}}^{j}=\sum_{i=1}^{n}E_{\mathrm{M}}^{ij}=\sum_{i=1}^{n}C_{ij}\times V_{ij}\times R_{ij}\times\delta_{ij}\times10^{-6}\times\mathrm{TC}_{r} \tag{3-18}$$

式中，C_{ij}——排放口 i 大气污染物 j 排放标准浓度限值，mg/m^3；

V_{ij}——排放口 i 大气污染物 j 基准烟气量，m^3/kg；

R_{ij}——排放口 i 大气污染物 j 的燃料使用量，t 或万 m^3；

δ_{ij}——排放口 i 对应的大气污染物 j 的许可排放量调整系数，见表 3-7；

TC_{r}——城市 r 的传输系数。

基于气体燃料的工业锅炉行业大气污染物许可排放量核发公式

$$E_{\mathrm{E}}^{j}=\sum_{i=1}^{n}E_{\mathrm{M}}^{ij}=\sum_{i=1}^{n}C_{ij}\times V_{ij}\times R_{ij}\times 10^{-5}\times \mathrm{TC}_{r} \tag{3-19}$$

式中，C_{ij}——排放口 i 大气污染物 j 排放标准浓度限值，$\mathrm{mg/m^3}$；

V_{ij}——排放口 i 大气污染物 j 基准烟气量，$\mathrm{m^3/m^3}$；

R_{ij}——排放口 i 大气污染物 j 的燃料使用量，t 或万 $\mathrm{m^3}$；

TC_r——城市 r 的传输系数。

（2）水泥行业

根据 2017 年 7 月环境保护部发布的《排污许可证申请与核发技术规范 水泥行业》（HJ 847—2017），因水泥行业的排放口类型不同，其污染物许可排放量核发公式随之变化，结合城市传输矩阵，现构建基于不同排放口类型的水泥行业大气污染物许可排放量核发公式。

基于主要排放口的水泥行业大气污染物许可排放量核发公式

$$E_{E}^{j}=\sum_{i=1}^{n}E_{\mathrm{M}}^{ij}=\sum_{i=1}^{n}C_{ij}\times Q_{i}\times G\times T\times 10^{-9}\times \mathrm{TC}_{r} \tag{3-20}$$

式中，C_{ij}——主要排放口 i 大气污染物 j 许可排放浓度限值，$\mathrm{mg/m^3}$；

Q_i——主要排放口 i 单位产品基准排气量，$\mathrm{m^3}$/t 熟料，见表 3-8；

G——主要产品产能，t 熟料/d；

T——年运行时间，d/a；

$G\times T$——主要产品产量，t 熟料/a；

TC_r——城市 r 的传输系数。

基于一般排放口的水泥行业大气污染物许可排放量核发公式

$$E_{\mathrm{E}}^{j}=\sum_{i=1}^{n}E_{\mathrm{M}}^{ij}=\sum_{i=1}^{n}C_{ij}\times Q_{i}\times G\times T\times 10^{-9}\times \mathrm{TC}_{r} \tag{3-21}$$

式中，C_{ij}——一般排放口 i 大气污染物 j 许可排放浓度限值，$\mathrm{mg/m^3}$；

Q_i——一般排放口 i 单位产品基准排气量，$\mathrm{m^3}$/t 产品，见表 3-8；

G——主要产品产能，t 产品/d；

T——年运行时间，d/a；

$G\times T$——主要产品产量，t 产品/a；

TC_r——城市 r 的传输系数。

（3）平板玻璃行业

根据 2017 年 9 月环境保护部发布的《排污许可证申请与核发技术规范 玻璃工业——平板玻璃行业》（HJ 856—2017），因平板玻璃行业的熔窑燃烧方式不同，其污染物许可排放量核发公式随之变化，结合城市传输矩阵，现构建基于不同燃烧方式熔窑的平板玻璃行业大气污染物许可排放量核发公式。

基于非纯氧燃烧玻璃熔窑的平板玻璃行业大气污染物许可排放量核发公式

$$E_{\mathrm{E}}^{j}=\sum_{i=1}^{n}E_{\mathrm{M}}^{ij}=\sum_{i=1}^{n}C_{ij}\times Q_{i}\times P_{i}\times T\times K\times 10^{-9}\times \mathrm{TC}_{r} \tag{3-22}$$

式中，C_{ij}——主要排放口 i 大气污染物 j 许可排放浓度限值，$\mathrm{mg/m^3}$；

Q_i——主要排放口 i 标准状态下的基准排气量，$\mathrm{m^3/t}$ 产品，见表 3-9；

P_i——主要排放口 i 对应装置的产能，以玻璃液计，t/d；

T——环境影响评价文件批复或设计的年运行天数，d/a；

K——玻璃熔窑熔化量与产品产量转换系数，浮法工艺取 0.88，压延工艺取 0.85；

$P_i\times T\times K$——玻璃产量，t/a；

TC_r——城市 r 的传输系数。

基于纯氧燃烧玻璃熔窑的平板玻璃行业大气污染物许可排放量核发公式

$$E_{\mathrm{E}}^{j}=\sum_{i=1}^{n}E_{\mathrm{M}}^{ij}=\sum_{i=1}^{n}C_{ij}\times Q_{i}\times P_{i}\times T\times 10^{-9}\times \mathrm{TC}_{r} \tag{3-23}$$

式中，C_{ij}——主要排放口 i 大气污染物 j 许可排放浓度限值，$\mathrm{mg/m^3}$；

Q_i——主要排放口 i 在标准状态下的基准排气量，取 3 000 $\mathrm{m^3/t}$（玻璃液）；

P_i——主要排放口 i 对应装置的产能，以玻璃液计，t/d；

T——环境影响评价文件批复或设计的年运行天数，d/a；

$P_i\times T$——玻璃产量，t/a；

TC_r——城市 r 的传输系数。

（4）炼焦化学行业

根据 2017 年 9 月环境保护部发布的《排污许可证申请与核发技术规范 炼焦化学工业》（HJ 854—2017），因炼焦化学工业的排放口类型不同，其污染物许可排放量核发公式随之变化，结合城市传输矩阵，现构建基于不同排放口类型的炼焦化学行业大气污染物许可排放量核发公式。

基于主要排放口的炼焦化学行业大气污染物许可排放量核发公式

$$E_{\mathrm{E}}^{j}=\sum_{i=1}^{n}E_{\mathrm{M}}^{ij}=\sum_{i=1}^{n}C_{ij}\times Q_{i}\times R_{i}\times 10^{-9}\times \mathrm{TC}_{r} \tag{3-24}$$

式中，C_{ij}——主要排放口 i 大气污染物 j 许可排放浓度限值，$\mathrm{mg/m^3}$；

Q_i——主要排放口 i 基准排气量，$\mathrm{m^3/t}$ 焦或 $\mathrm{m^3/m^3}$（$\mathrm{m^3/kg}$），按表 3-10 至表 3-12 取值；

R_i——主要排放口 i 对应装置的主要产品产能，t 焦/a 或 $\mathrm{m^3/a}$（kg/a）；

TC_r——城市 r 的传输系数。

基于一般排放口的炼焦化学行业大气污染物许可排放量核发公式

$$E_{\mathrm{E}}^{j}=\sum_{i=1}^{n}E_{\mathrm{M}}^{ij}=\sum_{i=1}^{n}C_{ij}\times Q_{i}\times R_{i}\times 10^{-9}\times \mathrm{TC}_{r} \tag{3-25}$$

式中，C_{ij}——一般排放口 i 大气污染物 j 许可排放浓度限值，$\mathrm{mg/m^3}$；

Q_i——一般排放口 i 基准排气量，$\mathrm{m^3/t}$ 焦或 $\mathrm{m^3/m^3}$（$\mathrm{m^3/kg}$），按表 3-10 至表 3-12 取值；

R_i——一般排放口 i 对应装置的主要产品产能，t 焦/a 或 $\mathrm{m^3/a}$（kg/a）；

TC_r——城市 r 的传输系数。

（5）钢铁行业

根据 2017 年 7 月环境保护部发布的《排污许可证申请与核发技术规范 钢铁工业》（HJ 846—2017），因钢铁工业的排放口类型不同，其污染物许可排放量核发公式随之变化，结合城市传输矩阵，现构建基于不同排放口类型的钢铁行业大气污染物许可排放量核发公式。

基于主要排放口的钢铁行业大气污染物许可排放量核发公式

$$E_{\mathrm{E}}^{j}=\sum_{i=1}^{n}E_{\mathrm{M}}^{ij}=\sum_{i=1}^{n}C_{ij}\times Q_{i}\times R_{i}\times 10^{-5}\times \mathrm{TC}_{r} \tag{3-26}$$

式中，C_{ij}——主要排放口 i 大气污染物 j 许可排放浓度限值，$\mathrm{mg/m^3}$；

Q_i——主要排放口 i 在标态下的基准排气量，$\mathrm{m^3/t}$ 产品，按表 3-13 取值；

R_i——主要排放口 i 对应装置的主要产品产量，万 t；

TC_r——城市 r 的传输系数。

基于一般排放口的钢铁行业大气污染物许可排放量核发公式

$$E_{\mathrm{E}}^{j}=\sum_{i=1}^{n}E_{\mathrm{M}}^{ij}=\sum_{i=1}^{n}\mathrm{GSP}_{ij}\times R_{i}\times 10\times \mathrm{TC}_{r} \tag{3-27}$$

式中，GSP_{ij}——一般排放口 i 大气污染物 j 排放量绩效值，kg/t，按表 3-14 取值；

R_i——一般排放口 i 对应单元的主要产品产量，万 t；

TC_r——城市 r 的传输系数。

基于无组织排放的钢铁行业大气污染物许可排放量核发公式

$$E_{\mathrm{E}}^{j}=\sum_{i=1}^{n}E_{\mathrm{M}}^{ij}=\sum_{i=1}^{n}\mathrm{GSP}_{ij}\times R_{i}\times 10\times \mathrm{TC}_{r} \tag{3-28}$$

式中，GSP_{ij}——无组织排放 i 大气污染物 j 排放量绩效值，kg/t，按表 3-14 取值；

R_i——无组织排放 i 对应单元的主要产品产量，万 t；

TC_r——城市 r 的传输系数。

3.2.4　基于环境容量法的分配模型构建

本研究全面梳理了城市、行业、企业的污染特征，得到了影响城市、行业、企业污染特征的因素，并认为在构建环境容量法时可以考虑这些因素。

首先，基于不同城市不同大气污染物环境容量（见第 3.2.1 节数据来源），按照改进等比例法，分别构建基于环境容量法的大气污染物许可排放量分配模型，得到企业排放口的污染物许可排放量。其次，将不同排放口的不同污染物许可排放量，分别汇总到企业的不同污染物许可排放量。最后，将不同企业的不同污染物许可排放量，分别汇总到行业的不同污染物许可排放量。

$$E_{\mathrm{M}}^{ij}=E_{\mathrm{C}}^{j}\times\frac{E_{\mathrm{Mo}}^{ij}}{E_{\mathrm{Co}}^{j}}\times\alpha\times\beta\times\varepsilon\times\gamma\times\omega \tag{3-29}$$

式中，E_{M}^{ij}——排放口 i 污染物 j 的许可排放量；

E_{C}^{j}——城市污染物 j 的环境容量；

E_{Mo}^{ij}——排放口 i 污染物 j 的实际排放量；

E_{Co}^{j}——城市污染物 j 的实际排放量；

α——城市权重；

β——行业权重；

ε——企业规模权重；

γ——生产工艺权重；

ω——处理工艺权重。

$$E_{\mathrm{E}}^{j}=\sum_{i=1}^{n}E_{\mathrm{M}}^{ij} \tag{3-30}$$

$$E_{\mathrm{I}}^{j}=\sum_{i=1}^{n}E_{\mathrm{E}}^{ij} \tag{3-31}$$

式中，E_{E}^{ij}——企业 i 污染物 j 的许可排放量；

E_{I}^{ij}——行业 i 污染物 j 的许可排放量。

其中，鉴于北京及周边城市的污染现状和 5 工业污染现状，将城市权重、行业权重均取值为 1。由于数据资料的限制，无法将企业规模、生产工艺、处理工艺等权重系数一一落实到具体企业的取值原则，因此在本研究中将这些权重系数均取值为 1。

3.3 结果与讨论

3.3.1 典型企业分配结果与讨论

将城市排放清单内典型企业的分属不同行业类别的排放口大气污染物排放量进行统计汇总，并在全国排污许可证管理信息平台官网（http://permit.mee.gov.cn/permitExt/defaults/default-index!getInformation.action）上查找到同一企业的大气污染物许可排放量。结合排放标准法、标准+传输法、环境容量法的行业典型企业大气污染物许可排放量分配结果，从而进行 5 工业典型企业大气污染物排放量的对比分析。其中，本研究将城市清单中企业一次 $PM_{2.5}$ 占烟（粉）尘（TSP）的比例关系代入排污许可证的烟（粉）尘许可排放量中，得到排污许可证的一次 $PM_{2.5}$ 许可排放量。

值得说明的是，在本节中，排放清单是指城市排放清单中企业 2017 年大气污染物实际排放量，排放标准法、标准+传输法、环境容量法是指基于第 3.2 节分配方法计算得到的企业大气污染物许可排放量，排污许可证是指经企业申请、政府核发的在全国排污许可证管理信息平台官网查找的企业大气污染物许可排放量（包括企业分属不同行业类型的所有排放口）。

（1）工业锅炉行业

图 3-14 显示，工业锅炉行业 A 企业基于排放标准法的 SO_2、NO_x、一次 $PM_{2.5}$ 排放量比排污许可证核发量分别高 3.89%、低 2.60%、高 3.89%，说明工业锅炉行业的排放标准法及参数与排污许可证核发量基本一致。排放清单的 SO_2、NO_x、一次 $PM_{2.5}$ 排放量均高于排污许可证的核发量，说明工业锅炉行业的企业依然存在超量、超标排放现象。从工业锅炉行业来说，排放标准法、标准+传输法的 SO_2、NO_x、一次 $PM_{2.5}$ 排放量要远低于排放清单的排放量，同时由于城市环境容量的影响，环境容量法的 SO_2、NO_x、一次 $PM_{2.5}$ 排放量分别高于、低于、略高于排放清单的排放量。与排污许可证的核发量相比，标准+传输法的 SO_2、NO_x、一次 $PM_{2.5}$ 排放量均低于排放清单的排放量，而环境容量法的 SO_2、NO_x、一次 $PM_{2.5}$ 排放量均高于排放清单的排放量。

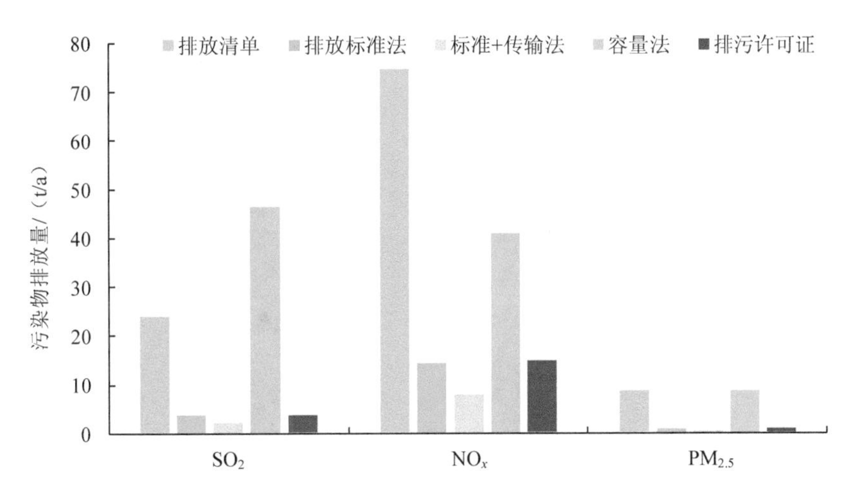

图 3-14　工业锅炉行业 A 企业大气污染物排放量

（2）水泥行业

图 3-15 显示，水泥行业 B 企业基于排放标准法的 SO_2、NO_x、一次 $PM_{2.5}$ 排放量比排污许可证的核发量分别低 10.75%、低 10.75%、低 8.97%，说明水泥行业

的排放标准法及参数与排污许可证的核发量基本一致。排放清单的 SO_2、一次 $PM_{2.5}$ 排放量均高于排污许可证的核发量，同时其 NO_x 排放量低于排污许可证的核发量，说明水泥行业的企业部分大气污染物排放依然存在超量、超标排放现象。从水泥行业来说，排放标准法的 SO_2、NO_x、一次 $PM_{2.5}$ 的排放量分别远低于、略高于、远低于排放清单的排放量，标准+传输法的 SO_2、NO_x、一次 $PM_{2.5}$ 的排放量均远低于排放清单的排放量，同时由于城市环境容量的影响，环境容量法的 SO_2、NO_x、一次 $PM_{2.5}$ 排放量均远低于排放清单的排放量。标准+传输法的 SO_2、NO_x、一次 $PM_{2.5}$ 排放量均低于排污许可证的核发量，而环境容量法的 SO_2、NO_x、一次 $PM_{2.5}$ 的排放量分别高于、低于、高于排污许可证的核发量。

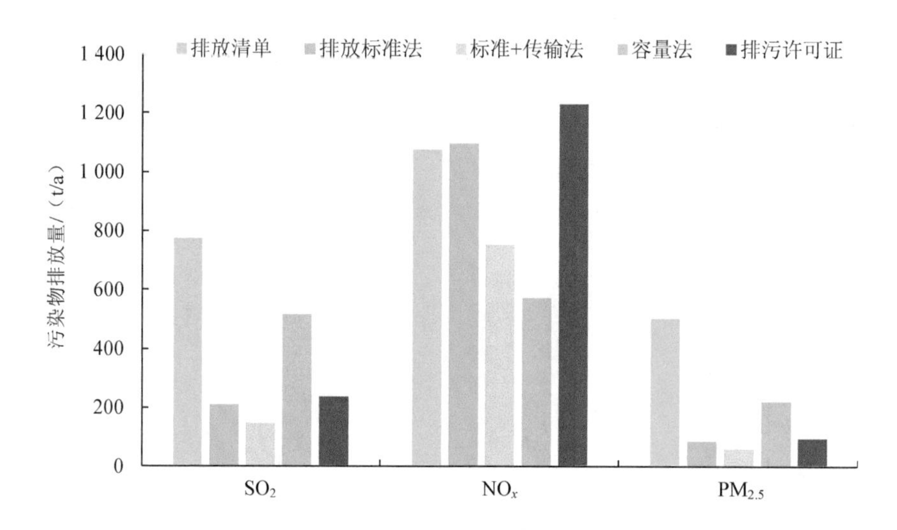

图 3-15　水泥行业 B 企业大气污染物排放量

（3）玻璃行业

图 3-16 显示，玻璃行业 C 企业基于排放标准法的 SO_2、NO_x、一次 $PM_{2.5}$ 排放量比排污许可证的核发量分别高 30.43%、低 2.39%、低 9.71%，除 SO_2 的差值略微大些外，NO_x、一次 $PM_{2.5}$ 均相差在 10%以内，说明玻璃行业的排放标准法及参数与排污许可证的核发量大部分基本一致，在 SO_2 方面存在一定高估。基于排放清单的 SO_2、一次 $PM_{2.5}$ 排放量均低于排污许可证的核发量，同时其 NO_x 排放量高于排污许可证的核发量，说明玻璃行业企业部分大气污染物排放依然存在超

量、超标排放现象。从玻璃行业来说，排放标准法的 SO_2、NO_x、一次 $PM_{2.5}$ 排放量分别高于、远低于、略高于排放清单的排放量，标准+传输法的 SO_2、NO_x、一次 $PM_{2.5}$ 排放量分别略高于、远低于、远低于排放清单的排放量，同时由于城市环境容量的影响，环境容量法的 SO_2、NO_x、一次 $PM_{2.5}$ 排放量均低于排放清单的排放量。与排污许可证的核发量相比，标准+传输法的 SO_2、NO_x、一次 $PM_{2.5}$ 排放量均低于排污许可证的核发量，而环境容量法的 SO_2、NO_x、一次 $PM_{2.5}$ 排放量分别低于、高于、远低于排污许可证的核发量。

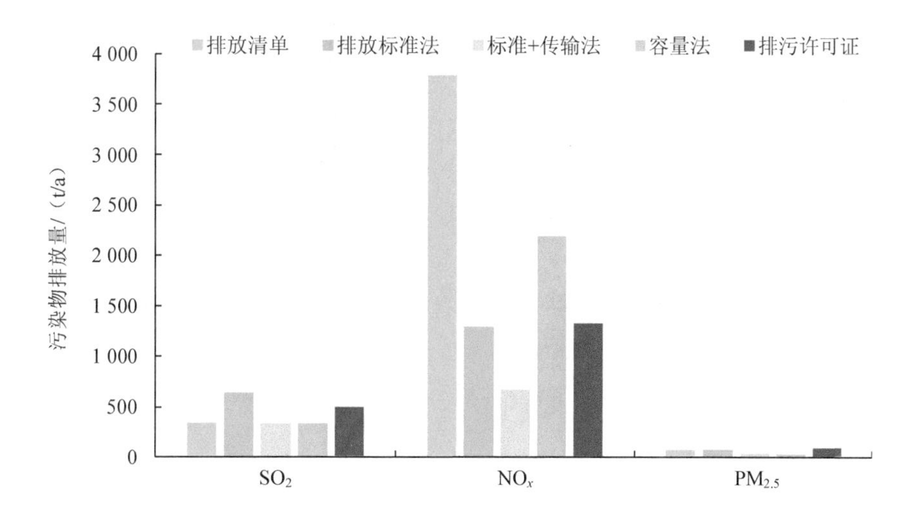

图 3-16　玻璃行业 C 企业大气污染物排放量

（4）焦化行业

图 3-17 显示，焦化行业 D 企业基于排放标准法的 SO_2、NO_x、一次 $PM_{2.5}$ 排放量比排污许可证的核发量分别高 29.98%、高 18.55%、低 25.93%，这些差值略微大些，说明玻璃行业的排放标准法及参数与排污许可证的核发量略微有些差距，在 SO_2、NO_x 方面存在一定高估，一次 $PM_{2.5}$ 方面存在一定低估。排放清单的 SO_2、NO_x、一次 $PM_{2.5}$ 排放量均高于排污许可证的核发量，说明焦化行业企业大气污染物排放依然存在超量、超标排放现象。从焦化行业来说，排放标准法的 SO_2、NO_x、一次 $PM_{2.5}$ 排放量分别远低于、略低于、低于排放清单的排放量，标准+传输法的 SO_2、NO_x、一次 $PM_{2.5}$ 排放量均远低于排放清单的排放量，同时由于城市环境容

量的影响，环境容量法的 SO_2、NO_x、一次 $PM_{2.5}$ 排放量均低于排放清单的排放量。与排污许可证的核发量相比，标准+传输法的 SO_2、NO_x、一次 $PM_{2.5}$ 排放量均低于排污许可证的核发量，而环境容量法的 SO_2、NO_x、一次 $PM_{2.5}$ 排放量分别高于、低于、低于排污许可证的核发量。

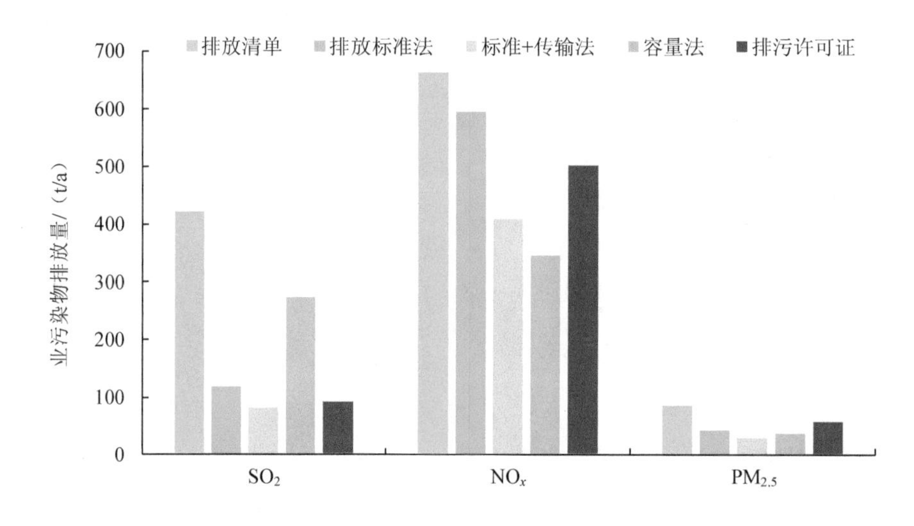

图 3-17　焦化行业 D 企业大气污染物排放量

（5）钢铁行业

图 3-18 显示，钢铁行业 E 企业基于排放标准法的 SO_2、NO_x、一次 $PM_{2.5}$ 排放量比排污许可证的核发量分别低 12.67%、低 0.16%、低 1.56%，除 SO_2 的差值超过 10% 外，NO_x、一次 $PM_{2.5}$ 均相差在 2%以内，说明钢铁行业的排放标准法及参数与排污许可证的核发量大部分基本一致，在 SO_2 方面存在略微高估。排放清单的 SO_2、一次 $PM_{2.5}$ 排放量均远高于排污许可证的核发量，同时其 NO_x 排放量略微高于排污许可证的核发量，说明钢铁行业企业大气污染物排放依然存在超量、超标排放现象。从钢铁行业来说，排放标准法的 SO_2、NO_x、一次 $PM_{2.5}$ 排放量分别远低于、略微低于、远低于排放清单的排放量，标准+传输法的 SO_2、NO_x、一次 $PM_{2.5}$ 排放量分别远低于、低于、远低于排放清单的排放量，同时由于城市环境容量的影响，环境容量法的 SO_2、NO_x、一次 $PM_{2.5}$ 排放量均低于排放清单的排放量。与排污许可证的核发量相比，标准+传输法的 SO_2、NO_x、一次 $PM_{2.5}$ 排

放量均低于排污许可证的核发量，而环境容量法的 SO_2、NO_x、一次 $PM_{2.5}$ 排放量分别高于、低于、略微低于排污许可证的核发量。

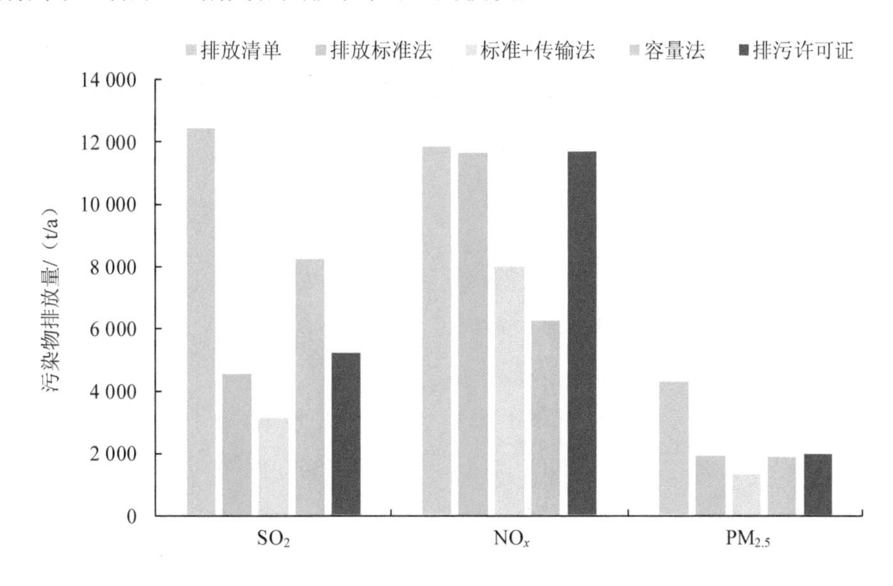

图 3-18 钢铁行业 E 企业大气污染物排放量

3.3.2 行业分配结果与讨论

基于第 3.2 节的分配方法与数据，将北京及周边城市工业锅炉、水泥、玻璃、焦化、钢铁等 5 个工业行业所有企业 SO_2、NO_x、一次 $PM_{2.5}$ 许可排放量分配结果分别进行了行业尺度的汇总分析，进而得到基于不同分配方法的行业 SO_2、NO_x、一次 $PM_{2.5}$ 的许可排放量，并据此进行分配方法、行业等维度的结果讨论。

全国排污许可证管理信息平台公布的企业（排放口）名单与排放清单的数据不完全一致，其数量少于排放清单的数量，同时全国排污许可证管理信息平台的部分企业没有具体的污染物许可排放量数值，仅是申请排污行为。因此，行业尺度、城市尺度的大气污染物许可排放量不进行分配方法与排污许可证之间的对比讨论。

值得说明的是与第 3.3.1 节类似，在本节中，排放清单是指在城市排放清单中的行业在 2017 年的大气污染物实际排放量，基于排放标准法、标准+传输法、环境容量法的排放量是指基于第 3.2 节分配方法计算得到的行业大气污染物许可排放量。

（1）基于不同分配方法的行业大气污染物许可排放量

如图 3-19（a）所示，在城市工业锅炉、水泥、玻璃、焦化、钢铁等 5 个工业行业中，基于排放标准法的 SO_2 许可排放量最大的行业随城市变化而变化。其中，基于排放标准法北京市水泥行业的 SO_2 许可排放量为最大（346.88 t/a，无焦化、钢铁行业），天津市钢铁行业为最大（3 088.89 t/a），石家庄市钢铁行业为最大（3 627.42 t/a），唐山市钢铁行业为最大（44 144.68 t/a），保定市水泥行业为最大（929.17 t/a，无玻璃、焦化行业），沧州市钢铁行业为最大（4 244.92 t/a），廊坊市玻璃行业为最大（1 564.17 t/a，无焦化行业）。

如图 3-19（b）所示，在城市工业锅炉、水泥、玻璃、焦化、钢铁等 5 个工业行业中，基于排放标准法的 NO_x 许可排放量最大的行业随城市变化而变化。其中，基于排放标准法北京市工业锅炉行业的 NO_x 许可排放量为最大（8 087.94 t/a，无焦化、钢铁行业），天津市工业锅炉行业为最大（11 425.16 t/a），石家庄市钢铁行业为最大（7 075.98 t/a），唐山市钢铁行业为最大（92 184.64 t/a），保定市工业锅炉行业为最大（7 872.79 t/a，无玻璃、焦化行业），沧州市钢铁行业为最大（9 413.47 t/a），廊坊市钢铁行业为最大（3 640.47 t/a，无焦化行业）。

如图 3-19（c）所示，在城市工业锅炉、水泥、玻璃、焦化、钢铁等 5 个工业行业中，基于排放标准法的一次 $PM_{2.5}$ 许可排放量最大的行业随城市变化而变化。其中，基于排放标准法北京市水泥行业的一次 $PM_{2.5}$ 许可排放量为最大（120.44 t/a，无焦化、钢铁行业），天津市钢铁行业为最大（2 098.21 t/a），石家庄市钢铁行业为最大（1 988.44 t/a），唐山市钢铁行业为最大（21 863.57 t/a），保定市水泥行业为最大（430.01 t/a，无玻璃、焦化行业），沧州市钢铁行业为最大（2 391.29 t/a），廊坊市钢铁行业为最大（1 080.87 t/a，无焦化行业）。

北京及周边城市不同行业之间基于排放标准法的 SO_2、NO_x、一次 $PM_{2.5}$ 许可排放量存在明显差异，且与城市排放清单不同行业排放量特征基本一致。不同城市中，SO_2、NO_x、一次 $PM_{2.5}$ 许可排放量最大的行业不一致。某些城市的某个行业 SO_2、NO_x、一次 $PM_{2.5}$ 许可排放量占 5 个行业的比例较大，比如唐山市的钢铁行业。北京市、天津市、石家庄市、保定市、沧州市、廊坊市的不同行业 SO_2、

NO_x、一次 $PM_{2.5}$ 许可排放量分布特征呈现相对平均态势，其污染物许可排放量占主导的行业不如唐山市的钢铁行业明显。

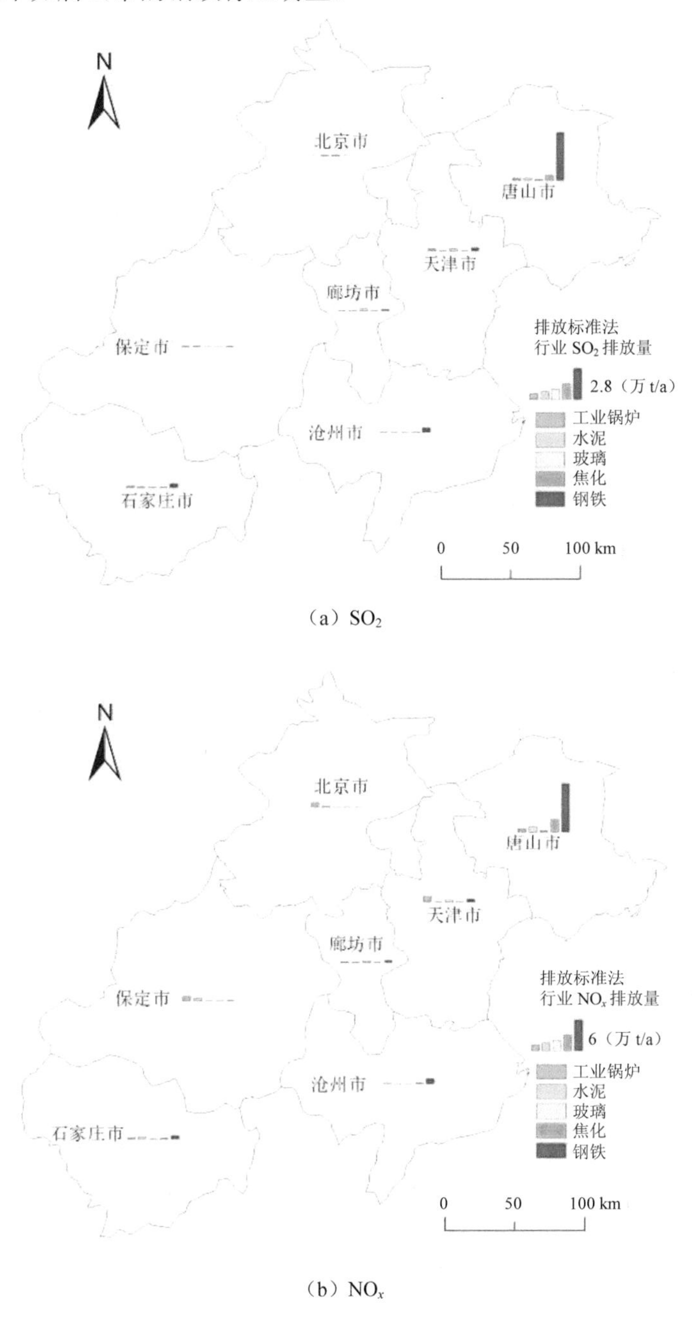

（a）SO_2

（b）NO_x

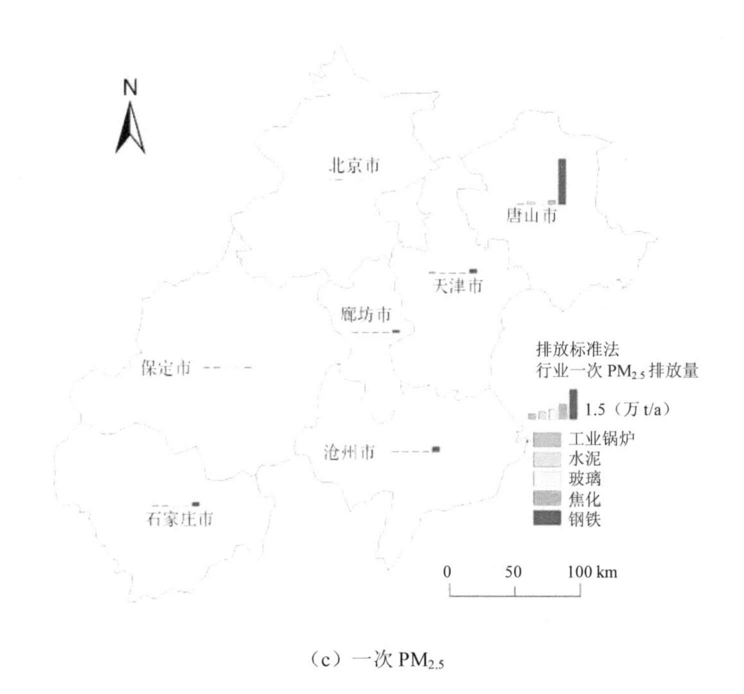

（c）一次 $PM_{2.5}$

图 3-19 基于排放标准法的行业 SO_2、NO_x、一次 $PM_{2.5}$ 的许可排放量

从图 3-20（a）可知，在城市工业锅炉、水泥、玻璃、焦化、钢铁等 5 个工业行业中，基于标准+传输法的 SO_2 许可排放量变化趋势与基于排放标准法的 SO_2 许可排放量的变化趋势保持一致性。其中，基于标准+传输法北京市水泥行业的 SO_2 许可排放量为最大（229.94 t/a，无焦化、钢铁行业），天津市钢铁行业为最大（1 719.58 t/a），石家庄市钢铁行业为最大（1 892.06 t/a），唐山市钢铁行业为最大（30 345.05 t/a），保定市水泥行业为最大（503.80 t/a，无玻璃、焦化行业），沧州市钢铁行业为最大（1 829.98 t/a），廊坊市玻璃行业为最大（336.14 t/a，无焦化行业）。

从图 3-20（b）可知，在城市工业锅炉、水泥、玻璃、焦化、钢铁等 5 个工业行业中，基于标准+传输法的 NO_x 许可排放量变化趋势与基于排放标准法的 NO_x 许可排放量的变化趋势保持一致性。其中，基于标准+传输法北京市工业锅炉行业的 NO_x 许可排放量为最大（5 361.50 t/a，无焦化、钢铁行业），天津市工业锅炉行业为最大（6 360.39 t/a），石家庄市钢铁行业为最大（3 690.83 t/a），唐山市钢铁行业为最大（63 367.72 t/a），保定市工业锅炉行业为最大（4 268.63 t/a，无玻璃、焦化行业），沧州市钢铁行业为最大（4 058.15 t/a），廊坊市钢铁行业为最大（782.34 t/a，无焦化行业）。

从图 3-20（c）可知，在城市工业锅炉、水泥、玻璃、焦化、钢铁等 5 个工业行业中，基于标准+传输法的一次 $PM_{2.5}$ 许可排放量变化趋势与基于排放标准法的一次 $PM_{2.5}$ 许可排放量的变化趋势保持一致性。其中，基于标准+传输法北京市水泥行业的一次 $PM_{2.5}$ 许可排放量为最大（79.84 t/a，无焦化、钢铁行业），天津市钢铁行业为最大（1 168.07 t/a），石家庄市钢铁行业为最大（1 037.17 t/a），唐山市钢铁行业为最大（15 029.02 t/a），保定市水泥行业为最大（233.15 t/a，无玻璃、焦化行业），沧州市钢铁行业为最大（1 030.88 t/a），廊坊市钢铁行业为最大（232.28 t/a，无焦化行业）。

基于标准+传输法的 SO_2、NO_x、一次 $PM_{2.5}$ 许可排放量是由基于排放标准法的 SO_2、NO_x、一次 $PM_{2.5}$ 许可排放量和城市传输矩阵计算得到。因此，基于标准+传输法的 SO_2、NO_x、一次 $PM_{2.5}$ 许可排放量的分布特征和变化趋势均与基于排放标准法的 SO_2、NO_x、一次 $PM_{2.5}$ 许可排放量的分布特征和变化趋势类似。

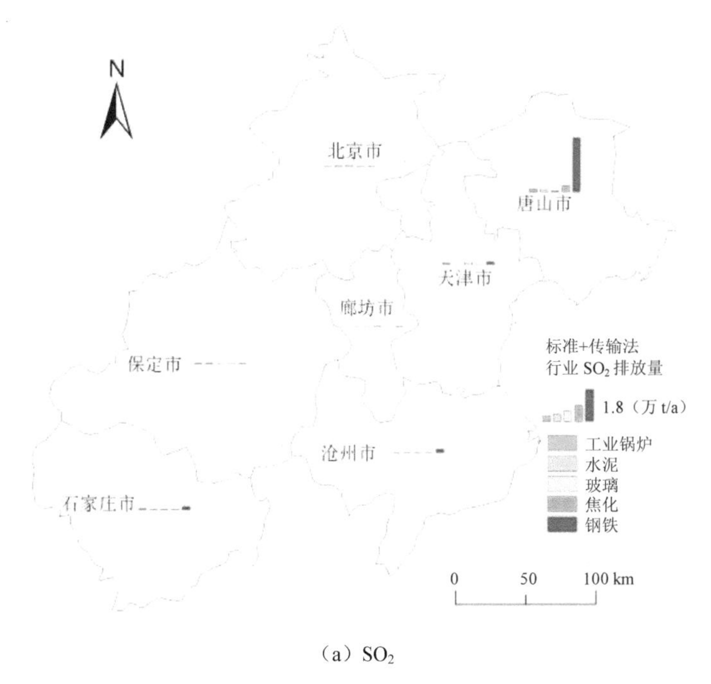

（a）SO_2

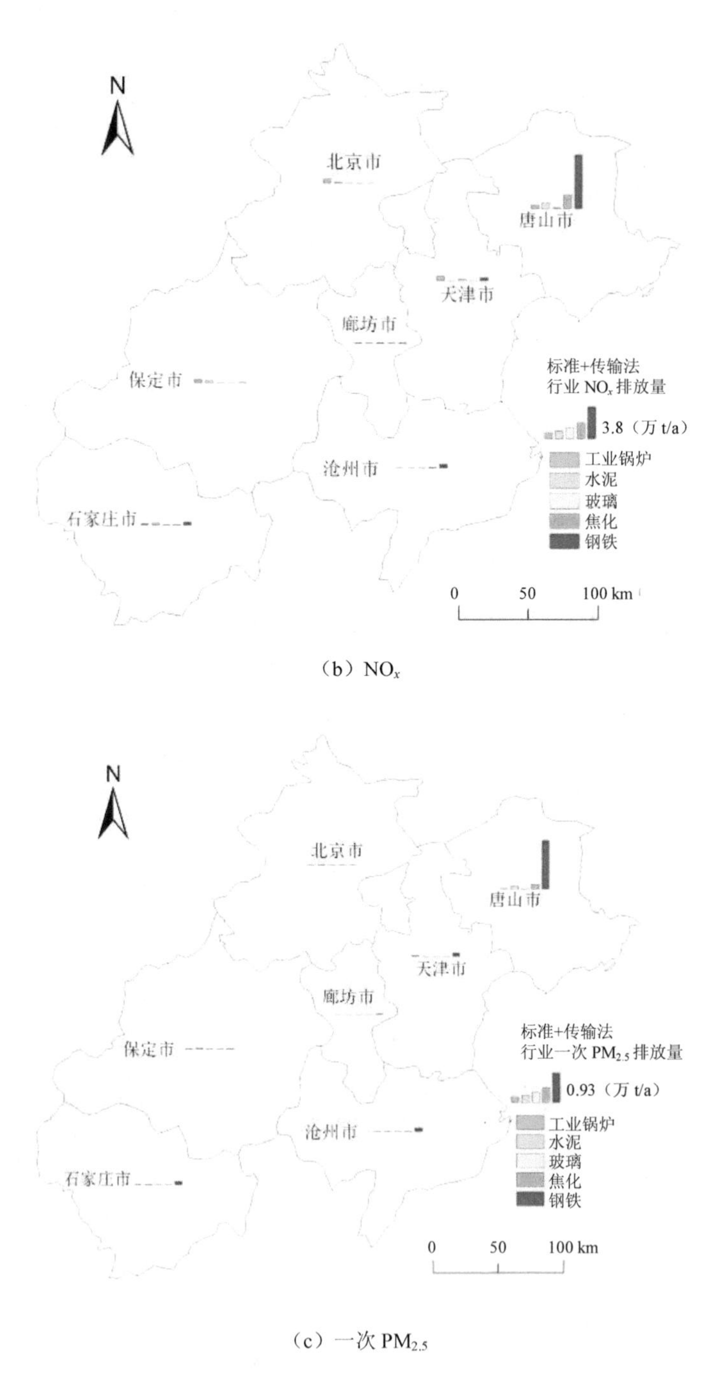

（b）NO_x

（c）一次 $PM_{2.5}$

图 3-20　基于标准+传输法的行业 SO_2、NO_x、一次 $PM_{2.5}$ 许可排放量

图 3-21（a）说明，在城市工业锅炉、水泥、玻璃、焦化、钢铁等 5 个工业行业中，基于环境容量法的 SO_2 许可排放量变化趋势与排放清单的 SO_2 许可排放量的变化趋势保持一致性，其变化趋势与基于排放标准法和标准+传输法的 SO_2 许可排放量的变化趋势存在较大差异。其中，基于环境容量法北京市工业锅炉行业的 SO_2 许可排放量为最大（15 770.45 t/a，无焦化、钢铁行业），天津市钢铁行业为最大（41 463.74 t/a），石家庄市工业锅炉行业为最大（12 931.04 t/a），唐山市钢铁行业为最大（75 380.89 t/a），保定市工业锅炉行业为最大（2 011.32 t/a，无玻璃、焦化行业），沧州市工业锅炉行业为最大（3 509.69 t/a），廊坊市工业锅炉行业为最大（9 883.38 t/a，无焦化行业）。

图 3-21（b）说明，在城市工业锅炉、水泥、玻璃、焦化、钢铁等 5 个工业行业中，基于环境容量法的 NO_x 许可排放量变化趋势与排放清单的 NO_x 许可排放量的变化趋势保持一致性，其变化趋势与基于排放标准法和标准+传输法的 NO_x 许可排放量的变化趋势存在较大差异。其中，基于环境容量法北京市工业锅炉行业的 NO_x 许可排放量为最大（5 339.08 t/a，无焦化、钢铁行业），天津市钢铁行业为最大（9 454.00 t/a），石家庄市工业锅炉行业为最大（8 514.98 t/a），唐山市钢铁行业为最大（50 605.70 t/a），保定市水泥行业为最大（3 839.27 t/a，无玻璃、焦化行业），沧州市工业锅炉行业为最大（3 608.11 t/a），廊坊市玻璃行业为最大（4 761.88 t/a，无焦化行业）。

图 3-21（c）说明，在城市工业锅炉、水泥、玻璃、焦化、钢铁等 5 个工业行业中，基于环境容量法的一次 $PM_{2.5}$ 许可排放量变化趋势与排放清单的一次 $PM_{2.5}$ 许可排放量的变化趋势保持一致性，其变化趋势与基于排放标准法和标准+传输法的一次 $PM_{2.5}$ 许可排放量的变化趋势存在较大差异。其中，基于环境容量法北京市工业锅炉行业的一次 $PM_{2.5}$ 许可排放量为最大（507.64 t/a，无焦化、钢铁行业），天津市钢铁行业为最大（19 056.34 t/a），石家庄市工业锅炉行业为最大（1 039.24 t/a），唐山市钢铁行业为最大（29 263.82 t/a），保定市水泥行业为最大（1 647.52 t/a，无玻璃、焦化行业），沧州市钢铁行业为最大（3 801.65 t/a），廊坊市钢铁行业为最大（5 418.56 t/a，无焦化行业）。

基于环境容量法的 SO_2、NO_x、一次 $PM_{2.5}$ 许可排放量是由城市排放清单污染物排放量、城市环境容量、诸多权重系数等组成的分配模型计算得到。因此，基

于环境容量法的 SO_2、NO_x、一次 $PM_{2.5}$ 许可排放量的分布特征和变化趋势，与第 3.1.3 节城市排放清单不同行业排放量的分布特征和变化趋势基本一致。

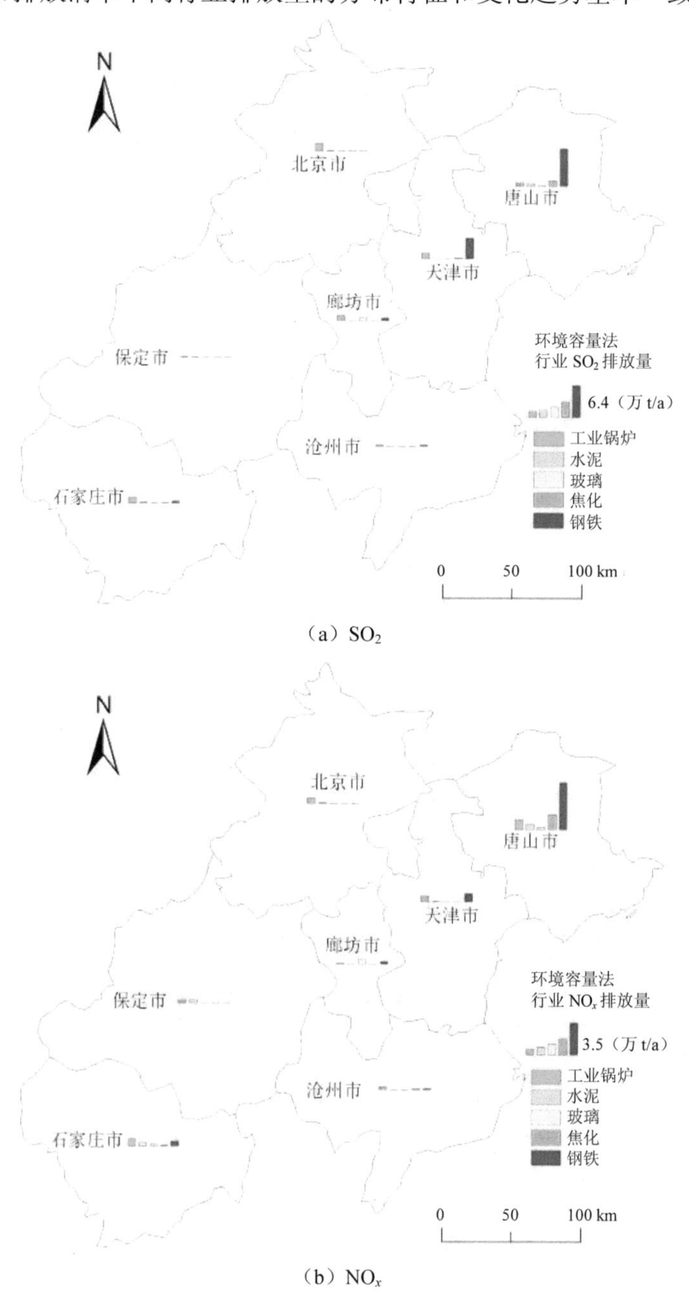

（a）SO_2

（b）NO_x

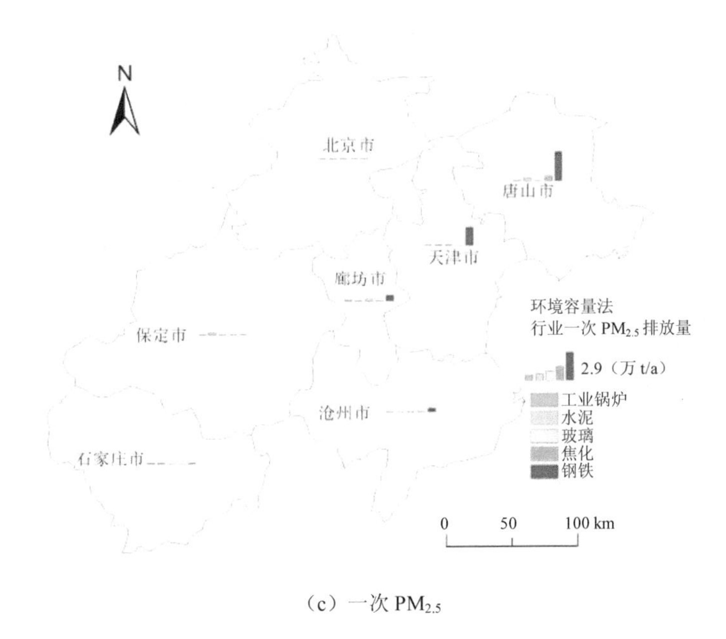

（c）一次 $PM_{2.5}$

图 3-21 基于环境容量法的行业 SO_2、NO_x、一次 $PM_{2.5}$ 许可排放量

（2）基于不同分配方法的行业大气污染物排放量对比

由图 3-22 可得，将同一城市工业锅炉行业基于 3 种分配方法的 SO_2、NO_x、一次 $PM_{2.5}$ 许可排放量，以及排放清单中工业锅炉行业的 SO_2、NO_x、一次 $PM_{2.5}$ 排放量分别进行直观对比。就工业锅炉行业的 SO_2、NO_x、一次 $PM_{2.5}$ 排放量而言，主要特征是北京及周边城市基于排放清单、环境容量法的排放量一般大于其基于排放标准法、标准+传输法的排放量。

在工业锅炉行业 SO_2 排放量从大到小的顺序方面，北京、天津、沧州、廊坊等城市的排放量顺序为环境容量法、排放清单、排放标准法、标准+传输法，石家庄、唐山、保定等城市的排放量顺序为排放清单、环境容量法、排放标准法、标准+传输法。

在工业锅炉行业 NO_x 排放量从大到小的顺序方面，北京市的顺序为排放清单、排放标准法、标准+传输法、环境容量法，天津、廊坊等城市的顺序为排放清单、排放标准法、环境容量法、标准+传输法，石家庄、唐山、沧州等城市的顺序为排放清单、环境容量法、排放标准法、标准+传输法，保定市的顺序为排放标准法、排放清单、标准+传输法、环境容量法。

在工业锅炉行业一次 $PM_{2.5}$ 排放量从大到小的顺序方面，北京、石家庄、唐山、保定、沧州、廊坊等城市的顺序为排放清单、环境容量法、排放标准法、标准+传输法，天津市的顺序为排放标准法、环境容量法、排放清单、标准+传输法。

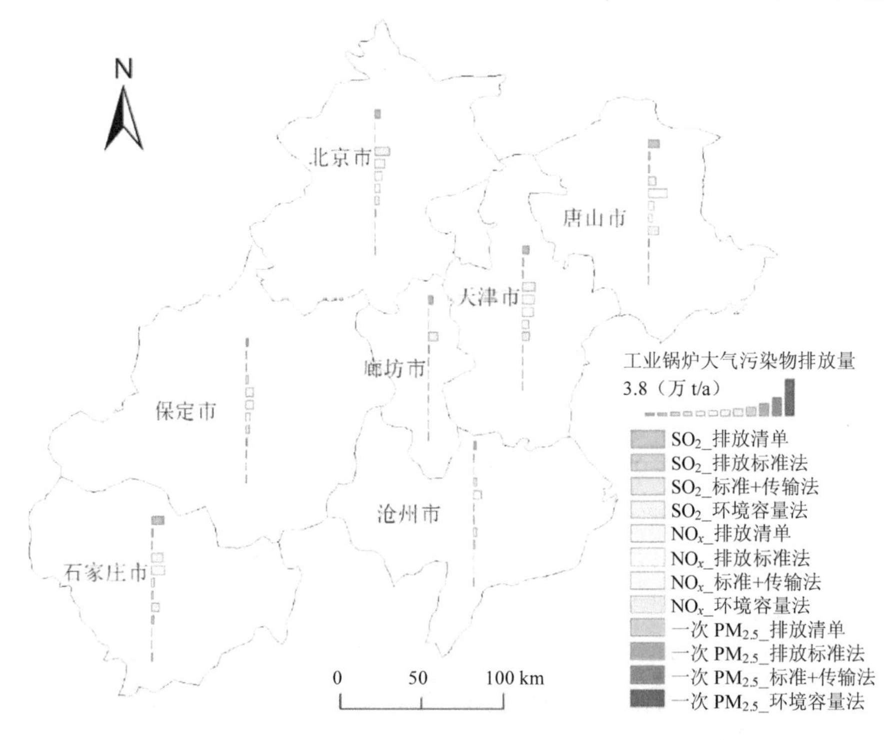

图 3-22　基于不同分配方法工业锅炉行业大气污染物排放量对比

从图 3-23 可知，将同一城市水泥行业基于 3 种分配方法的 SO_2、NO_x、一次 $PM_{2.5}$ 许可排放量，以及排放清单中水泥行业的 SO_2、NO_x、一次 $PM_{2.5}$ 排放量分别进行直观对比。就水泥行业的 SO_2、NO_x、一次 $PM_{2.5}$ 排放量而言，主要特征是北京及周边城市基于排放清单、环境容量法的排放量一般大于基于排放标准法、标准+传输法的排放量（与工业锅炉的类似）。

在水泥行业 SO_2 排放量从大到小的顺序方面，北京、天津、石家庄等城市的顺序为环境容量法、排放清单、排放标准法、标准+传输法，唐山市的顺序为排放清单、环境容量法、排放标准法、标准+传输法，保定市的顺序为排放标准法、标准+传输法、排放清单、环境容量法，沧州、廊坊等城市水泥行业不产生 SO_2 污染物。

在水泥行业 NO_x 排放量从大到小的顺序方面，北京、唐山等城市的顺序为排放清单、排放标准法、标准+传输法、环境容量法，天津市的顺序为排放清单、环境容量法、排放标准法、标准+传输法，石家庄、保定等城市的顺序为排放清单、排放标准法、环境容量法、标准+传输法，沧州、廊坊等城市水泥行业不产生 NO_x 污染物。

在水泥行业一次 $PM_{2.5}$ 排放量从大到小的顺序方面，北京、石家庄、唐山、保定、沧州、廊坊等城市的顺序为排放清单、环境容量法、排放标准法、标准+传输法，天津市的顺序为排环境容量法、排放清单、放标准法、标准+传输法。

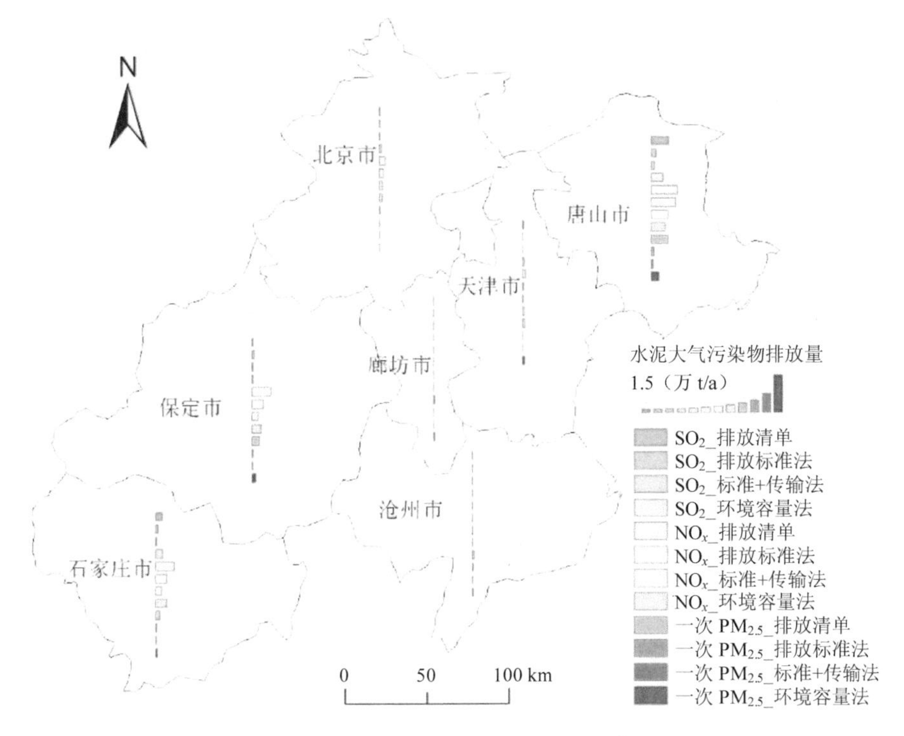

图 3-23　基于不同分配方法的水泥行业大气污染物排放量对比

图 3-24 显示，将同一城市玻璃行业基于 3 种分配方法的 SO_2、NO_x、一次 $PM_{2.5}$ 许可排放量，以及排放清单中工业锅炉行业的 SO_2、NO_x、一次 $PM_{2.5}$ 排放量分别

进行直观对比。就玻璃行业的SO_2、NO_x、一次$PM_{2.5}$排放量而言，主要特征是北京及周边城市基于排放清单、环境容量法的排放量一般小于基于排放标准法、标准+传输法的排放量（与工业锅炉的相反）。

在玻璃行业SO_2排放量从大到小的顺序方面，北京、天津、石家庄等城市的顺序为排放标准法、标准+传输法、环境容量法、排放清单，唐山市的顺序为排放标准法、排放清单、标准+传输法、环境容量法，沧州、廊坊等城市的顺序为环境容量法、排放清单、排放标准法、标准+传输法，保定市的玻璃行业不产生SO_2污染物。

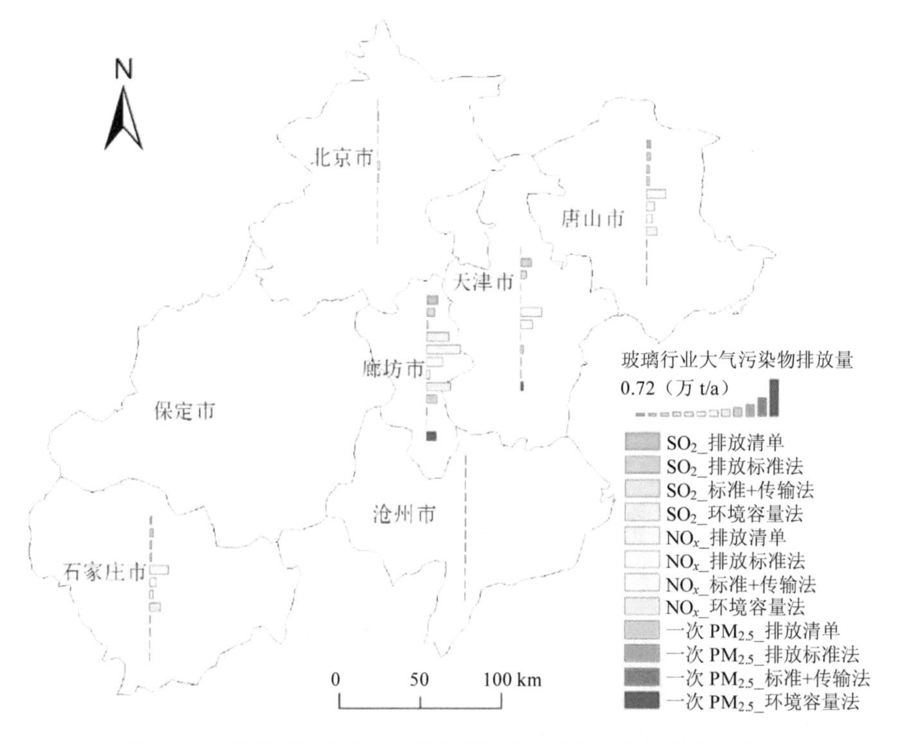

图 3-24 基于不同分配方法的玻璃行业大气污染物排放量对比

在玻璃行业NO_x排放量从大到小的顺序方面，北京、天津等城市的顺序为排放标准法、标准+传输法、排放清单、环境容量法，石家庄、唐山、沧州、廊坊等城市的顺序为排放清单、环境容量法、排放标准法、标准+传输法，保定市玻璃行业不产生NO_x污染物。

在玻璃行业一次 $PM_{2.5}$ 排放量从大到小的顺序方面，北京市的顺序为排放标准法、标准+传输法、排放清单、环境容量法，天津市的顺序为环境容量法、排放清单、排放标准法、标准+传输法，石家庄市的顺序为排放标准法、排放清单、标准+传输法、环境容量法，唐山市的顺序为排放清单、排放标准法、环境容量法、标准+传输法，沧州、廊坊等城市的顺序为排放清单、环境容量法、排放标准法、标准+传输法，保定市的玻璃行业不产生一次 $PM_{2.5}$ 污染物。

图 3-25 显示，将同一城市焦化行业基于 3 种分配方法的 SO_2、NO_x、一次 $PM_{2.5}$ 许可排放量，以及排放清单中工业锅炉行业的 SO_2、NO_x、一次 $PM_{2.5}$ 排放量分别进行直观对比。就焦化行业的 SO_2、NO_x、一次 $PM_{2.5}$ 排放量而言，主要特征是北京及周边城市基于排放清单、环境容量法的排放量一般大于基于排放标准法、标准+传输法的排放量（与工业锅炉、水泥的类似）。

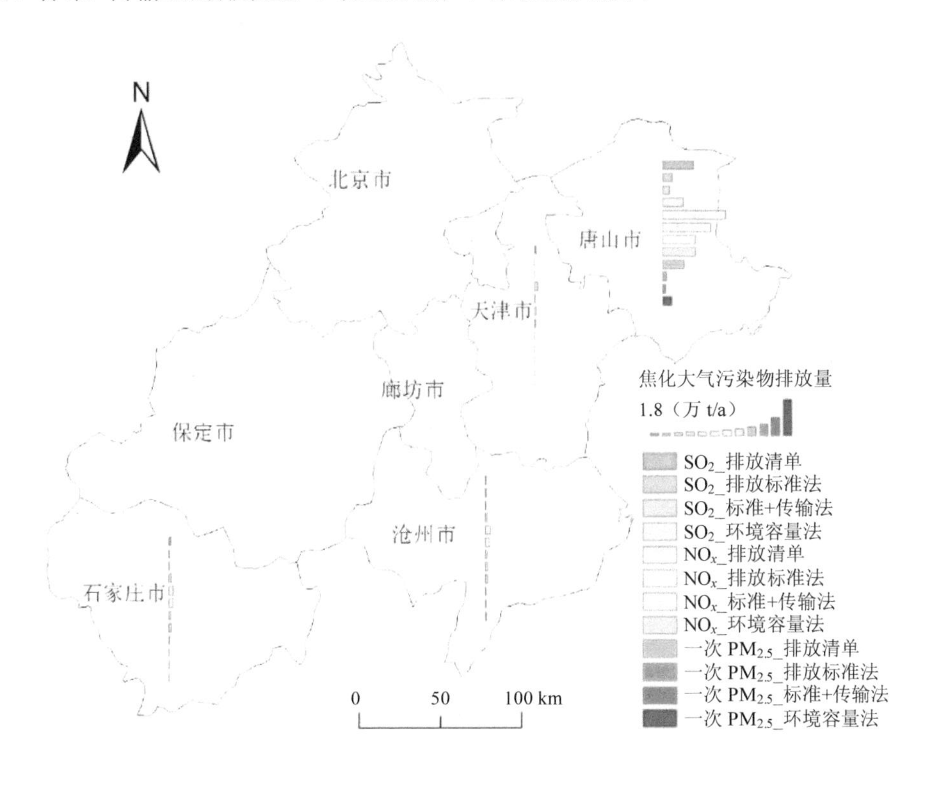

图 3-25　基于不同分配方法的焦化行业大气污染物排放量对比

在焦化行业 SO_2 排放量从大到小的顺序方面，天津、沧州等城市的顺序为环境容量法、排放清单、排放标准法、标准+传输法，石家庄市的顺序为排放清单、环境容量法、排放标准法、标准+传输法，唐山市的顺序为排放清单、排放标准法、环境容量法、标准+传输法，北京、保定、廊坊等城市焦化行业不产生 SO_2 污染物。

在焦化行业 NO_x 排放量从大到小的顺序方面，天津市的顺序为排放标准法、标准+传输法、排放清单、环境容量法，石家庄、沧州等城市的顺序为排放清单、排放标准法、环境容量法、标准+传输法，唐山市的顺序为排放清单、排放标准法、标准+传输法、环境容量法，北京、保定、廊坊等城市焦化行业不产生 NO_x 污染物。

在焦化行业一次 $PM_{2.5}$ 排放量从大到小的顺序方面，天津市的顺序为排放标准法、环境容量法、排放清单、标准+传输法，石家庄市的顺序为排放清单、排放标准法、环境容量法、标准+传输法，唐山、沧州等城市的顺序为排放清单、环境容量法、排放标准法、标准+传输法，北京、保定、廊坊等城市焦化行业不产生一次 $PM_{2.5}$ 污染物。

如图 3-26 所示，将同一城市钢铁行业基于 3 种分配方法的 SO_2、NO_x、一次 $PM_{2.5}$ 许可排放量，以及排放清单中工业锅炉行业的 SO_2、NO_x、一次 $PM_{2.5}$ 排放量分别进行直观对比。就钢铁行业的 SO_2、NO_x、一次 $PM_{2.5}$ 排放量而言，主要特征是北京及周边城市基于排放清单、环境容量法的排放量一般大于基于排放标准法、标准+传输法的排放量（与工业锅炉、水泥、焦化的类似）。

在钢铁行业 SO_2 排放量从大到小的顺序方面，天津、廊坊等城市的顺序为环境容量法、排放清单、排放标准法、标准+传输法，石家庄、唐山等城市的顺序为排放清单、环境容量法、排放标准法、标准+传输法，保定市的顺序为排放标准法、标准+传输法、排放清单、环境容量法，沧州市的顺序为排放标准法、环境容量法、排放清单、标准+传输法，北京市钢铁行业不产生 SO_2 污染物。

在钢铁行业 NO_x 排放量从大到小的顺序方面，天津市的顺序为排放清单、环境容量法、排放标准法、标准+传输法，石家庄、廊坊等城市的顺序为排放清单、排放标准法、环境容量法、标准+传输法，唐山市的顺序为排放清单、排放标准法、标准+传输法、环境容量法，保定市的顺序为排放标准法、标准+传输法、排放清单、环境容量法，沧州市的顺序为排放标准法、排放清单、标准+传输法、环境容量法，北京市钢铁行业不产生 NO_x 污染物。

在钢铁行业一次 $PM_{2.5}$ 排放量从大到小的顺序方面，天津市的顺序为环境容量法、排放清单、排放标准法、标准+传输法，石家庄市的顺序为排放清单、排放标准法、标准+传输法、环境容量法，唐山、沧州、廊坊等城市的顺序为排放清单、环境容量法、排放标准法、标准+传输法，保定市的顺序为排放标准法、标准+传输法、排放清单、环境容量法，北京市钢铁行业不产生一次 $PM_{2.5}$ 污染物。

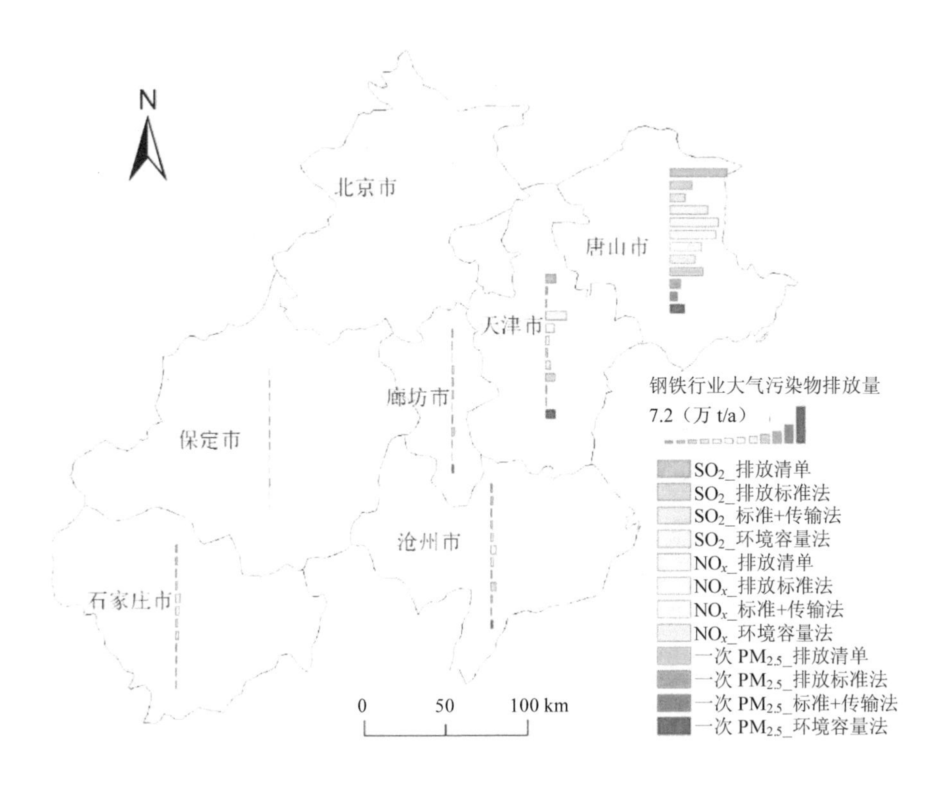

图 3-26　基于不同分配方法的钢铁行业大气污染物排放量对比

3.3.3 城市分配结果与讨论

基于第 3.2 节的分配方法与数据，将第 3.3.2 节北京及周边城市工业锅炉、水泥、玻璃、焦化、钢铁等 5 个工业行业 SO_2、NO_x、一次 $PM_{2.5}$ 许可排放量分配结果分别进行城市尺度的汇总分析，进而得到基于不同分配方法的城市 SO_2、NO_x、一次 $PM_{2.5}$ 许可排放量，并据此进行分配方法、城市等维度的结果讨论。

值得说明的是与第 3.3.1 节和第 3.3.2 节类似，在本节中，排放清单是指在城市排放清单中城市 5 个工业行业 2017 年大气污染物实际排放量，基于排放标准法、标准+传输法、环境容量法的排放量是指基于第 3.2 节分配方法计算得到的城市大气污染物许可排放量。

（1）基于不同分配方法的城市大气污染物许可排放量

如图 3-27 所示，北京及周边城市基于排放标准法的 SO_2、NO_x、一次 $PM_{2.5}$ 排放量分别是 7.90 万 t/a、21.91 万 t/a、3.54 万 t/a。

如图 3-27（a）所示，北京、天津、石家庄、唐山、保定、沧州、廊坊等城市基于排放标准法的 SO_2 许可排放量分别是 0.07 万 t/a、0.73 万 t/a、0.71 万 t/a、5.39 万 t/a、0.19 万 t/a、0.50 万 t/a、0.31 万 t/a。其中，基于排放标准法的 SO_2 许可排放量最多的城市是唐山市，最少的城市是北京市。

如图 3-27（b）所示，北京、天津、石家庄、唐山、保定、沧州、廊坊等城市基于排放标准法的 NO_x 许可排放量分别是 1.03 万 t/a、2.34 万 t/a、1.79 万 t/a、13.40 万 t/a、1.34 万 t/a、1.22 万 t/a、0.79 万 t/a。其中，基于排放标准法的 NO_x 许可排放量最多的城市是唐山市，最少的城市是廊坊市。

如图 3-27（c）所示，北京、天津、石家庄、唐山、保定、沧州、廊坊等城市基于排放标准法的一次 $PM_{2.5}$ 许可排放量分别是 0.02 万 t/a、0.29 万 t/a、0.28 万 t/a、2.50 万 t/a、0.07 万 t/a、0.26 万 t/a、0.12 万 t/a。其中，基于排放标准法的一次 $PM_{2.5}$ 许可排放量最多的城市是唐山市，最少的城市是北京市。

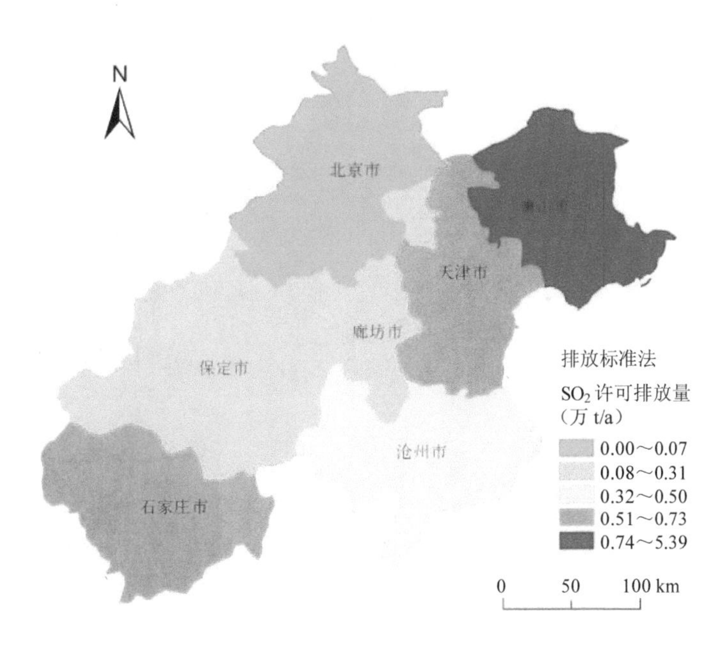
N
北京市
天津市
廊坊市
保定市
沧州市
石家庄市
排放标准法
SO_2 许可排放量
（万 t/a）
0.00～0.07
0.08～0.31
0.32～0.50
0.51～0.73
0.74～5.39
0
50
100 km

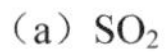

（a）SO_2

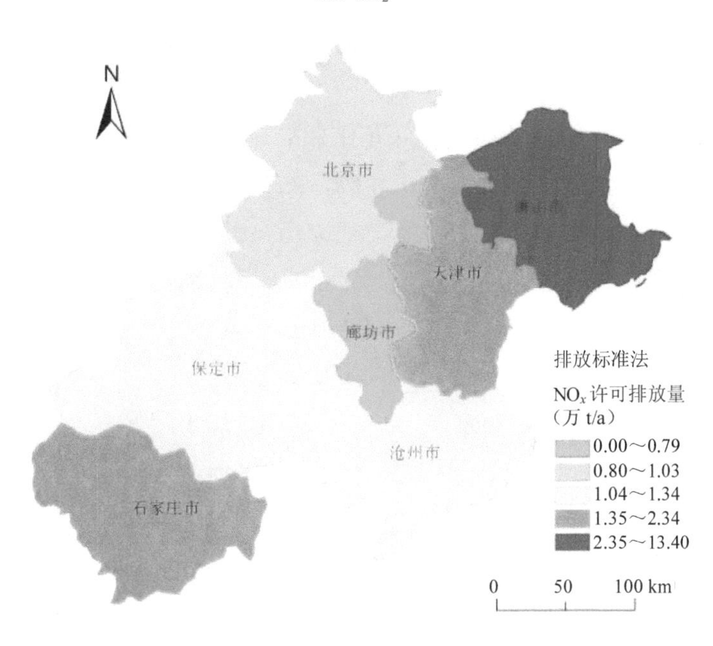
N
北京市
天津市
廊坊市
保定市
沧州市
石家庄市
排放标准法
NO_x 许可排放量
（万 t/a）
0.00～0.79
0.80～1.03
1.04～1.34
1.35～2.34
2.35～13.40
0
50
100 km

（b）NO_x

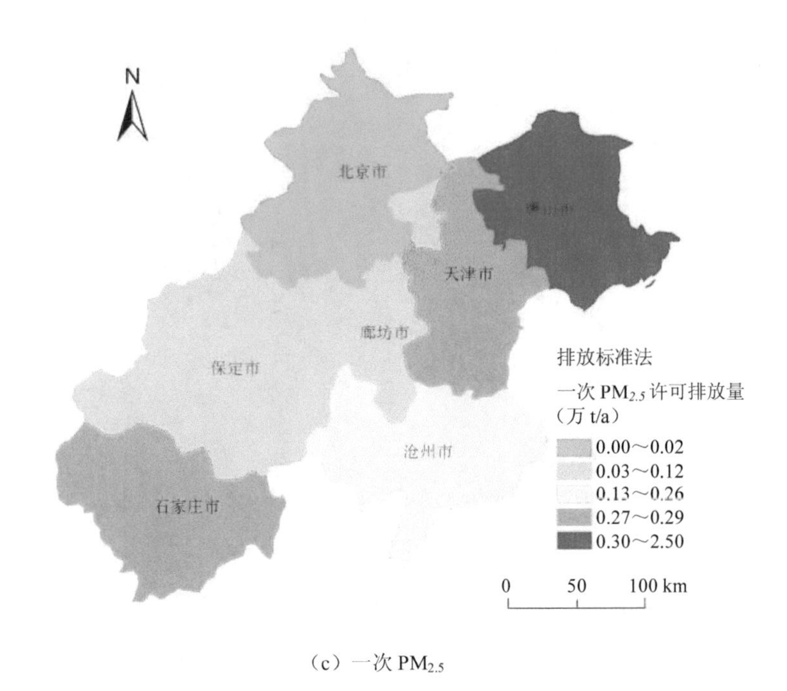

（c）一次 $PM_{2.5}$

图 3-27　基于排放标准法的北京及周边城市 SO_2、NO_x、一次 $PM_{2.5}$ 许可排放量

从图 3-28 可知，北京及周边城市基于标准+传输法的 SO_2、NO_x、一次 $PM_{2.5}$ 许可排放量分别是 4.92 万 t/a、13.56 万 t/a、2.22 万 t/a。

从图 3-28（a）可知，北京、天津、石家庄、唐山、保定、沧州、廊坊等城市基于标准+传输法的 SO_2 许可排放量分别是 0.04 万 t/a、0.41 万 t/a、0.37 万 t/a、3.71 万 t/a、0.10 万 t/a、0.22 万 t/a、0.07 万 t/a。其中，基于标准+传输法 SO_2 许可排放量最多的城市是唐山市，最少的城市是北京市。

从图 3-28（b）可知，北京、天津、石家庄、唐山、保定、沧州、廊坊等城市基于标准+传输法的 NO_x 许可排放量分别是 0.68 万 t/a、1.30 万 t/a、0.94 万 t/a、9.21 万 t/a、0.73 万 t/a、0.53 万 t/a、0.17 万 t/a。其中，基于标准+传输法的 NO_x 许可排放量最多的城市是唐山市，最少的城市是廊坊市。

从图 3-28（c）可知，北京、天津、石家庄、唐山、保定、沧州、廊坊等城市基于标准+传输法一次 $PM_{2.5}$ 许可排放量分别是 0.01 万 t/a、0.16 万 t/a、0.15 万 t/a、1.72 万 t/a、0.04 万 t/a、0.11 万 t/a、0.03 万 t/a。其中，基于标准+传输法一次 $PM_{2.5}$

许可排放量最多的城市是唐山市，最少的城市是北京市。

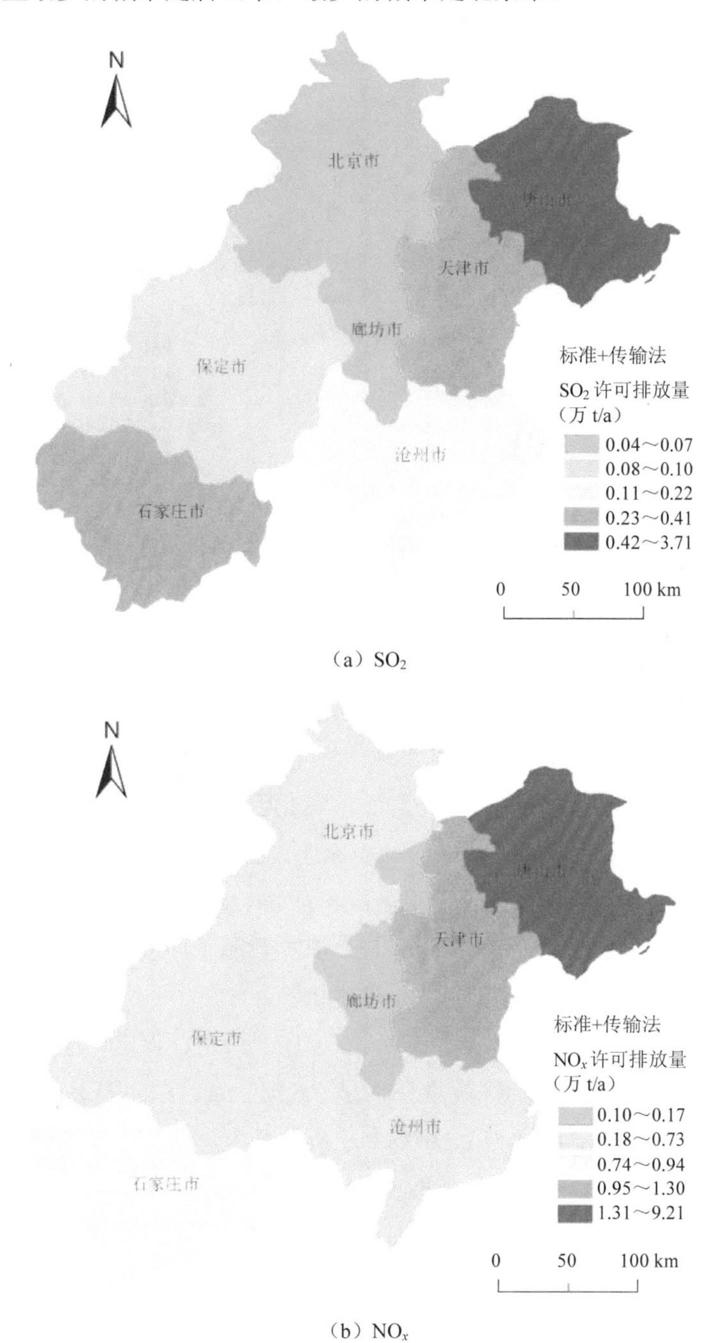

（a）SO_2

（b）NO_x

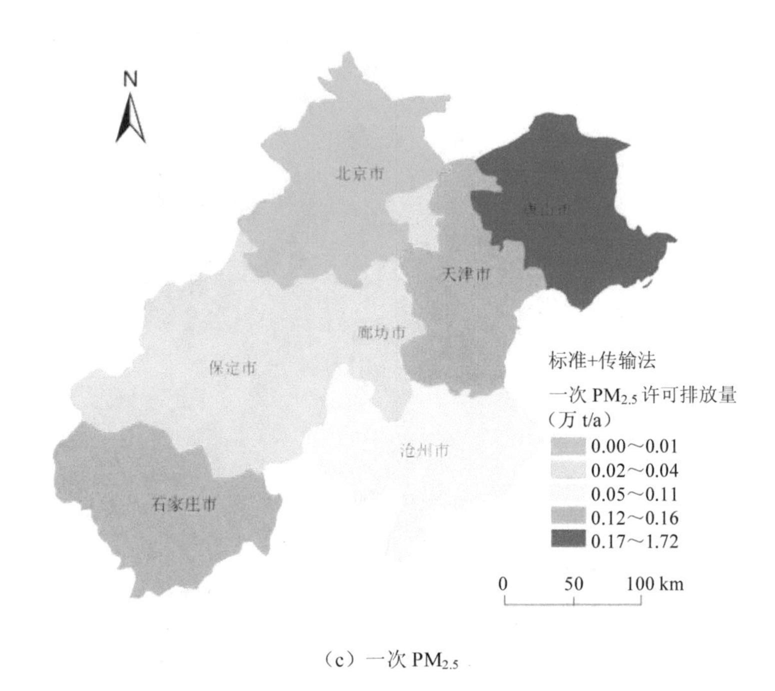

（c）一次 $PM_{2.5}$

图 3-28　基于标准+传输法的北京及周边城市 SO_2、NO_x、一次 $PM_{2.5}$ 许可排放量

由图 3-29 可知，北京及周边城市基于环境容量法 SO_2、NO_x、一次 $PM_{2.5}$ 许可排放量分别是 22.27 万 t/a、15.34 万 t/a、7.82 万 t/a。

由图 3-29（a）可知，北京、天津、石家庄、唐山、保定、沧州、廊坊等城市基于环境容量法 SO_2 许可排放量分别是 1.68 万 t/a、5.70 万 t/a、2.13 万 t/a、9.84 万 t/a、0.26 万 t/a、0.72 万 t/a、1.94 万 t/a。其中，基于环境容量法 SO_2 许可排放量最多的城市是唐山市，最少的城市是保定市。

由图 3-29（b）可知，北京、天津、石家庄、唐山、保定、沧州、廊坊等城市基于环境容量法 NO_x 许可排放量分别是 0.65 万 t/a、1.74 万 t/a、2.20 万 t/a、8.53 万 t/a、0.75 万 t/a、0.64 万 t/a、0.83 万 t/a。其中，基于环境容量法 NO_x 许可排放量最多的城市是唐山市，最少的城市是沧州市。

由图 3-29（c）可知，北京、天津、石家庄、唐山、保定、沧州、廊坊等城市基于环境容量法一次 $PM_{2.5}$ 许可排放量分别是 0.06 万 t/a、2.13 万 t/a、0.29 万 t/a、3.75 万 t/a、0.21 万 t/a、0.51 万 t/a、0.87 万 t/a。其中，基于环境容量法一次 $PM_{2.5}$

许可排放量最多的城市是唐山市，最少的城市是北京市。

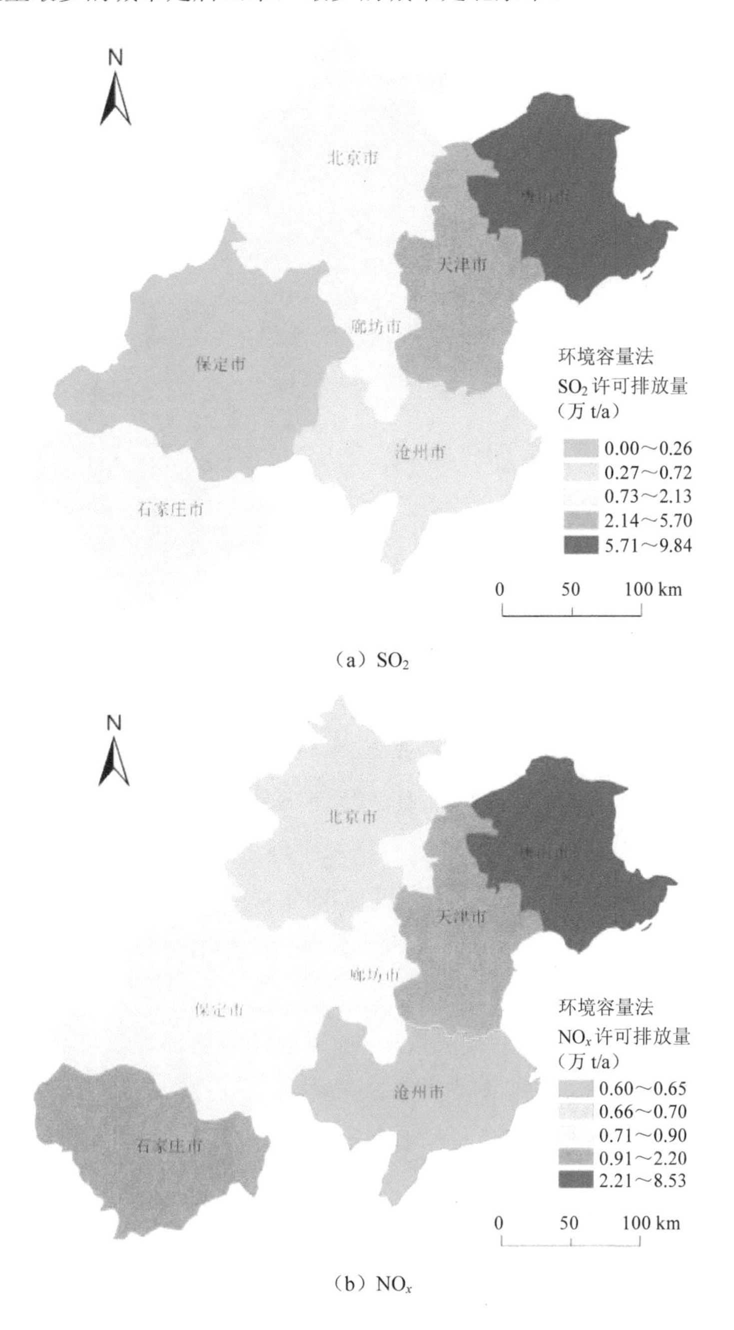

（a）SO_2

（b）NO_x

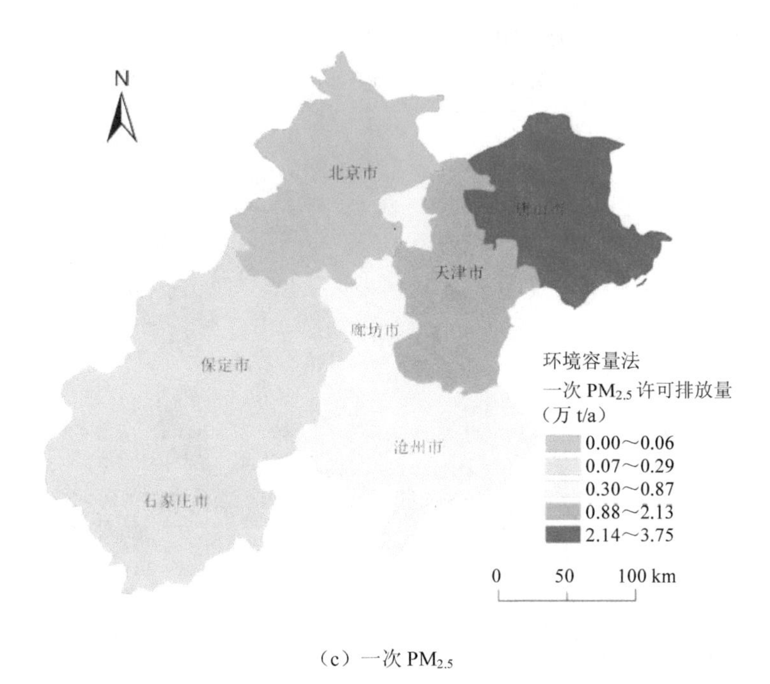

（c）一次 $PM_{2.5}$

图 3-29　基于环境容量法的北京及周边城市 SO_2、NO_x、一次 $PM_{2.5}$ 许可排放量

（2）基于不同分配方法城市大气污染物排放量对比

由图 3-30、图 3-31、图 3-32 可知，将同一城市基于 3 种分配方法的 SO_2、NO_x、一次 $PM_{2.5}$ 许可排放量，以及排放清单中城市 5 个工业行业的 SO_2、NO_x、一次 $PM_{2.5}$ 排放量分别进行直观对比。就城市的 SO_2、NO_x、一次 $PM_{2.5}$ 排放量而言，主要特征是北京及周边城市的排放清单、环境容量法一般大于其排放标准法、标准+传输法。

图 3-30 显示，在城市 SO_2 排放量从大到小的顺序方面，北京、天津、沧州、廊坊等城市的为环境容量法、排放清单、排放标准法、标准+传输法，石家庄、唐山、保定等城市的为排放清单、环境容量法、排放标准法、标准+传输法。

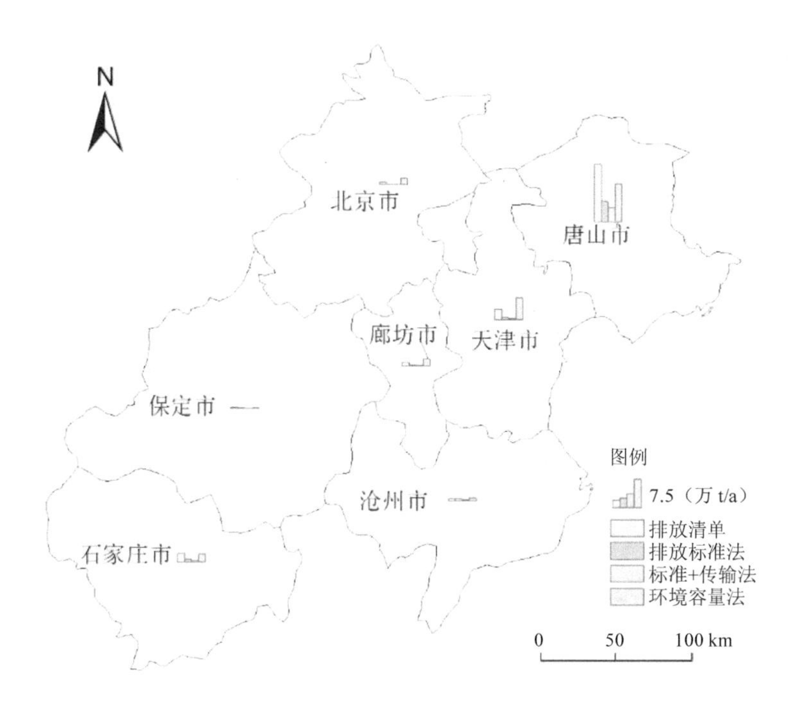

图 3-30　基于不同分配方法的城市 SO_2 排放量对比

从图 3-31 可知，在城市 NO_x 排放量从大到小的顺序方面，北京、唐山等城市的顺序为排放清单、排放标准法、标准+传输法、环境容量法，天津、保定、沧州等城市的顺序为排放清单、排放标准法、环境容量法、标准+传输法，石家庄、廊坊等城市的顺序为排放清单、环境容量法、排放标准法、标准+传输法。

从图 3-32 可知，在城市一次 $PM_{2.5}$ 排放量从大到小的顺序方面，北京、石家庄、唐山、保定、沧州、廊坊等城市的顺序为排放清单、环境容量法、排放标准法、标准+传输法，天津市的顺序为环境容量法、排放清单、排放标准法、标准+传输法。

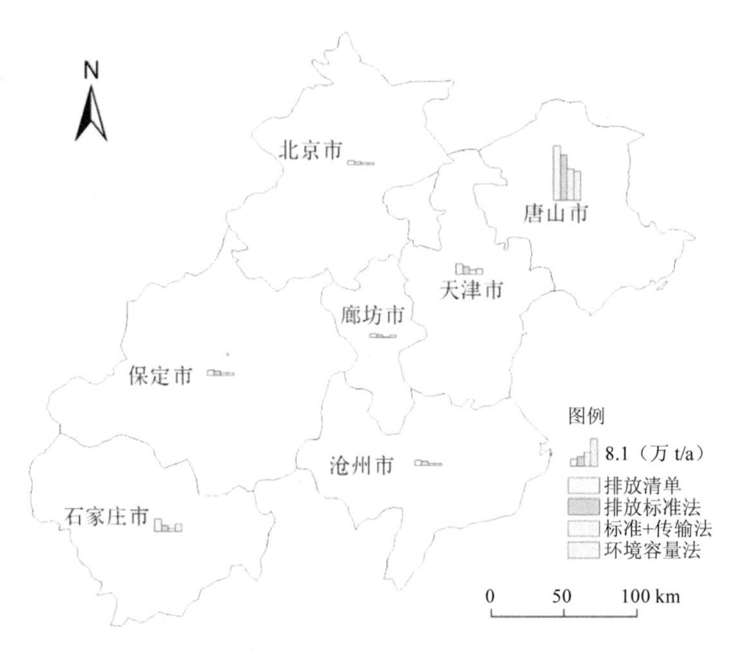

图 3-31　基于不同分配方法的城市 NO_x 排放量对比

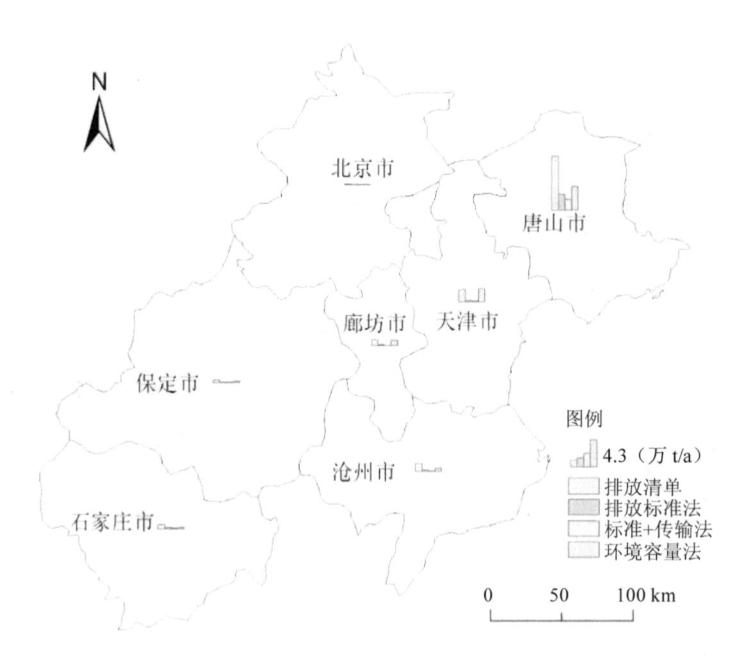

图 3-32　基于不同分配方法的城市一次 $PM_{2.5}$ 排放量对比

3.4　本章小结

本章首先基于京津冀及周边地区的研究基础，结合研究需求，选定北京及周边城市作为研究区域；其次，根据城市排放清单的企业（排放口）大气污染物排放现状，选定工业锅炉、水泥、玻璃、焦化、钢铁等5个工业行业，分别构建基于排放标准法、标准+传输法、环境容量法的分配模型；最后，在分配模型的基础上，分配得到企业（排放口）大气污染物许可排放量。主要结论如下：

（1）北京及周边城市包括北京、天津、石家庄、唐山、保定、沧州、廊坊7个城市，是京津冀传输通道核心城市，属于以北京市为核心的传输通道西南、东南、偏东方向的主要影响城市，共贡献北京市82.52%的$PM_{2.5}$浓度。

（2）根据《排污许可证申请与核发技术规范》，结合城市排放清单，选定工业锅炉、水泥、玻璃、焦化、钢铁等5个重点工业行业。该5工业SO_2、NO_x、一次$PM_{2.5}$排放量分别是22.41万t、28.70万t、13.99万t，分别占北京及周边城市的59%、29%、25%。说明在SO_2排放量方面，5工业是北京及周边城市最主要的排放源；在NO_x、一次$PM_{2.5}$排放量方面，5工业是北京及周边城市的主要排放源之一。

（3）基于城市大气污染物排放清单、城市大气污染物传输矩阵、城市大气污染物环境容量等数据，结合《排污许可证申请与核发技术规范》，分别构建基于排放标准法、排放标准+城市传输法、环境容量法的企业排放口尺度的大气污染物许可排放量分配模型。

（4）企业（排放口）排放标准法分配结果与我国生态环境部门核发的排污许可证结果基本一致。工业锅炉行业A企业基于排放标准法SO_2、NO_x、一次$PM_{2.5}$的排放量比排污许可证核发量的分别高3.89%、低2.60%、高3.89%。水泥行业B企业基于排放标准法的SO_2、NO_x、一次$PM_{2.5}$排放量比排污许可证的核发量分别低10.75%、低10.75%、低8.97%。玻璃行业C企业基于排放标准法SO_2、NO_x、一次$PM_{2.5}$的排放量比排污许可证核发量的分别高30.43%、低2.39%、低9.71%。焦化行业D企业基于排放标准法SO_2、NO_x、一次$PM_{2.5}$的排放量比排污许可证的核发量分别高 29.98%、高 18.55%、低 25.93%。钢铁行业 E 企业基于排放标准法 SO_2、NO_x、一次 $PM_{2.5}$ 的排放量比排污许可证核发量的分别低 12.67%、低 0.16%、低 1.56%。

（5）北京及周边城市不同行业之间基于排放标准法 SO_2、NO_x、一次 $PM_{2.5}$ 许可排放量存在明显差异，且与城市排放清单不同行业排放量特征基本一致。不同城市中，SO_2、NO_x、一次 $PM_{2.5}$ 许可排放量最大的行业不一致。某些城市的某个行业 SO_2、NO_x、一次 $PM_{2.5}$ 许可排放量占 5 个行业的比例较大。

（6）基于城市排放清单，北京及周边城市 5 工业 SO_2、NO_x、一次 $PM_{2.5}$ 排放量分别是 22.41 万 t/a、28.70 万 t/a、13.99 万 t/a。基于排放标准法，北京及周边城市 SO_2、NO_x、一次 $PM_{2.5}$ 许可排放量分别是 7.90 万 t/a、21.91 万 t/a、3.54 万 t/a。基于标准+传输法，北京及周边城市 SO_2、NO_x、一次 $PM_{2.5}$ 许可排放量分别是 4.92 万 t/a、13.56 万 t/a、2.22 万 t/a。基于环境容量法，北京及周边城市 SO_2、NO_x、一次 $PM_{2.5}$ 许可排放量分别是 22.27 万 t/a、15.34 万 t/a、7.82 万 t/a。

（7）北京及周边城市不同行业基于标准+传输法 SO_2、NO_x、一次 $PM_{2.5}$ 许可排放量的分布特征和变化趋势均与基于排放标准法 SO_2、NO_x、一次 $PM_{2.5}$ 许可排放量的分布特征和变化趋势类似。北京及周边城市不同行业之间基于环境容量法 SO_2、NO_x、一次 $PM_{2.5}$ 许可排放量的分布特征和变化趋势，与第 3.1.3 节城市排放清单不同行业排放量分布特征和变化趋势基本一致。

第4章 分配结果的环境质量贡献度评估

4.1 研究背景

当前，通过空气质量模型来定量模拟大气污染物排放量差异对空气质量浓度影响的研究比较成熟，尤其是自2013年我国大规模治理大气污染以来，空气质量模型的研究与应用均得到了飞速发展（Hu et al.，2016；Zhang et al.，2018；Zhai et al.，2019）。WRF-CMAQ模型在我国“大气十条”“蓝天保卫战”等国家级行动规划中实现了广泛深度的研究和应用（Zhang Qiang et al.，2019；Zhang Jing et al.，2019；中国清洁空气政策伙伴关系，2019），在我国省级、城市级等层面也进行了大量实践（於海军等，2016；吴文景等，2017；石佳超等，2018；Xing et al.，2018；Zhou 等，2019）。然而，针对大量企业（排放口）大气污染物排放量变化所带来的空气质量差异，当前比较缺乏相关空气质量模型的定量模拟，无法实现对企业（排放口）的精细化管理。

在第3章，城市、行业、企业（排放口）基于排放标准法、标准+传输法、环境容量法的大气污染物许可排放量与其城市排放清单中的污染物排放量之间存在着明显差异。基于不同来源的大气污染物许可排放量，分别会对城市的空气质量浓度带来差异影响。从落实企业（排放口）污染物许可排放量的角度出发，构建WRF-CMAQ空气质量模型，有助于定量描述排污许可与空气质量改善的关系。

本章主要是定量测定基于不同分配方法的企业（排放口）SO_2、NO_x、一次$PM_{2.5}$许可排放量在效果方面的表现，即分配结果效果评估（污染物许可排放量分配结果对城市 SO_2、NO_2、$PM_{2.5}$ 浓度的影响）。以基础排放清单为底单，分别加上基于城市排放清单的企业排放量、第 3 章的企业大气污染物分配结果（SO_2、NO_x、一次 $PM_{2.5}$ 许可排放量），从而建立 4 个排放清单情景（情景 0 为 BAU 情景，情景 1、情景 2、情景 3 分别为基于排放标准法、标准+传输法、环境容量法的政策情景），并结合气象、地形、土地利用等数据，选取合适的 WRF 模型参数和 CMAQ 模型参数，以城市污染物 SO_2、NO_2、$PM_{2.5}$ 的小时级和日级监测数据来验证 WRF-CMAQ 模型的模拟浓度相关性，从而构建了定量评估分配结果与环境质量改善相关性的 WRF-CMAQ 模型。通过 WRF-CMAQ 模型，模拟得到 BAU 情景、情景 1、情景 2、情景 3 的 SO_2、NO_2、$PM_{2.5}$浓度，分别计算得到情景 1、情景 2、情景 3 与 BAU 情景的 SO_2、NO_2、$PM_{2.5}$浓度差值，即得到基于排放标准法、标准+传输法、环境容量法的企业（排放口）大气污染物许可排放量所带来的空气质量浓度变化。

4.2 数据与方法

4.2.1 数据来源

（1）排放清单

本研究采用的排放清单由基础排放清单和点源排放清单组成。基础排放清单提供了整个模拟区域的所有部门多种污染物排放量。点源排放清单提供了北京及周边城市的企业污染物排放量、企业污染物许可排放量分配结果。

基础排放清单来自清华大学编制的清单（Zhao et al.，2013a，2013b）。该排放清单包括 SO_2、NO_x、$PM_{2.5}$、PM_{10}、BC、OC、NH_3、非甲烷挥发性有机化合物（NMVOC）等（Wang et al.，2014；Zhao et al.，2019）。NMVOC 分为 16 个亚种，以匹配 CMAQ 中使用的 CB05 化学机理（Wang et al.，2011）。这些污染物分别来自 6 个部门，包括发电厂、工业燃烧、家用、交通运输、农业和其他过程。Wang 等（2011）使用“排放因子法”用于计算空气污染物的排放。Zhao 等（2013a，2013b）在先前研究中介绍了估算每种污染物的详细方法，并将基础排放清单更新至 2015 年（Zhao 等，2019）。根据排放因子方法，将 6 个部门的排放量分配到 CMAQ 模型的模拟区域，并获得 CMAQ 输入的排放文件，其中包括 $PM_{2.5}$ 前体物质（PEC、POC、PMC、PNO_3、PSO_4、PNH_4 和其他污染物，共有 42 个变量）。

点源排放清单主要是指北京、天津、石家庄、唐山、保定、沧州、廊坊等城市排放清单的工业锅炉、水泥、玻璃、焦化、钢铁等 5 个工业行业的企业污染物实际排放量、基于不同分配方法的企业污染物许可排放量。在第 3.2.1 节数据来源的城市排放清单中，北京、天津、石家庄、唐山、保定、沧州、廊坊等 7 个城市的 5 个工业行业共有 13 000 余个点源。在该 13 000 余个点源（经纬度完全一致）基础上，结合城市排放清单与第 3 章的企业大气污染物分配结果（SO_2、NO_x、一次 $PM_{2.5}$ 的排放量），本研究设置了 4 个排放清单情景，分别是情景 BAU（Business as Usual or Scenario 0，S0）、情景 1（Scenario 1，S1）、情景 2（Scenario 2，S2）、情景 3（Scenario 3，S3）。BAU（S0）是指城市排放清单中 5 个工业行业的企业（排放口）SO_2、NO_x、一次 $PM_{2.5}$ 的实际排放量。S1 是指第 3 章第 3.3 节基于排放标准法企业（排放口）SO_2、NO_x、一次 $PM_{2.5}$ 的许可排放量。S2 是指第 3 章第 3.3 节基于标准+传输法企业（排放口）SO_2、NO_x、一次 $PM_{2.5}$ 的许可排放量。S3 是指第 3 章第 3.3 节基于环境容量法企业（排放口）SO_2、NO_x、一次 $PM_{2.5}$ 的许可排放量。S1、S2、S3 与 BAU 的 SO_2、NO_x、一次 $PM_{2.5}$ 排放量差值是企业分别按照排放标准法、标准+传输法、环境容量法的许可排放量进行排污行为后的 SO_2、NO_x、一次 $PM_{2.5}$ 排放量的变化值。

值得说明的是，基于排放标准法的排放清单对城市空气质量（SO_2、NO_2、$PM_{2.5}$ 的浓度）的影响是指按照排放标准法的污染物许可排放量进行排污行为后，企业大气污染物排放量的变化值对城市空气质量的影响，其实质是 S1 与 BAU 的污染物模拟浓度的差值，设定为基于 M1 的污染物模拟浓度差值。同理可得，基于标准+传输法的排放清单对城市空气质量浓度的影响实质上是 S2 与 BAU 的污染物模拟浓度的差值，设定为基于 M2 的污染物模拟浓度差值。基于环境容量法的排放清单对城市空气质量浓度的影响实质上是 S3 与 BAU 的污染物模拟浓度的差值，设定为基于 M3 的污染物模拟浓度差值。

另外，排放清单的分配系数主要包括化学物种分配、时间分配、垂直分配等系数。首先，化学物种分配部分。为满足 CMAQ 要求，基础清单的污染物主要包括 SO_2、NO_x、$PM_{2.5}$、PM_{10}、BC、OC、CO、CH_4、NH_3、VOC。其中，按照 CB05 化学机制，VOC 分为 AACD（羧酸）、ALD2（乙醛和高级醛）、ALDX（丙醛和较高的醛）、ETH（乙烯）、ETHA（乙烷）、ETOH（乙醇）、FORM（甲醛）、IOLE（内烯烃碳键，R—C=C—R）、ISOP（异戊二烯）、MEOH（甲醇）、NR（活泼的挥发性有机化合物）、OLE（除乙烯外的碳碳双键，R—C=C）、PAR（碳碳单键，C—C）、TERP（萜烯物种）、TOL（甲苯和其他单烷基芳烃）、UNR（不活泼的挥发性有机化合物）、XYL（二甲苯等多烷基芳烃）。

其次，时间分配部分。基础排放清单中，按照排放部门可分为 7 大类，包括农业（AR）、民用（DO）、工业燃烧（IN）、开放燃烧（OP）、电厂（PP）、工业过程（PR）、交通（TR）。以上部门分别具有不同的时间分配系数（月分配系数、周分配系数和小时分配系数），如图 4-1～图 4-3 所示。

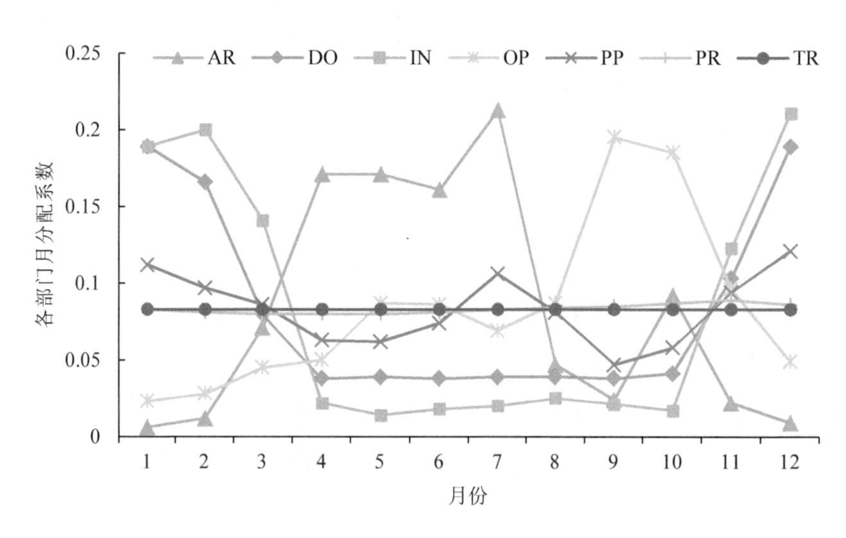

图 4-1　各部门污染物月分配系数

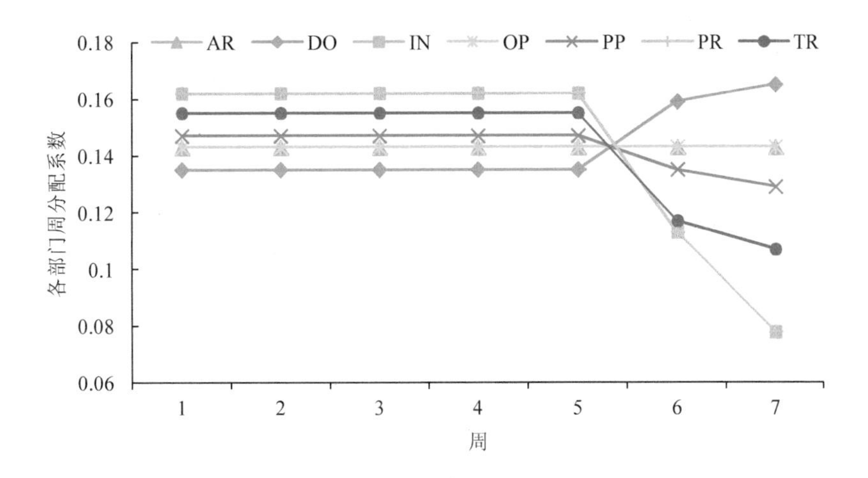

图 4-2　各部门污染物周分配系数

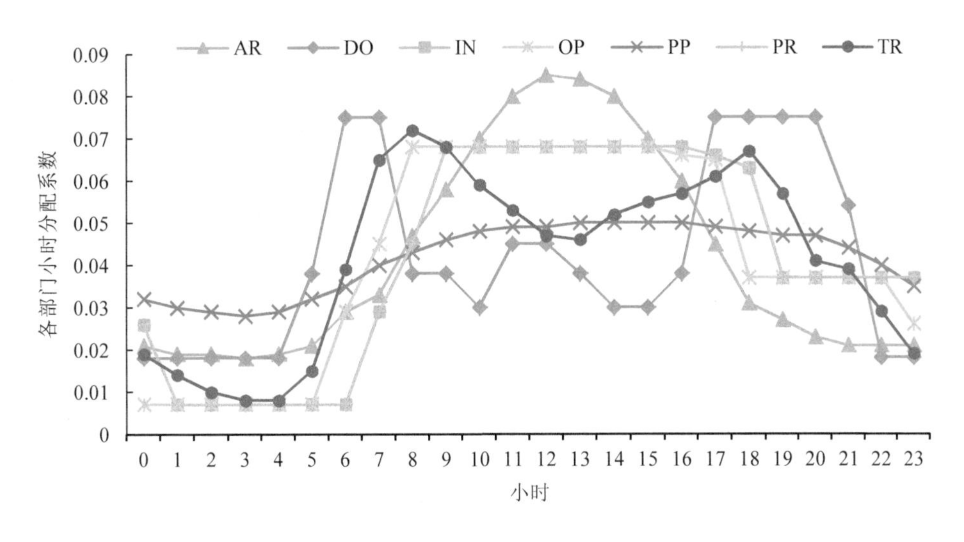

图 4-3　各部门污染物小时分配系数

最后，垂直分配部分。CMAQ 模型模拟区域设置为 14 个垂直层，靠近地面的层数相对较多，最高层为 100 mb，每层的 Sigma 坐标分别为：1.000、0.995、0.988、0.980、0.970、0.956、0.938、0.893、0.839、0.777、0.702、0.582、0.400、0.200 和 0.000。各部门污染物在垂直层的分配系数如图 4-4 所示。

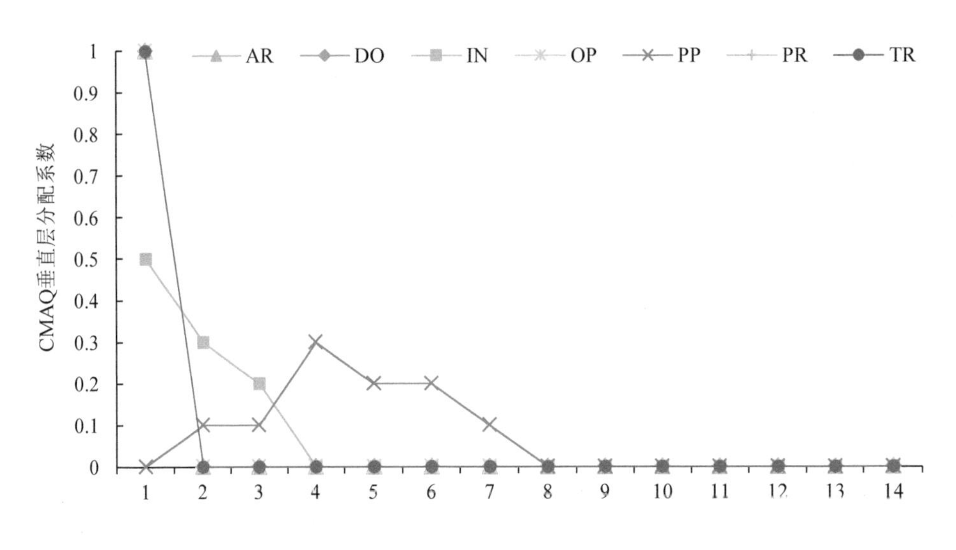

图 4-4　各部门污染物垂直层分配系数

（2）WRF 模型数据

初始气象场及边界场（对流层分析数据），本研究采用美国国家环境预报中心（the National Centers for Environmental Prediction Final Analysis，NCEP）提供的 FNL 全球数据（ds083.2），时间分辨率是 6 h，空间分辨率为 1°×1°（https://dss.ucar.edu/datazone/dsszone/ds083.2/）。

本研究使用 MODIS 地形数据进行模拟计算。目前 WRF 模型按地形覆盖和土地利用数据的分类提供两套数据，一套是按照 USGS 分为 24 类（USGS 数据），另一套是按照 IGBP 分为 20 类（MODIS 数据）（http://www2.mmm.ucar.edu/wrf/users/download/get_sources_wps_geog_V3.html）。

（3）CMAQ 模型数据

1）满足 CMAQ 模型格式要求的排放清单。设定三层网格的分辨率分别为 36 km、12 km、4 km，将模拟区域网格化后，依据模拟区域网格数及分辨率，将基础排放清单和点源排放清单分配至网格点，从而生成三层网格的源清单，最后分别形成 CMAQ 模型所需的污染源排放时空分布数据（.nc 格式）。

2）三维气象场。CMAQ 模型所需的三维气象场数据由 WRF 模型的模拟结果提供，使用 CMAQ 模型的气象-化学接口（Meteorology-Chemistry Interface Processor，

MCIP）将 WRF 输出的气象场转化为 CCTM（CMAQ Chemistry-Transport Model）所需的数据格式。

3）模拟区域边界条件。第一层的边界条件由清洁大气提供，第二层的边界条件采用第一层模拟得到的 CONC 文件，第三层采用第二层的模拟结果作为输入。

4）模拟时间初始条件。模拟第一天的初始条件由清洁大气提供，模拟第二天的初始条件由第一天模拟得到的 CGRID 文件提供。为消除初始条件对模拟结果的影响，提前 5 d 开始模拟。

（4）地面 $PM_{2.5}$、SO_2、NO_2 监测站点数据

本研究的 $PM_{2.5}$、SO_2、NO_2 监测站点数据来自中国环境监测总站的全国城市空气质量实时发布平台（NUAQRRP）（http://106.37.208.233:20035/），主要包括每日更新的 $PM_{2.5}$、SO_2、NO_2 的小时浓度值、日均浓度值等数据。本研究共采用了 45 个空气质量监测站点，分别分布在北京、天津、石家庄、唐山、保定、沧州和廊坊等城市。污染物监测站点位置分布见图 4-5。

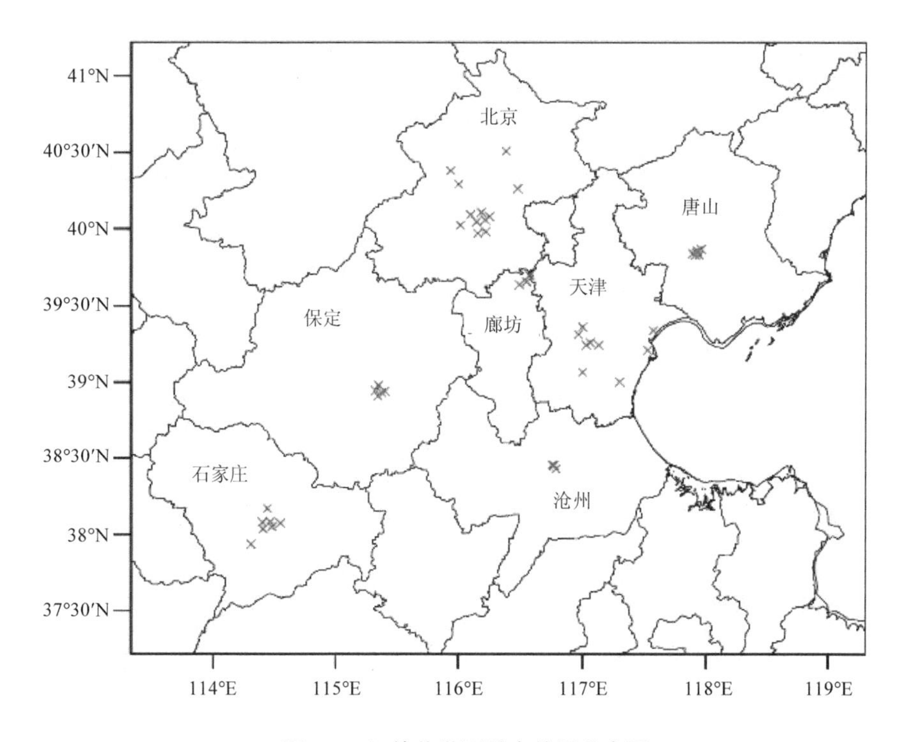

图 4-5　污染物监测站点位置分布图

4.2.2 WRF-CMAQ 模型构建

WRF-CMAQ（the Weather Research and Forecasting Model-Community Multiscale Air Quality Model）（Skamarock，2008；EPA，2019）为科学分析污染物浓度影响提供了有力的工具。本研究的网格设置采用三层嵌套。第 1 层是网格水平分辨率为 36 km 的粗网格，主要覆盖整个华北地区在内的我国大部分区域。第 2 层是网格水平分辨率为 12 km 的主要覆盖华北地区的网格。第 3 层为城市尺度的网格水平分辨率为 4 km 的细网格，完全覆盖北京及周边城市。粗网格模拟为细网格模拟提供了边界条件。以下所有分析均是基于第 3 层网格的模拟结果。本研究 WRF-CMAQ 模型的系统流程见图 4-6。

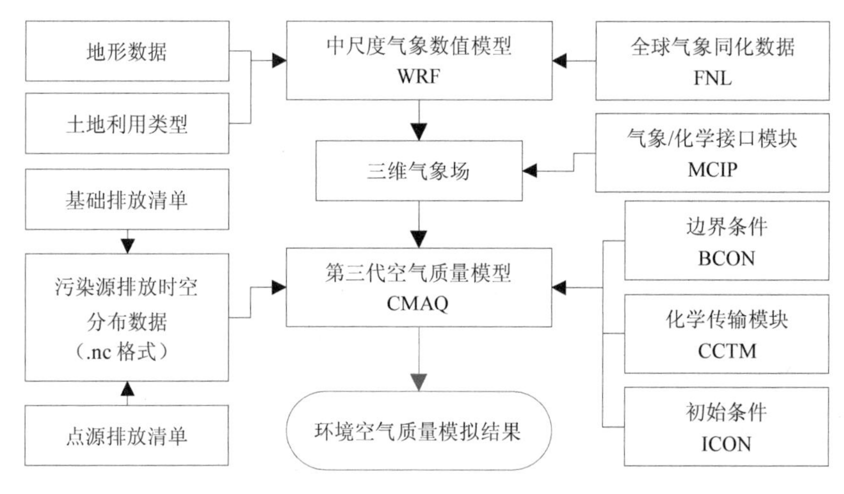

图 4-6　WRF-CMAQ 系统流程

（1）WRF 参数设定

本研究选取模拟年份的 1 月、4 月、7 月、10 月四个典型月份，分别代表冬季、春季、夏季和秋季，结果输出时间间隔为 1 h。4 个月份的平均值代表全年平均。各模拟月前 5 d 模拟时间作为“spin-up”时间，以降低初始条件的影响。

WRF 模型采用 Lambert 投影坐标系。WRF 模型的模拟区域包括三层嵌套网格。第 1 层网格数为 109×124，水平分辨率为 36 km；第 2 层网格数为 103×103，水平分辨率为 12 km；第 3 层网格数为 124×145，水平分辨率为 4 km。WRF 模型的初始场和边界场数据见第 4.2.1 节数据来源，每日都对 WRF 模型的初始场进行初始化，每次模拟时长为 30 h，spin-up 时间为 6 h，利用 NCEP ADP 观测资料进行客观分析与四维同化。土地利用类型数据和地形高程数据见第 4.2.1 节数据来源。表 4-1 为 WRF 模型的参数化方案。

表 4-1　WRF 模型参数化方案

模型参数化方案	WRF 所选方案
微物理过程方案	WSM6 类冰雹方案
长波辐射方案	RRTM 方案
短波辐射方案	Goddard 短波方案
近地面层方案	Monin-Obukhov 方案
陆面过程方案	Noah 陆面过程方案
边界层方案	YSU 方案
积云参数化方案	Grell-Devenyi 集合方案

（2）CMAQ 参数设定

CMAQ 模型的气象场由 WRF 模型提供，模拟时段与 WRF 模型保持一致。模拟区域采用 Lambert 投影坐标系，坐标原点位置为 34°N、110°E。模拟区域包括三层嵌套网格。第 1 层网格数为 96×111，水平分辨率为 36 km；第 2 层网格数为 90×90，水平分辨率为 12 km；第 3 层网格数为 111×132，水平分辨率为 4 km。垂直方向分为 14 层，靠近地面层数较多，层间距自下到上逐渐增大，最高层为 100 mb，每层的 Sigma 坐标分别为：1.000、0.995、0.988、0.980、0.970、0.956、0.938、0.893、0.839、0.777、0.702、0.582、0.400、0.200 和 0.000。CMAQ 模型所需数据见第 4.2.1 节数据来源。表 4-2 为 CMAQ 模型参数化方案。

表 4-2　CMAQ 模型参数化方案

模型参数化方案	CMAQ 所选方案
气相化学反应机制	CB05
气溶胶化学机制	AERO6
光化学速率	In-line

模型参数化方案	CMAQ 所选方案
风沙尘	off
边界条件	默认
初始条件	逐日重启

4.2.3 WRF-CMAQ 模拟结果验证

本研究利用 2015 年 1 月、4 月、7 月、10 月北京、天津、石家庄、唐山、保定、沧州、廊坊等 7 个城市 SO_2、NO_2、$PM_{2.5}$ 的监测站点数据，验证 WRF-CMAQ 模拟结果的准确性。以北京市 1 月、4 月、7 月、10 月的 SO_2、NO_2、$PM_{2.5}$ 模拟浓度与监测浓度为例，表 4-3 为 2015 年 1 月、4 月、7 月、10 月北京市大气污染物模拟浓度与监测浓度相关性的统计结果，包括相关系数（correlation coefficient，R）、平均分数误差（mean fractional bias，MFB）和平均分数偏差（mean fractional error，MFE）。其中北京 10 月 $PM_{2.5}$ 模拟浓度的日均值与监测浓度的日均值的 R 为 0.75，MFB 为 19.52，MFE 为 47.37，结果表明模拟浓度与监测浓度具有较好的相关性。

表 4-3 2015 年北京市 SO_2、NO_2、$PM_{2.5}$ 模拟浓度与监测浓度相关性的统计结果

污染物	月份	R	MFB	MFE
SO_2	1	0.59	−76.63	90.58
	4	0.49	−61.51	78.07
	7	0.46	−61.6	79.34
	10	0.47	−102	117.63
NO_2	1	0.78	−42.13	54.98
	4	0.75	−4.82	44.15
	7	0.58	−5.24	39.39
	10	0.74	−13.6	55.33
$PM_{2.5}$	1	0.68	−11.37	56.41
	4	0.79	74.38	77.34
	7	0.66	66.25	68.31
	10	0.75	19.52	47.37

同时，以北京为例，图 4-7～图 4-9 分别为 2015 年 1 月、4 月、7 月、10 月北京 SO_2、NO_2、$PM_{2.5}$ 日均浓度的模拟值和监测值的散点图。散点图的横坐标表示日均浓度监测值，纵坐标表示日均浓度模拟值。

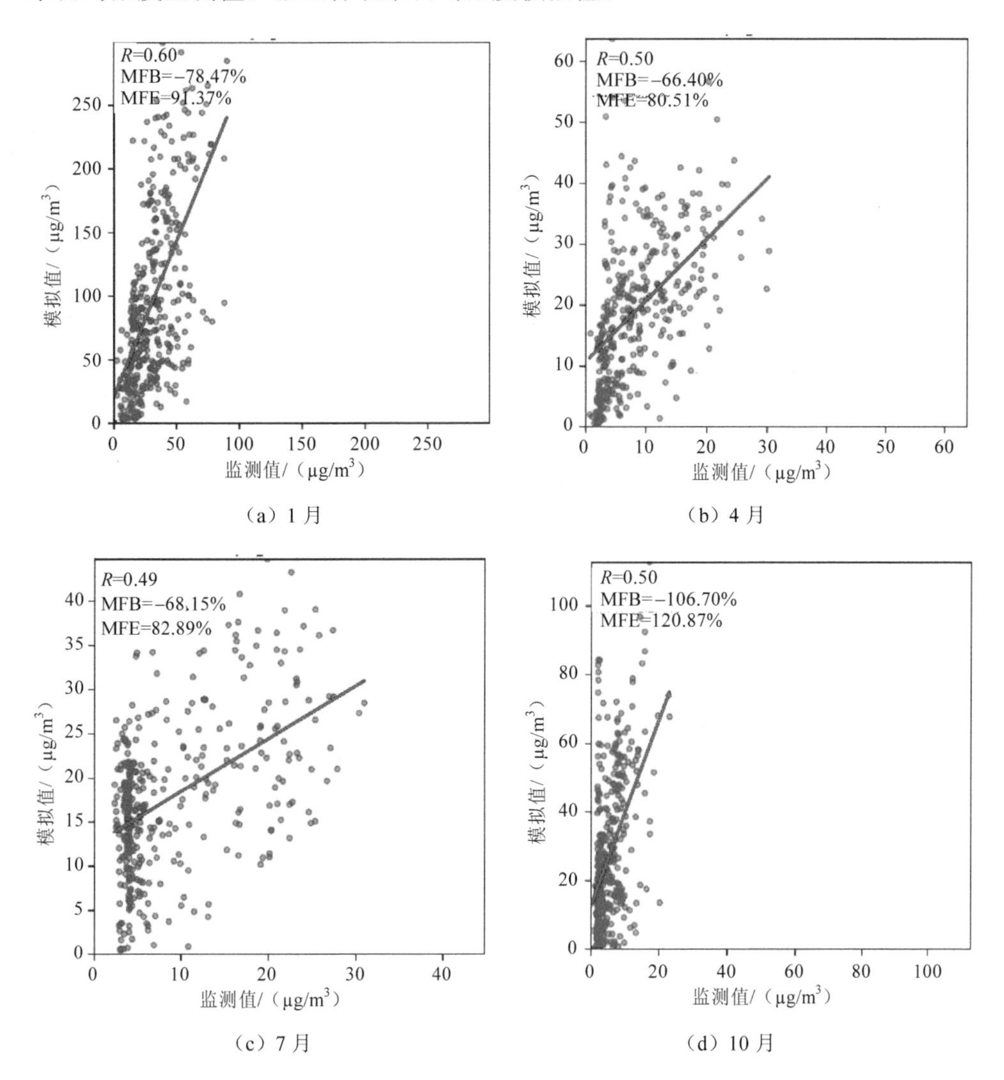

图 4-7　1 月、4 月、7 月、10 月 SO_2 日均浓度模拟值与监测值相关性

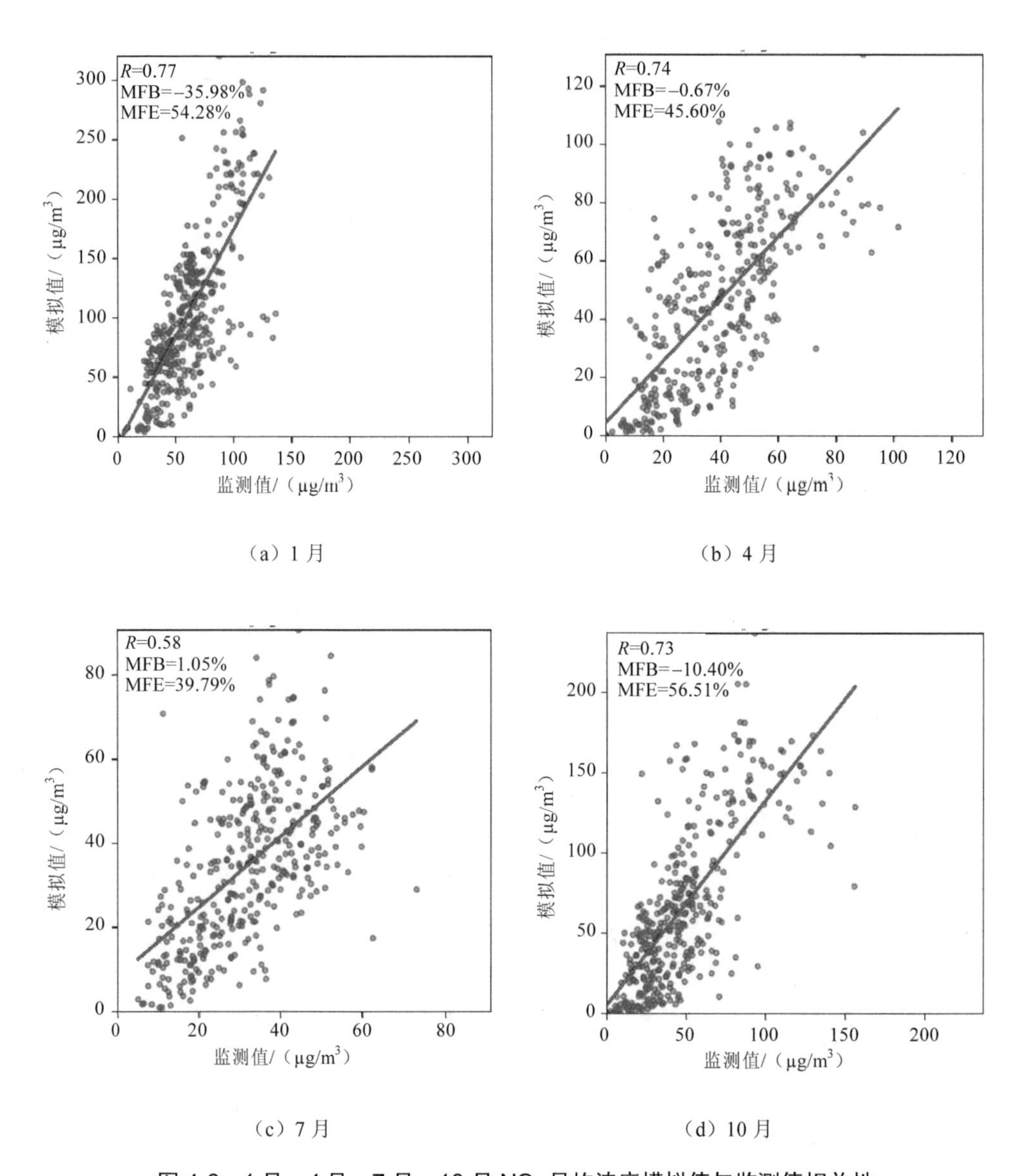

（a）1 月

（b）4 月

（c）7 月

（d）10 月

图 4-8　1 月、4 月、7 月、10 月 NO_2 日均浓度模拟值与监测值相关性

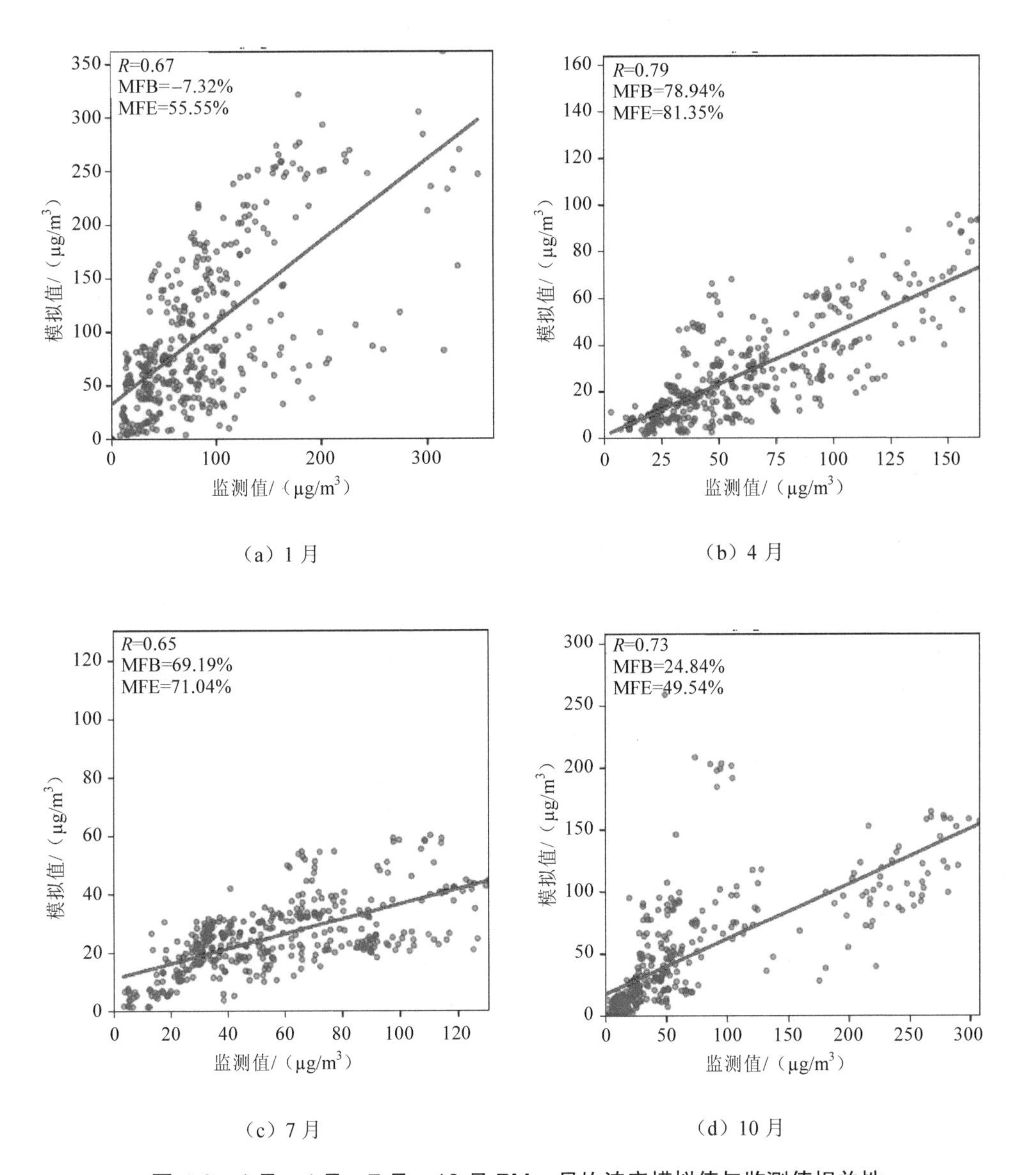

（a）1 月

（b）4 月

（c）7 月

（d）10 月

图 4-9　1 月、4 月、7 月、10 月 $PM_{2.5}$ 日均浓度模拟值与监测值相关性

4.3 结果与讨论

4.3.1 北京及周边城市的月主导风向和月均风速

根据 WRF 模型的风向和风速结果，得到北京及周边城市 2015 年 1 月、4 月、7 月、10 月的月主导风向和月均风速分布，分别如图 4-10、图 4-11 所示。图 4-10 的 WRF 模型风向模拟结果表明，整个模拟区域 2015 年 1 月、4 月、7 月、10 月的主导风向分别为西北风和西风、西风和西北风、西南风、西北风。图 4-11 的 WRF 模型风速模拟结果表明，整个模拟区域 2015 年 1 月的平均风速为 3.59 m/s；4 月的平均风速最大，为 4.41 m/s；7 月的平均风速最小，为 3.13 m/s；10 月的平均风速为 4.11 m/s。

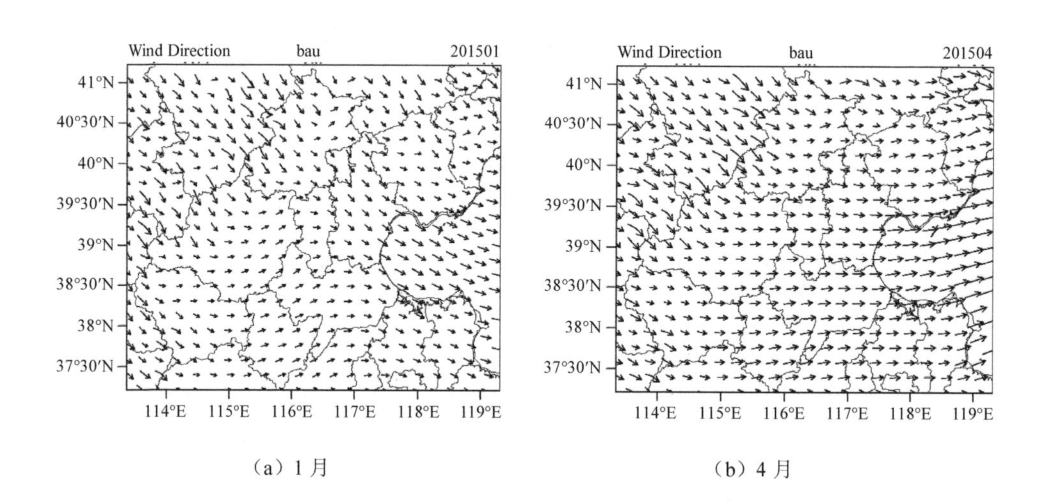

（a）1 月　　（b）4 月

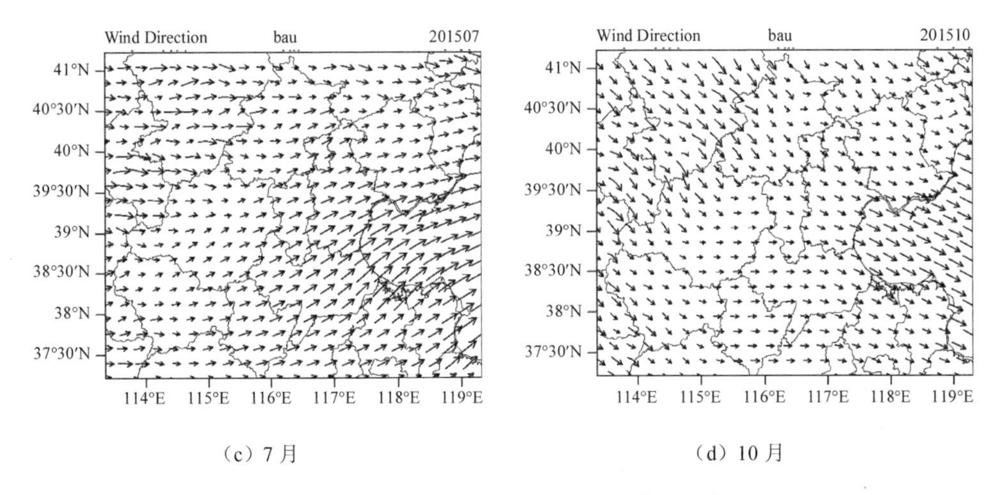

（c）7 月　　　　（d）10 月

图 4-10　1 月、4 月、7 月、10 月的主导风向图

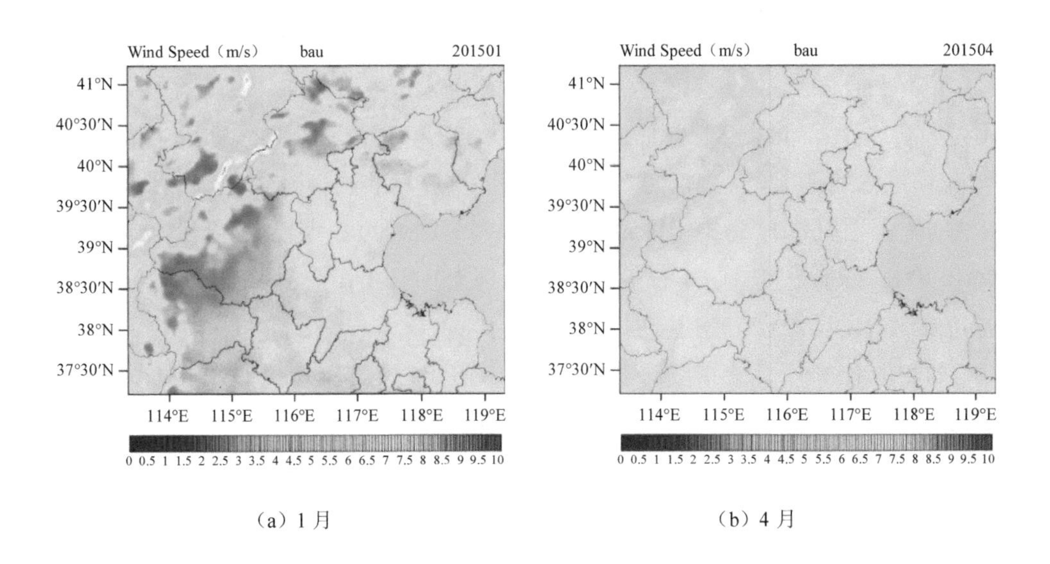

（a）1 月　　　　（b）4 月

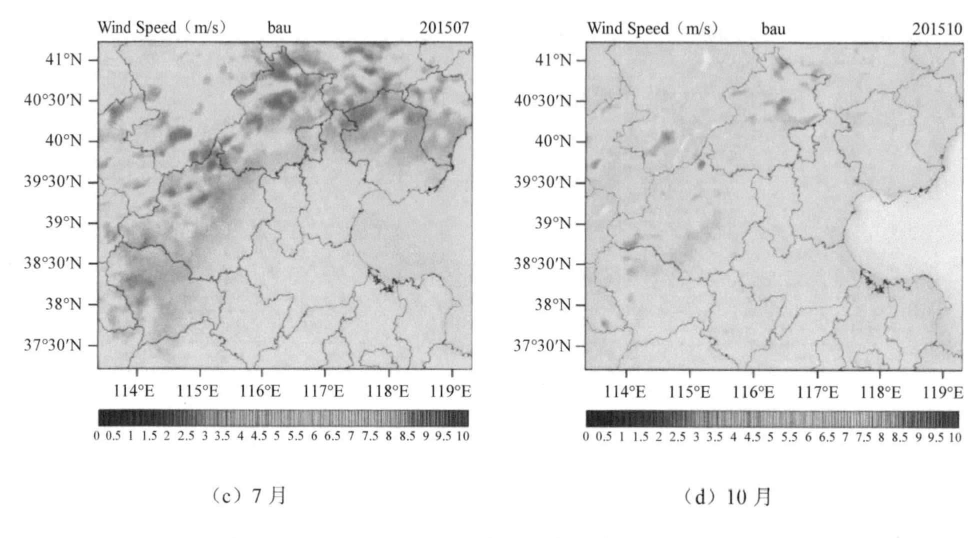

（c）7 月　　（d）10 月

图 4-11　1 月、4 月、7 月、10 月的月均风速分布图

4.3.2　SO_2、NO_2、$PM_{2.5}$模拟浓度

基于 BAU（M0）、S1（M1）、S2（M2）、S3（M3）等情景的城市 SO_2、NO_2、$PM_{2.5}$模拟浓度是指分别基于城市排放清单、排放标准法、标准+传输法、环境容量法的企业（排放口）污染物排放量，应用 WRF-CMAQ 模型模拟得到的城市 SO_2、NO_2、$PM_{2.5}$模拟浓度。图 4-12～图 4-15 分别为基于 BAU、S1、S2、S3 等情景的城市 SO_2、NO_2、$PM_{2.5}$模拟浓度。

如图 4-12 所示，北京及周边城市基于 BAU 情景的 SO_2、NO_2、$PM_{2.5}$模拟浓度分别是 34.80 μg/m^3、52.24 μg/m^3、66.51 μg/m^3。

如图 4-12（a）所示，北京、天津、石家庄、唐山、保定、沧州、廊坊等城市基于 BAU 情景的 SO_2浓度分别是 40.56 μg/m^3、38.76 μg/m^3、41.45 μg/m^3、53.87 μg/m^3、25.28 μg/m^3、20.56 μg/m^3、23.10 μg/m^3。其中，基于 BAU 情景的 SO_2 浓度最高的城市是唐山市、最低的城市是沧州市。北京及周边城市的 SO_2 浓度均低于《环境空气质量标准》的年均二级浓度限值（国家二级标准，60 μg/m^3）。

如图 4-12（b）所示，北京、天津、石家庄、唐山、保定、沧州、廊坊等城市基于 BAU 情景的 NO_2 浓度分别是 62.95 μg/m^3、51.18 μg/m^3、63.31 μg/m^3、65.18 μg/m^3、43.71 μg/m^3、34.23 μg/m^3、38.14 μg/m^3。其中，基于 BAU 情景的 NO_2 浓度最高的城市是唐山市、最低的城市是沧州市。北京、天津、石家庄、唐山、保定的 NO_2 浓度均高于国家二级标准（40 μg/m^3），而沧州和廊坊的 NO_2 浓度低于该标准。

如图 4-12（c）所示，北京、天津、石家庄、唐山、保定、沧州、廊坊等城市基于 BAU 情景的 $PM_{2.5}$ 浓度分别是 50.34 μg/m^3、61.53 μg/m^3、84.97 μg/m^3、94.18 μg/m^3、64.57 μg/m^3、54.14 μg/m^3、55.89 μg/m^3。其中，基于 BAU 情景的 $PM_{2.5}$ 浓度最高的城市是唐山市、最低的城市是北京市。北京及周边城市的 $PM_{2.5}$ 浓度均高于国家二级标准（35 μg/m^3）。

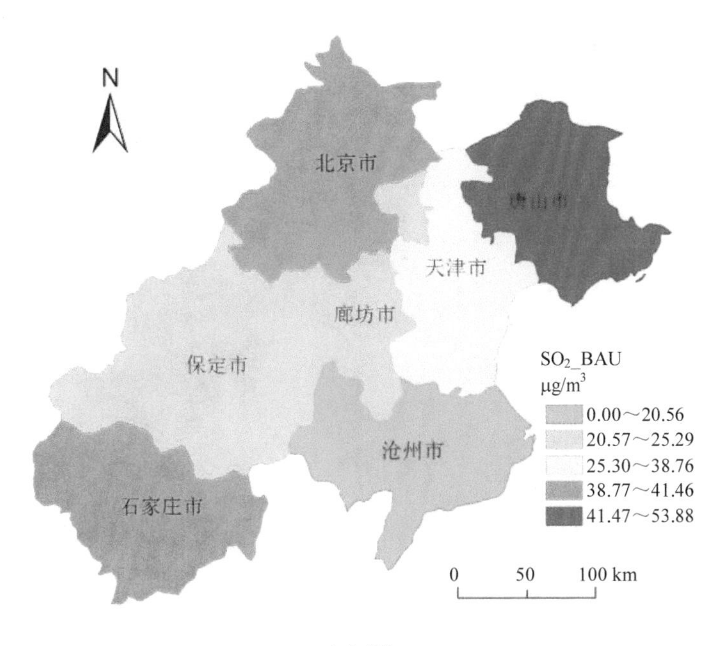

（a）SO_2

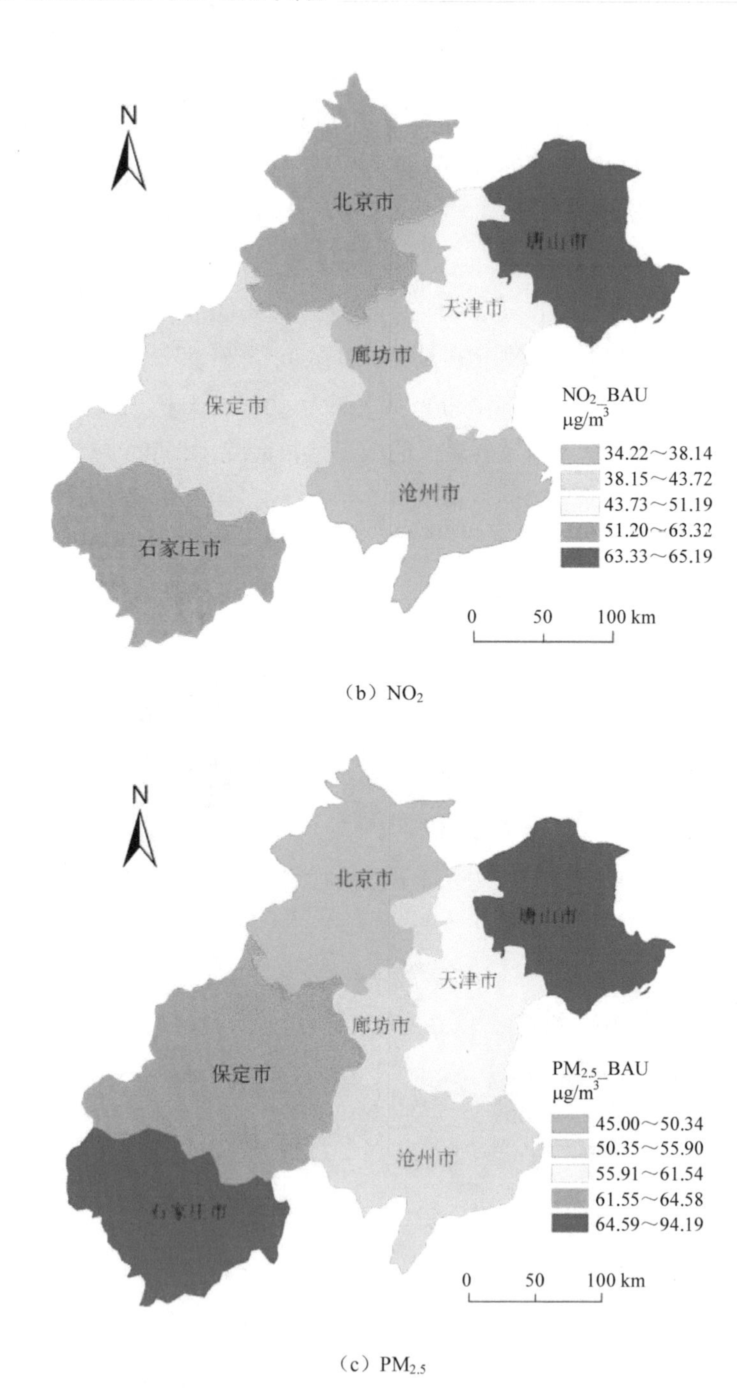

（b）NO_2

（c）$PM_{2.5}$

图 4-12　基于 BAU 的北京及周边城市 SO_2、NO_2、$PM_{2.5}$ 浓度

如图 4-13 所示，北京及周边城市基于 S1 情景的 SO_2、NO_2、$PM_{2.5}$ 模拟浓度分别是 30.53 μg/m³、49.98 μg/m³、62.15 μg/m³。

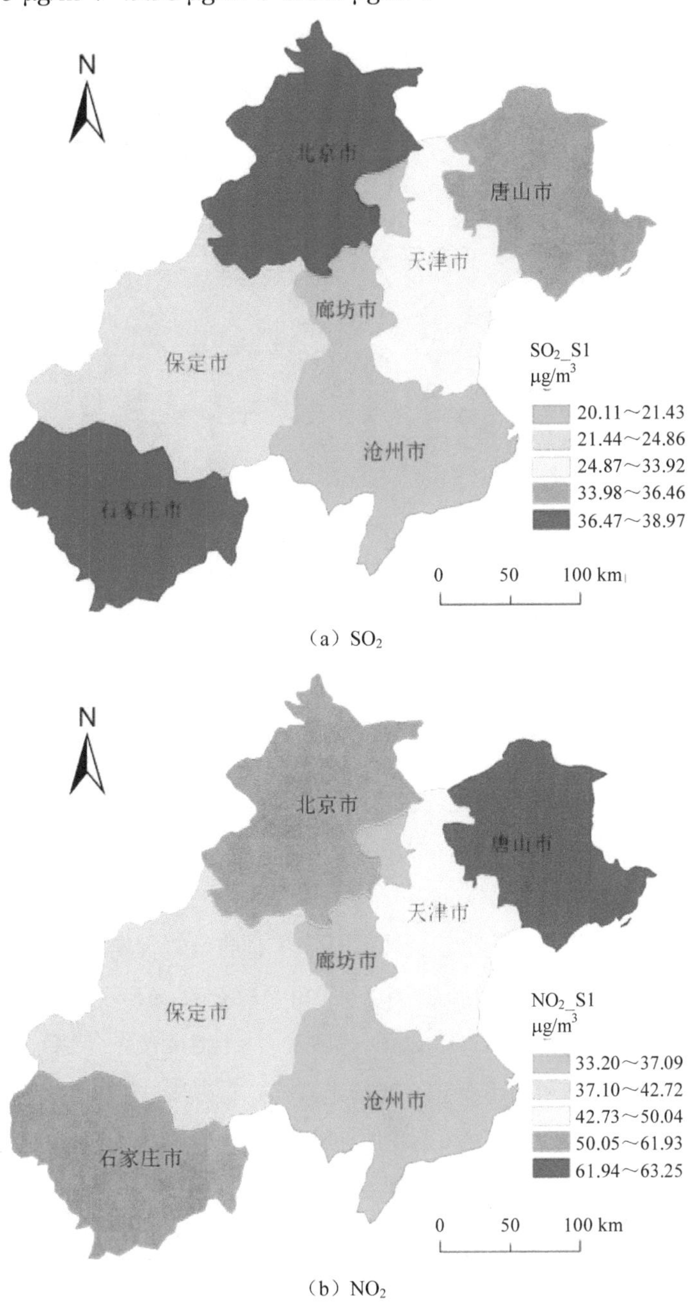

（a）SO_2

（b）NO_2

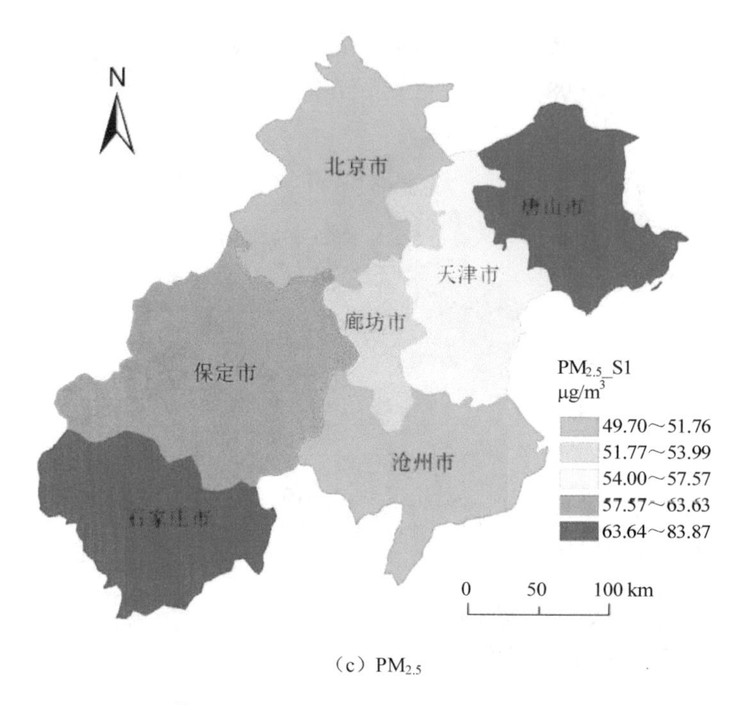

（c）$PM_{2.5}$

图 4-13　基于 S1 的北京及周边城市 SO_2、NO_2、$PM_{2.5}$ 浓度

如图 4-13（a）所示，北京、天津、石家庄、唐山、保定、沧州、廊坊等城市基于 S1 情景的 SO_2 浓度分别是 38.97 μg/m^3、33.92 μg/m^3、37.94 μg/m^3、36.46 μg/m^3、24.86 μg/m^3、20.12 μg/m^3、21.43 μg/m^3。其中，基于 S1 情景的 SO_2 浓度最高的城市是北京市、最低的城市是沧州市。北京及周边城市的 SO_2 浓度均低于国家二级标准（60 μg/m^3）。

如图 4-13（b）所示，北京、天津、石家庄、唐山、保定、沧州、廊坊等城市基于 S1 情景的 NO_2 浓度分别是 61.92 μg/m^3、50.03 μg/m^3、61.67 μg/m^3、63.24 μg/m^3、42.71 μg/m^3、33.21 μg/m^3、37.09 μg/m^3。其中，基于 S1 情景的 NO_2 浓度最高的城市是唐山市、最低的城市是沧州市。北京、天津、石家庄、唐山、保定的 NO_2 浓度均高于国家二级标准（40 μg/m^3），而沧州和廊坊的 NO_2 浓度低于该标准。

如图 4-13（c）所示，北京、天津、石家庄、唐山、保定、沧州、廊坊等城市基于 S1 情景的 $PM_{2.5}$ 浓度分别是 49.70 μg/m^3、57.56 μg/m^3、83.87 μg/m^3、74.58 μg/m^3、63.63 μg/m^3、51.75 μg/m^3、53.99 μg/m^3。其中，基于 S1 情景的 $PM_{2.5}$

浓度最高的城市是石家庄市、最低的城市是北京市。北京及周边城市的 $PM_{2.5}$ 浓度均高于国家二级标准（35 μg/m^3）。

从图 4-14 可知，北京及周边城市基于 S2 情景的 SO_2、NO_2、$PM_{2.5}$ 模拟浓度分别是 29.83 μg/m^3、49.43 μg/m^3、61.44 μg/m^3。

从图 4-14（a）可知，北京、天津、石家庄、唐山、保定、沧州、廊坊等城市基于 S2 情景的 SO_2 浓度分别是 38.92 μg/m^3、33.24 μg/m^3、37.20 μg/m^3、34.47 μg/m^3、24.65 μg/m^3、19.46 μg/m^3、20.88 μg/m^3。其中，基于 S2 情景的 SO_2 浓度最高的城市是北京市、最低的城市是沧州市。北京及周边城市的 SO_2 浓度均低于国家二级标准（60 μg/m^3），沧州的 SO_2 浓度低于国家一级标准（20 μg/m^3）。

从图 4-14（b）可知，北京、天津、石家庄、唐山、保定、沧州、廊坊等城市基于 S2 情景的 NO_2 浓度分别是 61.81 μg/m^3、49.66 μg/m^3、61.30 μg/m^3、60.87 μg/m^3、42.52 μg/m^3、32.98 μg/m^3、36.88 μg/m^3。其中，基于 S2 情景的 NO_2 浓度最高的城市是北京市、最低的城市是沧州市。北京、天津、石家庄、唐山、保定的 NO_2 浓度均高于国家二级标准（40 μg/m^3），而沧州和廊坊的 NO_2 浓度低于该标准。

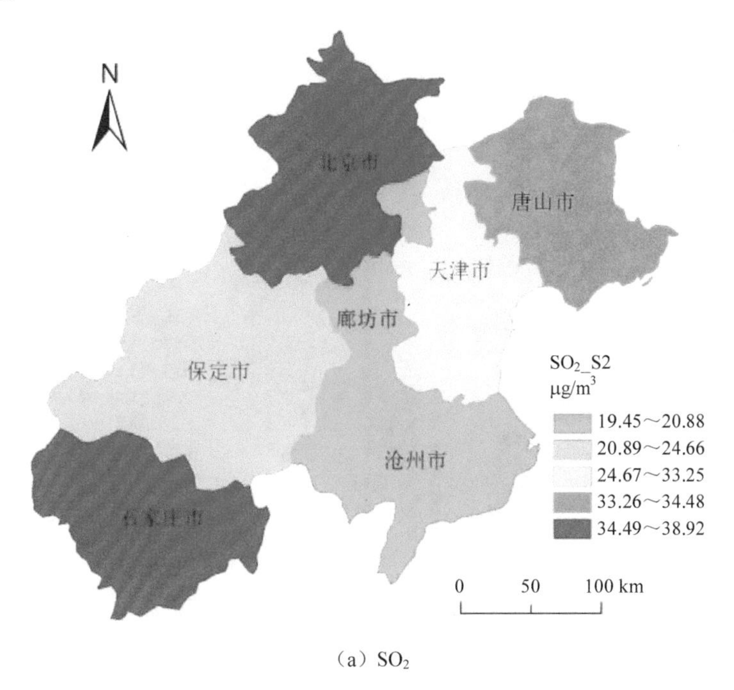

（a）SO_2

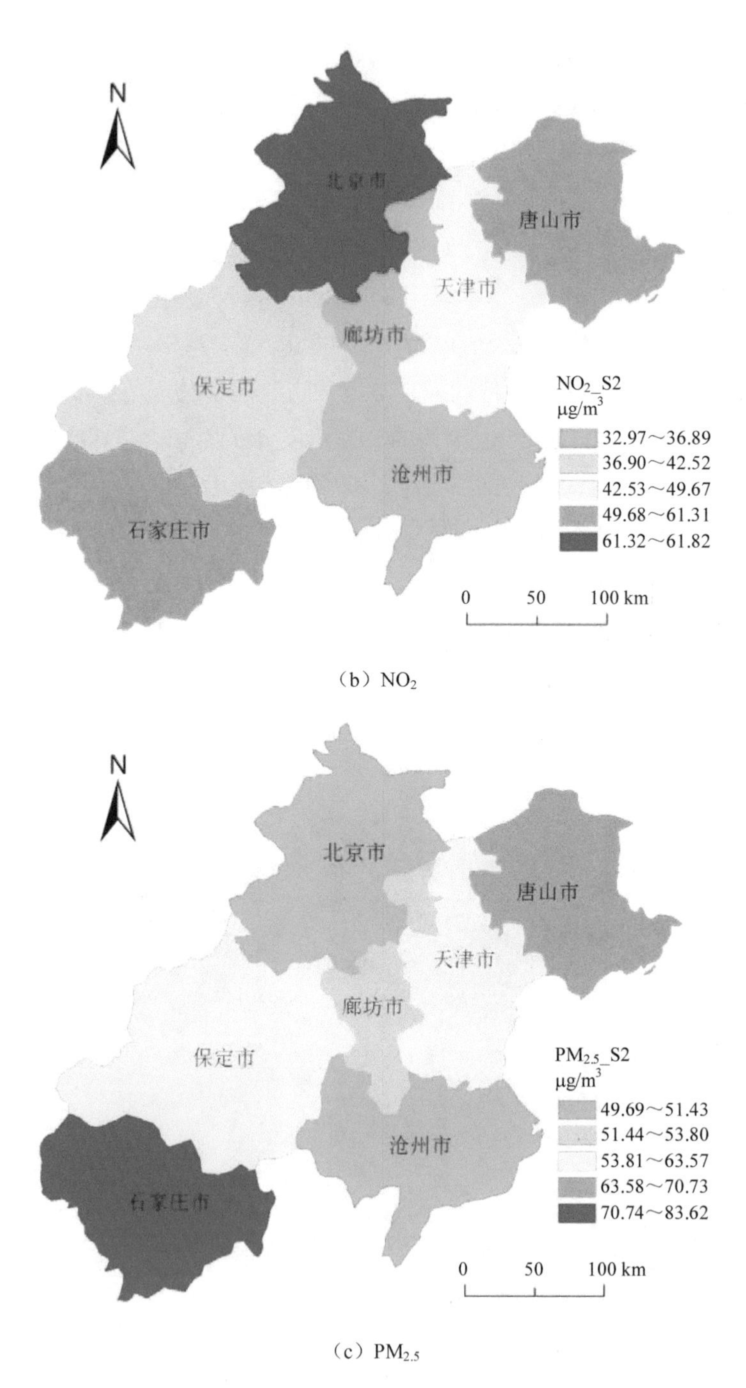

（b）NO_2

（c）$PM_{2.5}$

图 4-14　基于 S2 的北京及周边城市 SO_2、NO_2、$PM_{2.5}$浓度

从图 4-14（c）可知，北京、天津、石家庄、唐山、保定、沧州、廊坊等城市基于 S2 情景的 $PM_{2.5}$ 浓度分别是 49.69 μg/m^3、57.24 μg/m^3、83.62 μg/m^3、70.72 μg/m^3、63.57 μg/m^3、51.43 μg/m^3、53.79 μg/m^3。其中，基于 S2 情景的 $PM_{2.5}$ 浓度最高的城市是石家庄市、最低的城市是北京市。北京及周边城市的 $PM_{2.5}$ 浓度均高于国家二级标准（35 μg/m^3）。

如图 4-15 所示，北京及周边城市基于 S3 情景的 SO_2、NO_2、$PM_{2.5}$ 模拟浓度分别是 34.90 μg/m^3、49.50 μg/m^3、63.91 μg/m^3。

如图 4-15（a）所示，北京、天津、石家庄、唐山、保定、沧州、廊坊等城市基于 S3 情景的 SO_2 浓度分别是 43.10 μg/m^3、45.24 μg/m^3、41.13 μg/m^3、43.21 μg/m^3、25.00 μg/m^3、21.06 μg/m^3、25.59 μg/m^3。其中，基于 S3 情景的 SO_2 浓度最高的城市是天津市、最低的城市是沧州市。北京及周边城市的 SO_2 浓度均低于国家二级标准（60 μg/m^3）。

如图 4-15（b）所示，北京、天津、石家庄、唐山、保定、沧州、廊坊等城市基于 S3 情景的 NO_2 浓度分别是 61.80 μg/m^3、49.83 μg/m^3、61.84 μg/m^3、60.39 μg/m^3、42.52 μg/m^3、33.02 μg/m^3、37.10 μg/m^3。其中，基于 S3 情景的 NO_2 浓度最高的城市是石家庄市、最低的城市是沧州市。北京、天津、石家庄、唐山、保定的 NO_2 浓度均高于国家二级标准（40 μg/m^3），而沧州和廊坊的 NO_2 浓度低于该标准。

如图 4-15（c）所示，北京、天津、石家庄、唐山、保定、沧州、廊坊等城市基于 S3 情景的 $PM_{2.5}$ 浓度分别是 49.78 μg/m^3、62.15 μg/m^3、83.89 μg/m^3、80.08 μg/m^3、63.86 μg/m^3、52.27 μg/m^3、55.36 μg/m^3。其中，基于 S3 情景的 $PM_{2.5}$ 浓度最高的城市是石家庄市、最低的城市是北京市。北京及周边城市的 $PM_{2.5}$ 浓度均高于国家二级标准（35 μg/m^3）。

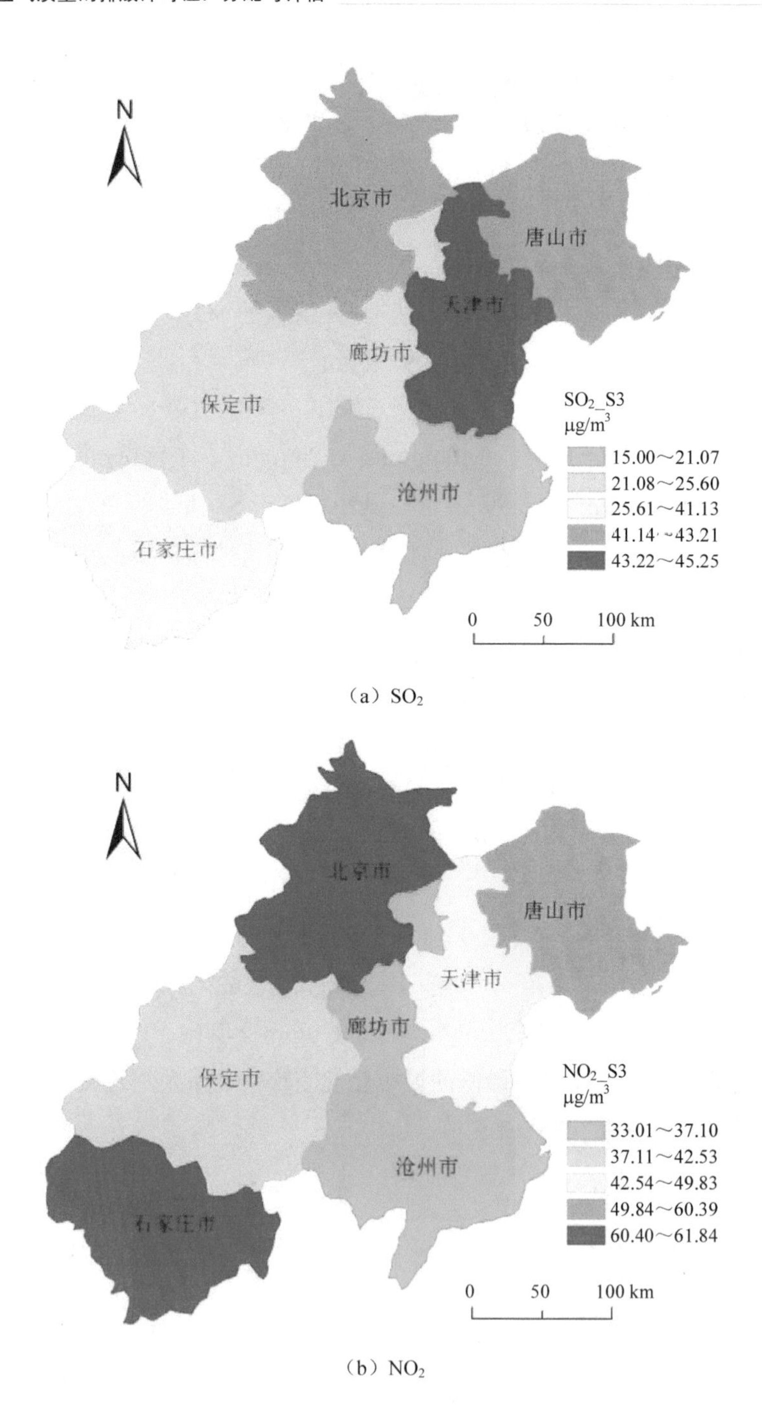
N
北京市
唐山市
天津市
廊坊市
保定市
沧州市
石家庄市
SO2_S3
μg/m3
15.00～21.07
21.08～25.60
25.61～41.13
41.14～43.21
43.22～45.25
0 50 100 km
N
北京市
唐山市
天津市
廊坊市
保定市
沧州市
石家庄市
NO2_S3
μg/m3
33.01～37.10
37.11～42.53
42.54～49.83
49.84～60.39
60.40～61.84
0 50 100 km

（a）SO_2

（b）NO_2

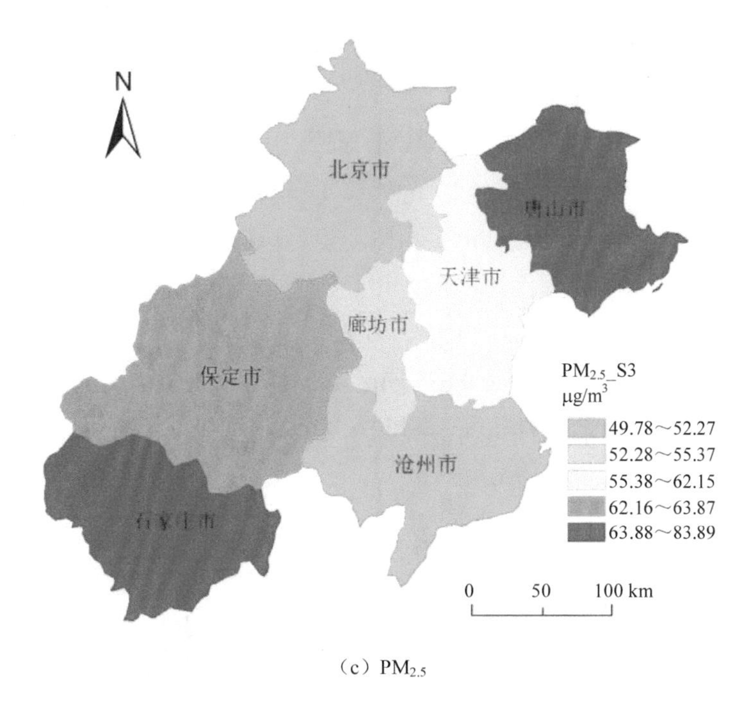

（c）$PM_{2.5}$

图 4-15　基于 S3 的北京及周边城市 SO_2、NO_2、$PM_{2.5}$ 浓度

4.3.3　SO_2、NO_2、$PM_{2.5}$ 模拟浓度差值

基于 M1、M2、M3 城市 SO_2、NO_2、$PM_{2.5}$ 模拟浓度差值是指分别基于 S1、S2、S3 情景下城市 SO_2、NO_2、$PM_{2.5}$ 模拟浓度与 BAU 的差值。图 4-16～图 4-18 分别为基于 M1、M2、M3 城市 SO_2、NO_2、$PM_{2.5}$ 的模拟浓度差值。

值得说明的是，在本节，基于 M1、M2、M3 的 SO_2、NO_2、$PM_{2.5}$ 浓度差值是指分别基于 S1 与 BAU、S2 与 BAU、S3 与 BAU 的 SO_2、NO_2、$PM_{2.5}$ 浓度差值，实际上是基于排放标准法（M1）、标准+传输法（M2）、环境容量法（M3）对 SO_2、NO_x、一次 $PM_{2.5}$ 实施许可排放量分配结果后带来的浓度值变化。

如图 4-16 所示，北京及周边城市基于 M1 的 SO_2、NO_2、$PM_{2.5}$ 模拟浓度差值分别是 4.27 μg/m³、2.26 μg/m³、4.36 μg/m³。

如图 4-16（a）所示，北京、天津、石家庄、唐山、保定、沧州、廊坊等城市基于 M1 的 SO_2 浓度差值分别是 1.60 μg/m³、4.84 μg/m³、3.52 μg/m³、17.42 μg/m³、

0.42 μg/m³、0.44 μg/m³、1.68 μg/m³。其中，基于 M1 的 SO_2 浓度差值最高的城市是唐山市、最低的城市是保定市。

如图 4-16（b）所示，北京、天津、石家庄、唐山、保定、沧州、廊坊等城市基于 M1 的 NO_2 浓度差值分别是 1.03 μg/m³、1.15 μg/m³、1.64 μg/m³、1.94 μg/m³、1.00 μg/m³、1.02 μg/m³、1.05 μg/m³。其中，基于 M1 的 NO_2 浓度差值最高的城市是唐山市、最低的城市是保定市。

如图 4-16（c）所示，北京、天津、石家庄、唐山、保定、沧州、廊坊等城市基于 M1 的 $PM_{2.5}$ 浓度差值分别是 0.63 μg/m³、3.97 μg/m³、1.10 μg/m³、19.60 μg/m³、0.94 μg/m³、2.39 μg/m³、1.91 μg/m³。其中，基于 M1 的 $PM_{2.5}$ 浓度差值最高的城市是唐山市、最低的城市是北京市。

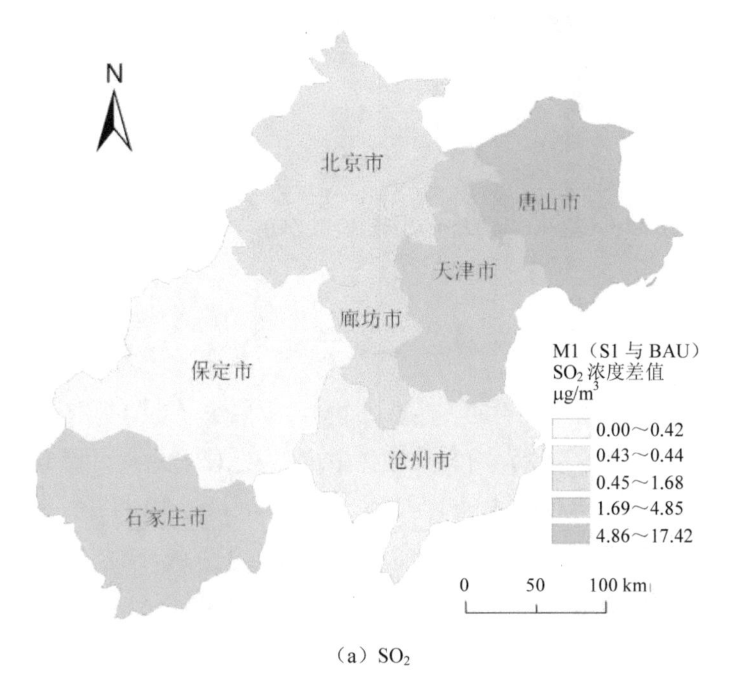

（a）SO_2

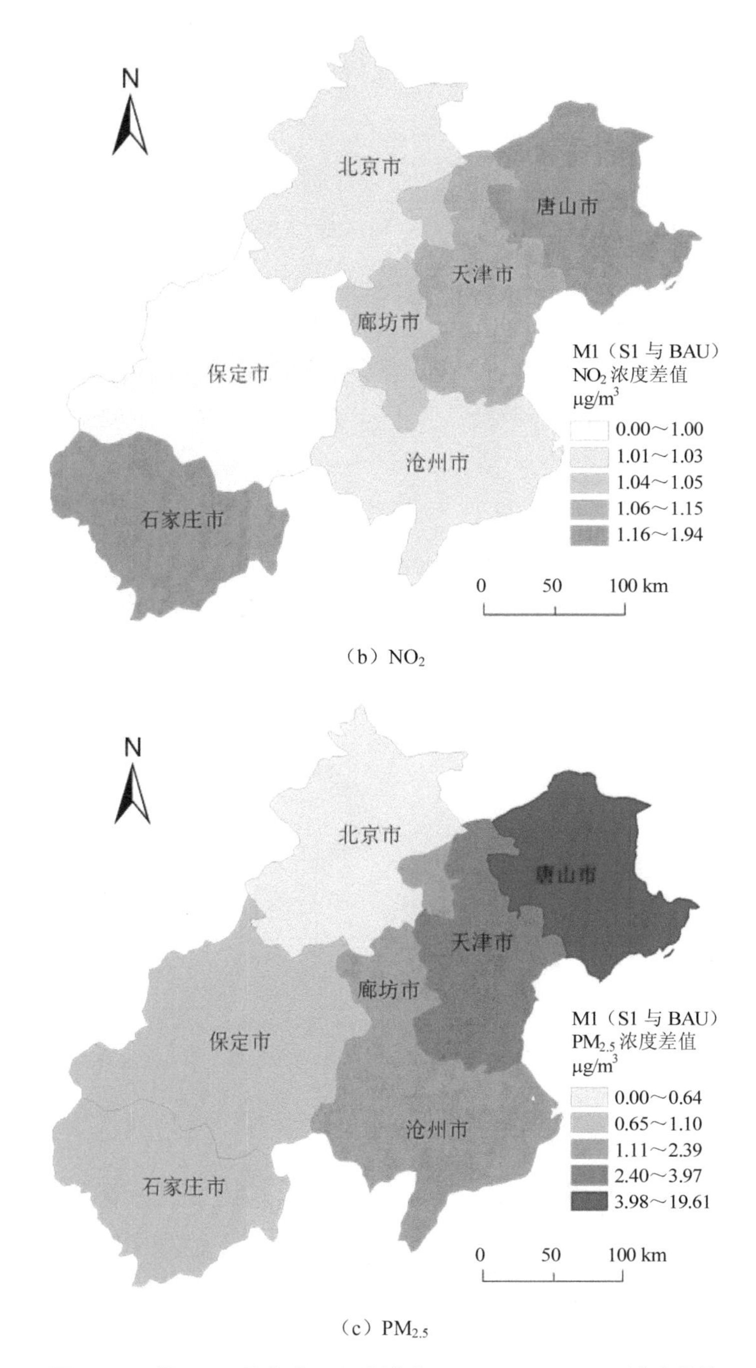

（b）NO_2

（c）$PM_{2.5}$

图 4-16　基于 M1 的北京及周边城市 SO_2、NO_2、$PM_{2.5}$ 浓度差值

如图 4-17 所示，北京及周边城市基于 M2 的 SO_2、NO_2、$PM_{2.5}$ 模拟浓度差值分别是 4.97 μg/m³、2.81 μg/m³、5.07 μg/m³。

如图 4-17（a）所示，北京、天津、石家庄、唐山、保定、沧州、廊坊等城市基于 M2 的 SO_2 浓度差值分别是 1.65 μg/m³、5.52 μg/m³、4.25 μg/m³、19.40 μg/m³、0.63 μg/m³、1.10 μg/m³、2.23 μg/m³。其中，基于 M2 的 SO_2 浓度差值最高的城市是唐山市、最低的城市是保定市。

如图 4-17（b）所示，北京、天津、石家庄、唐山、保定、沧州、廊坊等城市基于 M2 的 NO_2 浓度差值分别是 1.14 μg/m³、1.52 μg/m³、2.01 μg/m³、4.31 μg/m³、1.20 μg/m³、1.25 μg/m³、1.25 μg/m³。其中，基于 M2 的 NO_2 浓度差值最高的城市是唐山市、最低的城市是北京市。

如图 4-17（c）所示，北京、天津、石家庄、唐山、保定、沧州、廊坊等城市基于 M2 的 $PM_{2.5}$ 浓度差值分别是 0.64 μg/m³、4.30 μg/m³、1.35 μg/m³、23.46 μg/m³、1.01 μg/m³、2.71 μg/m³、2.10 μg/m³。其中，基于 M2 的 $PM_{2.5}$ 浓度差值最高的城市是唐山市、最低的城市是北京市。

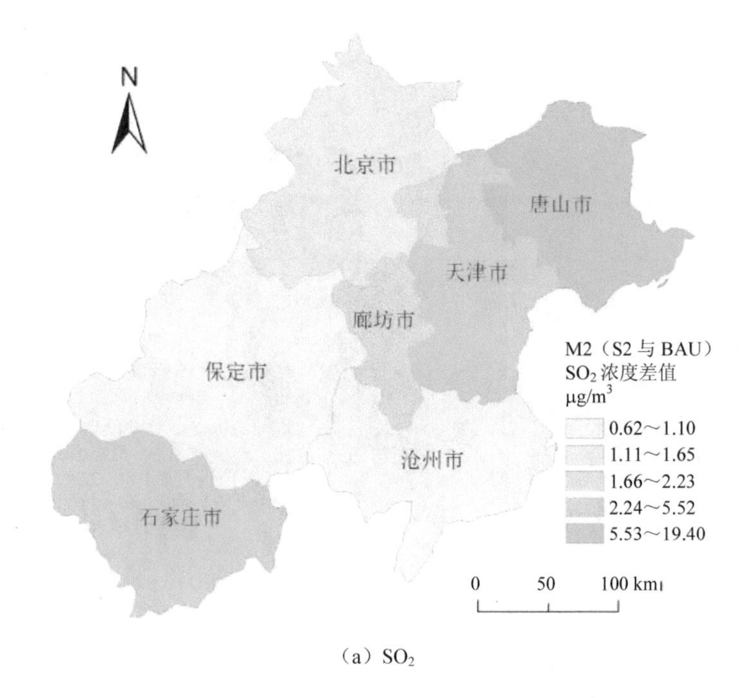

（a）SO_2

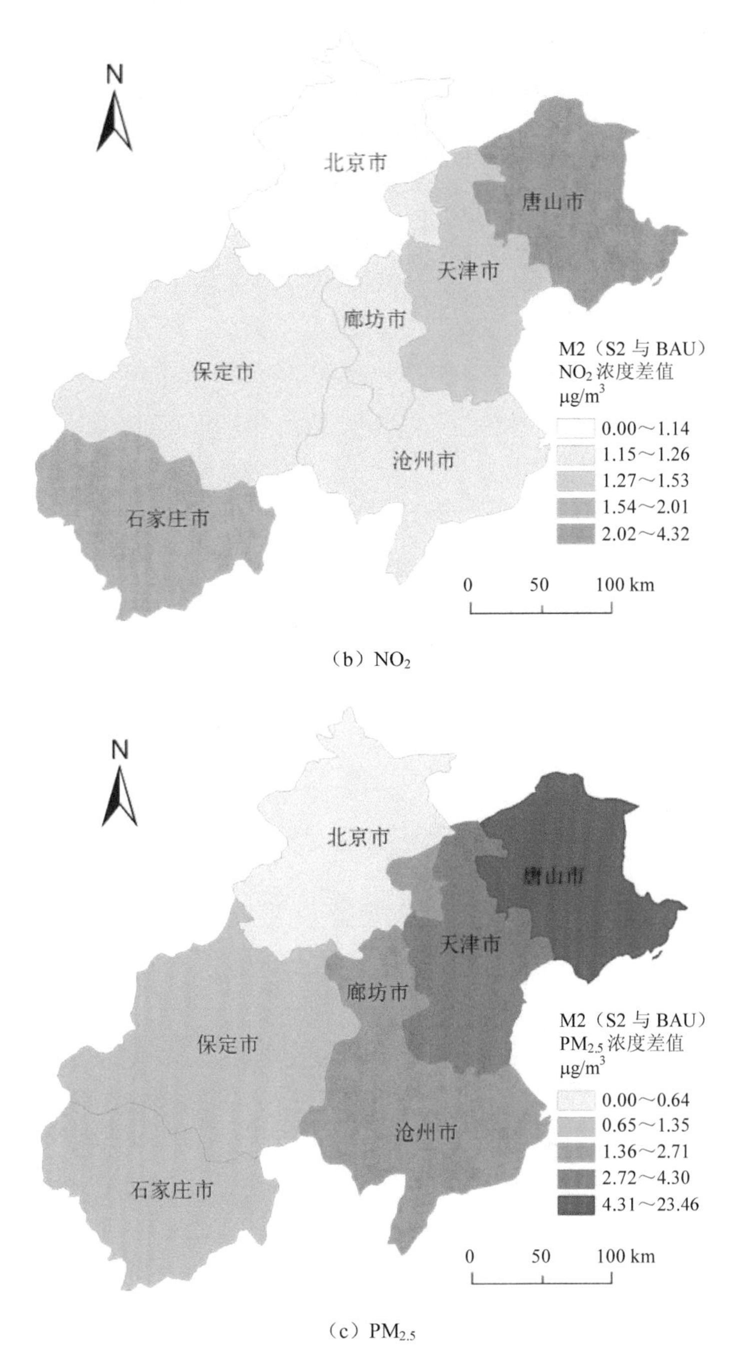

（b）NO_2

（c）$PM_{2.5}$

图 4-17　基于 M2 的北京及周边城市 SO_2、NO_2、$PM_{2.5}$ 浓度差值

如图 4-18 所示，北京及周边城市基于 M3 的 SO_2、NO_2、$PM_{2.5}$ 模拟浓度差值分别是–0.10 μg/m³、2.74 μg/m³、2.60 μg/m³。

如图 4-18（a）所示，北京、天津、石家庄、唐山、保定、沧州、廊坊等城市基于 M3 的 SO_2 浓度差值分别是–2.54 μg/m³、–6.48 μg/m³、0.33 μg/m³、10.66 μg/m³、0.28 μg/m³、–0.50 μg/m³、–2.49 μg/m³。其中，基于 M3 的 SO_2 浓度差值最高的城市是唐山市、最低的城市是天津市（负数）。

如图 4-18（b）所示，北京、天津、石家庄、唐山、保定、沧州、廊坊等城市基于 M3 的 NO_2 浓度差值分别是 1.15 μg/m³、1.36 μg/m³、1.48 μg/m³、4.80 μg/m³、1.19 μg/m³、1.21 μg/m³、1.04 μg/m³。其中，基于 M3 的 NO_2 浓度差值最高的城市是唐山市、最低的城市是廊坊市。

如图 4-18（c）所示，北京、天津、石家庄、唐山、保定、沧州、廊坊等城市基于 M3 的 $PM_{2.5}$ 浓度差值分别是 0.56 μg/m³、–0.62 μg/m³、1.08 μg/m³、14.10 μg/m³、0.71 μg/m³、1.87 μg/m³、0.53 μg/m³。其中，基于 M3 的 $PM_{2.5}$ 浓度差值最高的城市是唐山市、最低的城市是天津市（负数）。

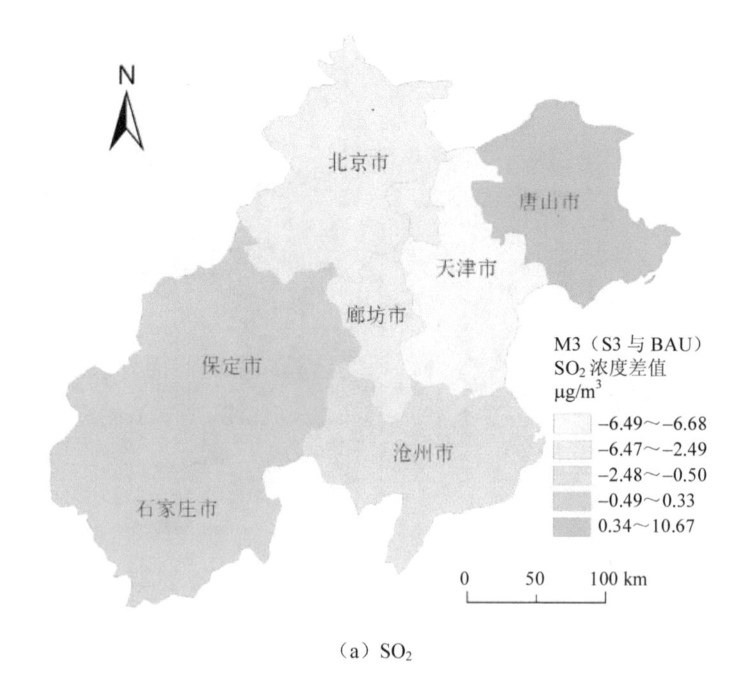

（a）SO_2

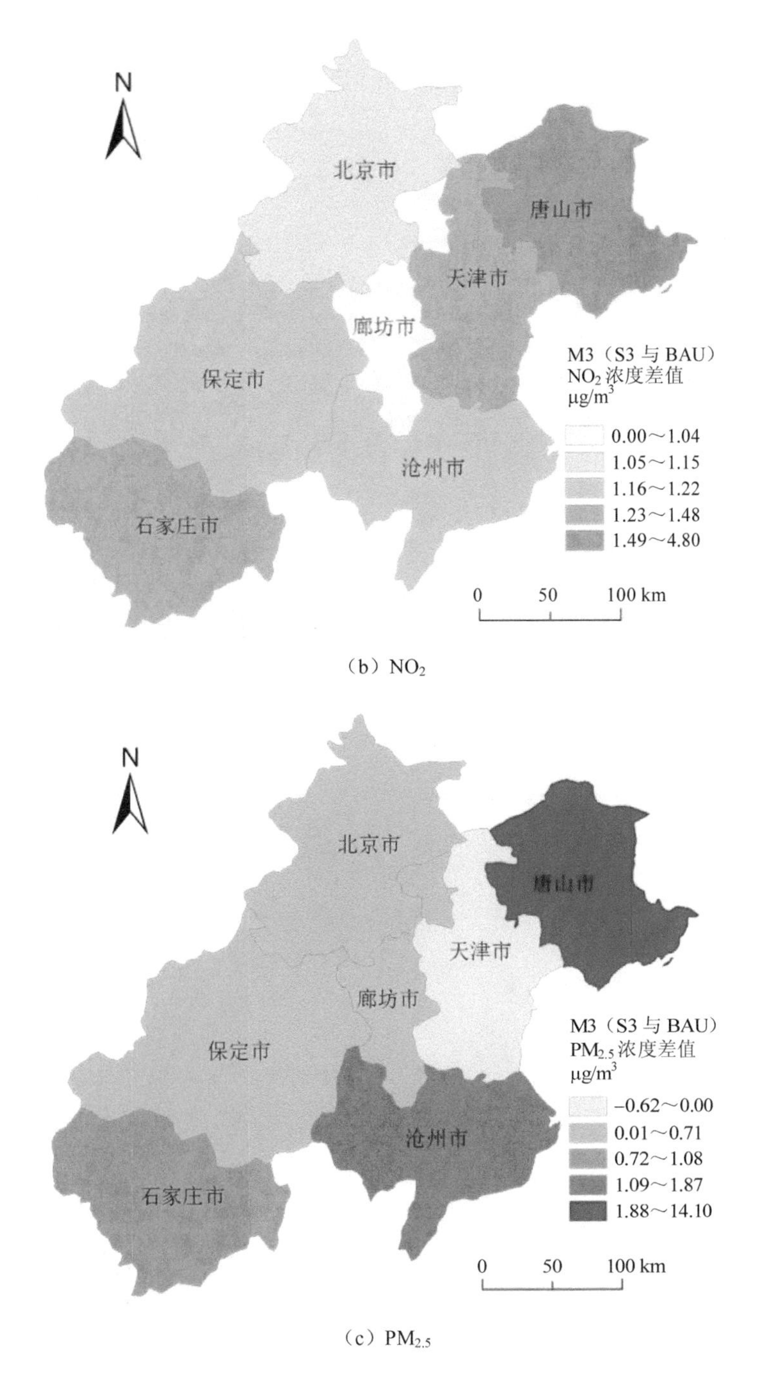

（b）NO_2

（c）$PM_{2.5}$

图 4-18　基于 M3 的北京及周边城市 SO_2、NO_2、$PM_{2.5}$ 浓度差值

4.3.4 SO_2、NO_2、$PM_{2.5}$模拟浓度差值对比

图 4-19、图 4-20、图 4-21 是将同一城市基于 S1、S2、S3 情景下的城市 SO_2、NO_2、$PM_{2.5}$模拟浓度分别与基于 BAU 情景的城市 SO_2、NO_2、$PM_{2.5}$模拟浓度的差值进行直观对比。就不同情景下城市 SO_2、NO_2、$PM_{2.5}$浓度差值而言，主要特征是北京及周边城市基于 M2、M1 的浓度差值一般大于其基于 M3 的浓度差值。基于 M1、M2、M3 的 SO_2、NO_2、$PM_{2.5}$浓度差值变化趋势大致符合基于 S1、S2、S3 与 BAU 的 SO_2、NO_x、一次 $PM_{2.5}$排放量差值变化趋势。

值得说明的是与第 4.3.3 节类似，在本节中，基于 M1、M2、M3 的 SO_2、NO_2、$PM_{2.5}$浓度差值是指分别基于 S1 与 BAU、S2 与 BAU、S3 与 BAU 的 SO_2、NO_2、$PM_{2.5}$浓度差值，实际上是基于排放标准法（M1）、标准+传输法（M2）、环境容量法（M3）对 SO_2、NO_x、一次 $PM_{2.5}$实施许可排放量分配结果后带来的浓度值变化。

图 4-19 表明，城市的 SO_2模拟浓度差值从大到小的顺序，北京、天津、石家庄、唐山、保定、沧州、廊坊等城市的模拟浓度差值顺序均为 M2、M1、M3。其中，北京、天津、沧州、廊坊等城市基于 M3 的 SO_2浓度差值为负数，即其 S3 的 SO_2浓度要高于 BAU 的 SO_2浓度。在不同城市 M1、M2、M3 的 SO_2浓度差值之间，唐山的均为最大；同时最小的分别为保定、保定、天津（负数）。

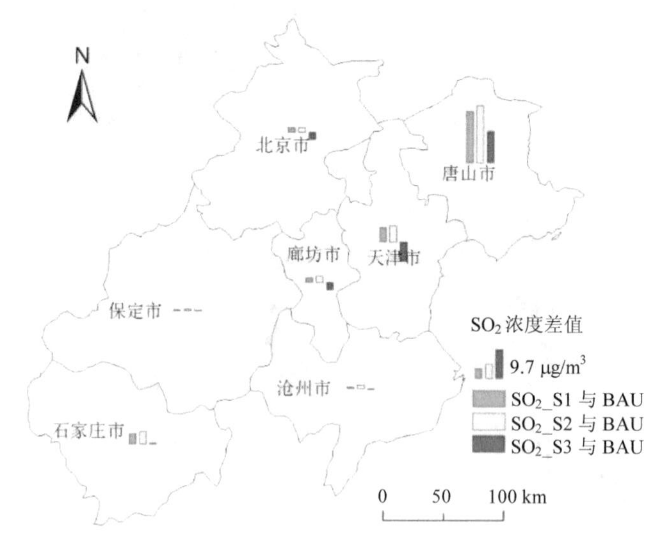

图 4-19 基于 M1、M2、M3 北京及周边城市 SO_2浓度差值对比

图 4-20 表明，城市的 NO_2 模拟浓度差值从大到小的顺序，北京、唐山的顺序为 M3、M2、M1，天津、保定、沧州的顺序为 M2、M3、M1，石家庄、廊坊的顺序为 M2、M1、M3。在不同城市 M1、M2、M3 的 NO_2 浓度差值之间，最大的均为唐山；同时最小的分别为保定、北京、廊坊。

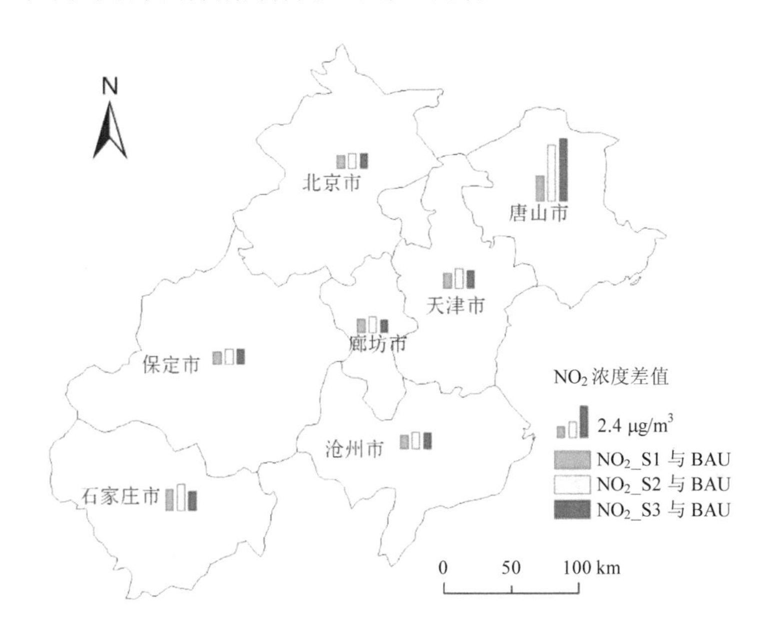

图 4-20　基于 M1、M2、M3 北京及周边城市 NO_2 浓度差值对比

图 4-21 表明，城市的 $PM_{2.5}$ 模拟浓度差值从大到小的顺序，北京、天津、石家庄、唐山、保定、沧州、廊坊等城市顺序均为 M2、M1、M3。其中，天津基于 M3 的 NO_2 浓度差值为负数，即基于 S3 的 $PM_{2.5}$ 浓度要高于基于 BAU 的 $PM_{2.5}$ 浓度。在不同城市基于 M1、M2、M3 的 $PM_{2.5}$ 浓度差值之间，最大的均为唐山；同时最小的分别为北京、北京、天津。

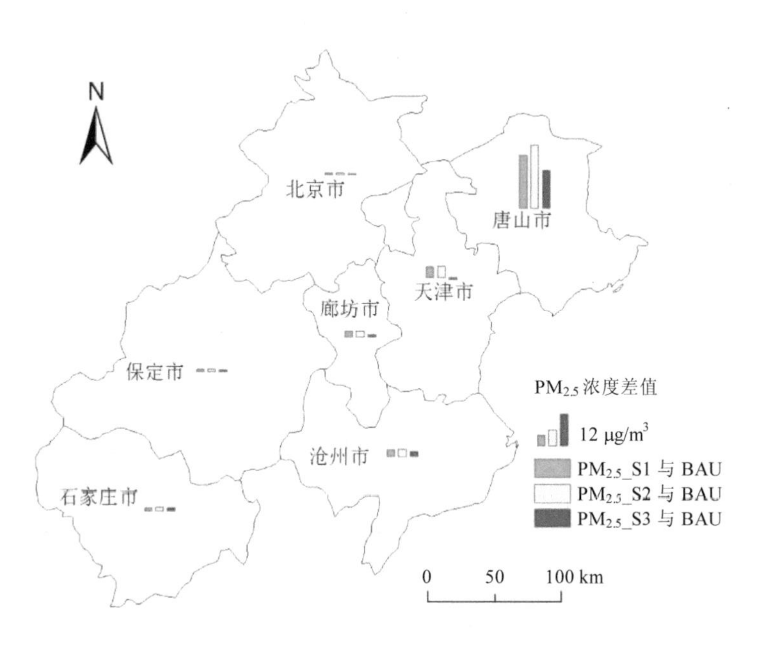

图 4-21　基于 M1、M2、M3 北京及周边城市 $PM_{2.5}$ 浓度差值对比

4.4　本章小结

本章首先基于第 3 章企业（排放口）大气污染物的实际排放量以及许可排放量的点源排放清单，结合基础排放清单，分别构建基于 BAU、S1、S2、S3 情景的排放清单；其次，在北京及周边城市研究区域，选定 WRF-CMAQ 模型的模拟区域以及三层嵌套网格区域，分别选定 WRF 和 CMAQ 模型的相关参数，构建适合于本研究的 WRF-CMAQ 模型；再次，将北京、天津、石家庄、唐山、保定、沧州、廊坊等城市 SO_2、NO_2、$PM_{2.5}$ 监测数据与 WRF-CMAQ 模型模拟浓度进行统计分析，结果表明模拟浓度与监测浓度具有较好的相关性；最后，应用 WRF-CMAQ 模型，分别模拟得到基于 BAU、S1、S2、S3 情景的 SO_2、NO_2、$PM_{2.5}$ 浓度。主要结论如下：

（1）以基础排放清单为底部清单，分别加上 BAU、S1、S2、S3 情景的点源排放清单，以北京及周边城市为核心模拟区域，选定 WRF-CMAQ 模型的相关参数，构建适合于本研究的经过验证的三层嵌套网格的 WRF-CMAQ 模型。

（2）北京及周边城市 2015 年 1 月、4 月、7 月、10 月的主导风向分别为西南风和西风、西风和西北风、西南风、西北风。2015 年 1 月的平均风速为 3.59 m/s；4 月的平均风速最大，为 4.41 m/s；7 月的平均风速最小，为 3.13 m/s；10 月的平均风速为 4.11 m/s。

（3）基于 BAU 情景（城市排放清单），北京及周边城市 SO_2、NO_2、$PM_{2.5}$ 的模拟浓度分别是 34.80 μg/m^3、52.24 μg/m^3、66.51 μg/m^3。基于 S1 情景（排放标准法），北京及周边城市 SO_2、NO_2、$PM_{2.5}$ 的模拟浓度分别是 30.53 μg/m^3、49.98 μg/m^3、62.15 μg/m^3。基于 S2 情景（标准+传输法），北京及周边城市 SO_2、NO_2、$PM_{2.5}$ 的模拟浓度分别是 29.83 μg/m^3、49.43 μg/m^3、61.44 μg/m^3。基于 S3 情景（环境容量法），北京及周边城市 SO_2、NO_2、$PM_{2.5}$ 的模拟浓度分别是 34.90 μg/m^3、49.50 μg/m^3、63.91 μg/m^3。

（4）基于 M1（排放标准法），北京及周边城市 SO_2、NO_2、$PM_{2.5}$ 模拟浓度差值分别是 4.27 μg/m^3、2.26 μg/m^3、4.36 μg/m^3。基于 M2（标准+传输法），北京及周边城市 SO_2、NO_2、$PM_{2.5}$ 模拟浓度差值分别是 4.97 μg/m^3、2.81 μg/m^3、5.07 μg/m^3。基于 M3（环境容量法），北京及周边城市 SO_2、NO_2、$PM_{2.5}$ 模拟浓度差值分别是 −0.10 μg/m^3、2.74 μg/m^3、2.60 μg/m^3。

（5）北京及周边城市基于 M2、M1 的模拟浓度差值一般大于其基于 M3 的模拟浓度差值。基于 M1、M2、M3 的 SO_2、NO_2、$PM_{2.5}$ 模拟浓度差值变化趋势大致符合基于 S1、S2、S3 与 BAU 情景的 SO_2、NO_x、一次 $PM_{2.5}$ 排放量差值变化趋势。

（6）3 种分配方法的效果评估（浓度模拟）结果表明，将城市大气污染物传输矩阵、城市大气污染物环境容量引入点源尺度分配方法后，由此构建的基于排放标准法、标准+传输法、环境容量法的分配方法能够实现与生态环境质量改善的挂钩。

第 5 章 分配结果的费用效益评估

5.1 研究背景

当前，定量评估我国大气污染物浓度降低所带来的健康效益研究比较成熟（陈仁杰等，2010；黄德生等，2013；谢元博等，2014；雷宇等，2015；Zhao 等，2018；范凤岩等，2019；戴海夏等，2019）。健康效益研究在我国“大气十条”的预评估（雷宇等，2015）、完成评估（Zhang Qiang et al.，2019；Zhang Jing et al.，2019）中实现了深度的研究和应用，在我国省级（黄德生等，2013；张翔等，2019；范凤岩等，2019；Zhou et al.，2019）、城市级（盛叶文等，2017；戴海夏等，2019）等层面亦进行了大量实践。同时，企业（排放口）大气污染物排放量减排成本（费用）的定量研究亦比较成熟（於方等，2009；王金南等，2009；杨建军等，2014；王庆九等，2017；彭菲等，2018；王金南等，2018；牟雪洁等，2019）。污染物排放量减排成本是指污染物治理成本。然而，针对大量企业（排放口）大气污染物排放量变化所带来的成本变化和效益变化，当前比较缺乏相关成本模型和效益模型的定量模拟，无法实现对企业（排放口）的精细化管理评估。

在第 3 章中，企业（排放口）基于排放标准法、标准+传输法、环境容量法的大气污染物许可排放量与其城市排放清单中的污染物排放量之间存在着明显差异，必然会带来排放量差值及其对应的污染物浓度差值（见第 4 章第 4.3 节的污染物浓度差值结果）。不同的排放量差值会直接影响到企业的污染物减排成本，同时对应的污染物浓度差值会带来不同的健康效益，进而产生一个新的净效益。基于不同分配方法的大气污染物许可排放量，分别会对企业的减排成本及其健康效益带来不同影响。从落实企业（排放口）污染物许可排放量的角度出发，构建费用效益分析模型，有助于定量描述排污许可与企业减排成本及健康效益的关系。

本章内容主要是为了定量测定基于不同分配方法的企业（排放口）SO_2、NO_x、一次 $PM_{2.5}$ 许可排放量在效率方面的表现，即分配结果效率评估（污染物许可排放量分配结果对城市健康效益和减排成本的影响）。以第 4 章第 4.3 节的污染物浓度差值结果为数据基础，结合健康模型相关参数，分别构建健康效益定量评估模型；并以第 3 章第 3.3 节的污染物排放量差值结果为数据基础，结合减排成本模型相关参数，分别构建减排成本定量评估模型。通过健康效益定量评估模型和减排成本定量评估模型，分别核算得到基于排放标准法、标准+传输法、环境容量法的健康效益和减排成本。基于此结果，汇总得到基于排放标准法、标准+传输法、环境容量法的城市净效益。

5.2 数据与方法

根据排污许可证申请与核发技术规范，企业向政府部门申请大气污染物许可排放量，政府部门核发企业的大气污染物许可排放量。整个过程将直接影响企业、行业、城市、区域在未来几年大气污染物实际排放量，继而分别给政府、居民、企业、全社会带来不一样的正负影响。城市排放清单和第 3 章第 3.3 节的大气污染物许可排放量分配结果显示，大多数企业存在超标排放现象。因此按照排污许可证排放污染物，企业需要降低一定量的污染物排放量，从而会带来一定量的减排成本、污染物浓度下降值，及其健康效益。表 5-1 为大气污染物许可排放量核发过程的影响矩阵。

表 5-1　大气污染物许可排放量核发过程的影响矩阵

对象	正影响	负影响
政府	—	管理成本
居民	健康效益	—
企业	—	减排成本
全社会	健康效益	1. 管理成本 2. 减排成本

注：—表示该项目不存在影响。

不同对象拥有不一样的成本与效益。从全社会角度出发，大气污染物许可排放量核发过程所产生的成本为管理成本（政府支出）、减排成本（企业支出），其效益为健康效益（居民收益）。从政府角度来看，大气污染物许可排放量核发过程的成本为管理成本。而居民角度的大气污染物许可排放量核发过程的效益为健康效益。对企业而言，其成本为减排成本。管理成本（政府支出）的数值远小于减排成本和健康效益，不足以对减排成本和健康效益的结果计算造成显著影响（蒋洪强等，2018；Zhou et al.，2019）。因此，本研究暂不考虑政府的管理成本。

5.2.1　数据来源

基于本课题组前期研究实践和成果，结合本领域内最新研究实践和成果，本研究收集整理更新了本章所用的大量本地数据和参数，基本实现了数据和参数的本地化、及时化、专业化。

（1）企业大气污染物排放量

由第 3 章第 3.2.1 节的城市排放清单分别获得基于 BAU 的企业排放口 SO_2、NO_x、一次 $PM_{2.5}$ 排放量。从第 3 章第 3.4 节的分配结果，分别获取基于 S1、S2、S3 的企业排放口 SO_2、NO_x、一次 $PM_{2.5}$ 排放量。将基于 BAU、S1、S2、S3 的企业排放口 SO_2、NO_x、一次 $PM_{2.5}$ 排放量分别汇总至行业尺度、城市尺度的排放量。最后，分别计算得到基于 M1（排放标准法）、M2（标准+传输法）、M3（环境容量法）的 SO_2、NO_x、一次 $PM_{2.5}$ 排放量差值。

（2）城市大气污染物模拟浓度

从第 4 章第 4.3 节结果与讨论部分，取得基于 BAU、S1、S2、S3 的城市 SO_2、NO_2、$PM_{2.5}$模拟浓度，分别计算得到基于 M1（排放标准法）、M2（标准+传输法）、M3（环境容量法）的城市 SO_2、NO_2、$PM_{2.5}$模拟浓度差值。

（3）暴露-响应系数

本研究选择全因死亡（慢性效应死亡、急性效应死亡）、住院（呼吸系统疾病、心血管疾病）和慢性支气管炎作为健康终端。参考京津冀地区相关研究成果（谢旭轩，2011；黄德生等，2013；谢杨等，2016；窦妍等，2018；Zhou et al.，2019），本研究健康终端的暴露-响应系数如表 5-2 所示。

表 5-2 健康终端的暴露-响应系数

健康终端	暴露-响应系数β均值（95%置信区间）
全因死亡	
慢性效应死亡	0.002 96（0.000 76，0.005 04）
急性效应死亡	0.000 4（0.000 19，0.000 62）
住院	
呼吸系统疾病	0.001 09（0，0.002 21）
心血管疾病	0.000 68（0.000 43，0.000 93）
慢性支气管炎	0.010 09（0.003 66，0.015 59）

（4）平均损失寿命年（t）

预期寿命是指某年龄阶段的人预期能继续生存的平均年数。损失寿命年是指人的死亡年龄与社会期望寿命的差值。大气污染与呼吸系统疾病和心脑血管疾病密切相关，因此本研究着重分析呼吸系统疾病和心脑血管疾病对居民的损失寿命年的影响。根据赵越（2007）研究结果，我国因呼吸系统疾病死亡、心脏病死亡、脑血管疾病死亡的平均损失寿命年分别为 16.68 年、18.15 年和 18.03 年。同时，杨静（2019）研究成果显示，过早死亡带来的全国、北京、天津、河北的人均损失寿命年分别为 19.91 年、16.79 年、17.75 年、19.34 年。考虑到我国人均预期寿命的逐年上升（国家卫生健康委员会，2018），本研究将北京、天津、河北的平均损失寿命年分别设为17年、18年、19年。

（5）社会贴现率（r）

根据《中国统计年鉴2017》（国家统计局，2018），本研究的社会贴现率（r）取5%。

（6）人均GDP和人力资本损失

人均GDP的现值取决于城市GDP、人口数。本研究借鉴文献（Zhou et al.，2019；杨静，2019）的研究成果，基于第5.2.2节的式（5-5），结合《中国统计年鉴2017》（国家统计局，2018）、《北京统计年鉴2017》（北京市统计局，2018）、《天津统计年鉴2017》（天津市统计局，2018）和《河北经济年鉴2018》（河北省人民政府，2018），计算得到北京及周边城市的城市人均GDP和人力资本损失，其结果如表5-3所示。

表5-3　2017年北京及周边城市的城市人均GDP和人力资本损失

城市	人均GDP/（万元/人）	人力资本损失/（万元/例）
北京	12.91	230.44
天津	11.91	225.87
石家庄	5.68	113.92
唐山	8.27	165.93
保定	2.95	59.21
沧州	4.82	96.77
廊坊	6.08	121.94

（7）人均住院费用和慢性支气管炎的损失价值

根据《中国卫生健康统计年鉴2018》（国家卫生健康委员会，2018），结合文献（谢旭轩，2011；黄德生等，2013）的研究成果，计算更新了人均住院费用。根据Viscusi等（1991）的研究成果，将慢性支气管炎损失价值设置为统计生命价值（VSL）的32%。借鉴文献（谢旭轩，2011；黄德生等，2013）的研究成果，结合城市历年人均可支配收入，计算更新了北京及周边城市的统计生命价值，从而更新了慢性支气管炎损失价值。人均住院费用和慢性支气管炎损失价值见表5-4。

表 5-4　人均住院费用和慢性支气管炎损失价值

城市	住院费用/（元/例）	慢性支气管炎损失价值/（万元/例）
北京	21 867.8	105.83
天津	16 901.5	65.59
石家庄	13 377.4	40.80
唐山	9 911.3	46.79
保定	7 528.0	32.33
沧州	7 188.9	35.10
廊坊	12 413.2	45.34

（8）经济价值数据

人口数量、GDP、死亡率、住院人次、就诊人次、健康终端基准发生率和其他健康卫生数据等数据分别来自《2018 年中国卫生健康统计年鉴》（国家卫生健康委员会，2018），2013 年中国国家卫生服务调查分析报告（卫生统计与信息中心，2016），《中国统计年鉴 2017》（国家统计局，2018）、《北京统计年鉴 2017》（北京市统计局，2018）、《天津统计年鉴 2017》（天津市统计局，2018）、《河北经济年鉴 2018》（河北省人民政府，2018），以及《石家庄统计年鉴 2017》（石家庄市统计局，2018）、《唐山统计年鉴 2017》（唐山市统计局，2018）、《保定统计年鉴 2017》（保定市统计局，2018）、《沧州统计年鉴 2017》（沧州市统计局，2018）、《廊坊统计年鉴 2017》（廊坊市统计局，2018）。

（9）SO_2、NO_x、烟粉尘的单位治理成本

根据文献（於方等，2009；马国霞等，2018；彭菲等，2018）梳理得到 SO_2、NO_x 的单位治理成本。根据文献（郭高丽，2006；於方等，2009；闫家鹏，2009；杨建军等，2014；马国霞等，2018；彭菲等，2018）整理得到烟粉尘的单位治理成本。结合社会贴现率（r），经核算得到 SO_2 的单位治理成本为 1 194.89 元/t，NO_x 的单位治理成本为 3 434.18 元/t，烟粉尘的单位治理成本为 359.42 元/t。由城市排放清单的一次 $PM_{2.5}$ 排放量与烟粉尘排放量的比例关系，换算得到一次 $PM_{2.5}$ 的单位治理成本。

5.2.2 健康效益模型构建

空气污染物会诱发人体心脑血管疾病和呼吸系统疾病，进而增加人体的死亡率、患病率。评估大气污染物减排量对人体的健康效益的方法（Huang et al.，2018；Ding et al.，2019；Zhou et al.，2019；Zhang Jing et al.，2019）主要包括两个步骤：①开展环境健康风险评估，即分析估算大气污染物浓度降低值对应不同健康终端（health endpoints，HE）的健康效应变化值；②开展环境健康价值评估，即货币化评估（monetized estimation，ME）不同健康终端的健康效应变化值。

根据第 4 章基于 M1、M2、M3 的北京及周边城市 $PM_{2.5}$ 模拟浓度差值，以及本课题组前期研究实践和成果，并结合第 5.2.1 节的数据来源，本研究首先根据健康终端、暴露人口、反应系数，应用暴露-反应关系模型分别计算不同情景下大气污染物排放量控制的健康效应变化值；其次选定合适的参数，构建货币化评估模型，计算不同健康终端的效益变化值；最后，分别按城市汇总效益测算结果，估算出北京及周边城市的健康效益。

（1）环境健康风险评估方法

国内外流行病学的研究成果（Ferris et al.，1979；Schwartz，1994；Schwartz et al.，2002）证实，细颗粒物（$PM_{2.5}$）是对人体健康危害最大的空气污染物。$PM_{2.5}$ 会破坏暴露人群的呼吸系统和心血管系统，其表面可吸附重金属和微生物，能突破人体重重屏障直接渗透细胞和血液循环。因此，本研究选择 $PM_{2.5}$ 作为评价健康影响的主要污染因子。

本研究以评价大气污染物长期慢性健康效应的经济损失为主要目的，结合健康效应终端选取原则，将与大气污染相关性较强的呼吸系统疾病和心脑血管系统疾病作为健康效应终端。因此，本研究选择全因死亡、住院和因病休工作为空气污染（$PM_{2.5}$）对人体健康的影响，主要包括慢性效应死亡、急性效应死亡、呼吸系统疾病、心血管疾病、慢性支气管炎等指标（表 5-5）。

表 5-5　大气污染健康效应终端

分类	指标
全因死亡	慢性效应死亡
	急性效应死亡
住院	呼吸系统疾病
	心血管疾病
因病休工	慢性支气管炎

本研究应用基于污染物浓度水平与健康效应终端的暴露-反应关系定量分析大气污染对人体健康的影响。暴露-反应关系是指大气污染物浓度水平同暴露人口的健康效应终端之间的统计学关系，即在控制干扰因素后，通过回归分析等方法，估算污染物单位浓度变化同暴露人口的健康效应终端的相关系数β。本研究采用暴露-反应系数β 为均值。大气污染健康效应终端的相对危险度（relative risk，RR）大致符合一种污染物浓度的线性或对数线性的关系趋势，即

线性关系：

$$\mathrm{RR}=\exp\left[\beta\left(C-C_0\right)\right] \tag{5-1}$$

对数线性关系：

$$\mathrm{RR}=\exp\left[\alpha+\beta\ln\left(C\right)\right]/\exp\left[\alpha+\beta\ln\left(C_0\right)\right]=\left(C/C_0\right)\beta \tag{5-2}$$

为避免式（5-2）出现 C_0=0 的情况，在式（5-2）的分子分母上均加上 1，即

$$\mathrm{RR}=\left[\left(C+1\right)/\left(C_0+1\right)\right]\beta \tag{5-3}$$

式中：C——某种大气污染物的当前浓度水平；

C_0——某种大气污染物的基线浓度水平；

RR——大气污染条件下人群健康效应的相对危险度；

β——暴露-反应系数，表示大气污染物浓度每升高一个单位，健康效应终端的人群死亡率或患病率的升高比例，通常用% 表示。

（2）环境健康价值评估

在环境健康价值评估方法中，发达国家倾向使用支付意愿法（willingness to pay，WTP），发展中国家通常采用修正的人力资本法和疾病成本法。因此，因大气污染造成的过早死亡损失采用修正的人力资本法，其患病成本采用疾病成本法。

修正的人力资本法是指在计算污染引起早死的经济损失时，我国常应用人均GDP作为统计生命年对GDP贡献的价值。该方法对人力资本法的主要改进是，从整个社会（而非个体，不区别健康劳动力、老人、残疾人）的角度，考察人力资源要素对经济发展的贡献。污染引起的过早死亡损失了人力资源要素，从而减少了统计生命年对GDP的贡献。因此，对社会经济而言，损失一个统计生命年相当于损失一个人均GDP。修正的人力资本损失等于损失生命年的人均GDP之和。

疾病成本是指居民患病期间与患病有关的直接费用和间接费用，其中，直接费用包括就诊患者门诊、急诊、住院的诊疗费和药费，以及未就诊患者的自我诊疗和药费；间接费用包括患者休工引起的收入损失（按日人均GDP折算），以及交通和陪护费用。

人力资本损失 HC_m 的计算公式：

$$\mathrm{HC}_m = \frac{C_{\mathrm{ed}}}{P_{\mathrm{ed}}} = \sum_{i=1}^{t} \mathrm{GDP}_{\mathrm{pc}_i}^{\mathrm{pv}} = \mathrm{GDP}_{\mathrm{pc}_0} \sum_{i=1}^{t} \frac{(1+\alpha)^i}{(1+r)^i} \tag{5-4}$$

式中：C_{ed}——污染引起早死的经济损失；

P_{ed}——污染引起早死的人数；

t——污染引起早死平均损失的寿命年数；

$\mathrm{GDP}_{\mathrm{pc}_i}^{\mathrm{pv}}$——第 i 年的人均GDP现值；

$\mathrm{GDP}_{\mathrm{pc}_0}$——基准年人均GDP；

r——社会贴现率；

α——人均GDP年增长率。

其中，人均损失寿命年 t、人均GDP、社会贴现率见第5.2.1节。GDP增长率达5.88%，人口增长率达0.29%，人均GDP增长率 α 取值5.57%。社会贴现率 r 为5%。人力资本损失的计算结果见第5.2.1节。

（3）健康效益评估方法

为了评估空气污染对长期慢性健康影响所造成的经济损失，选择与空气污染（$PM_{2.5}$）密切相关的 5 个参数（与慢性影响相关的死亡、与急性影响相关的死亡、呼吸系统疾病、心血管疾病和慢性支气管炎）作为健康终端。本研究评估大气污染物浓度降低所带来的健康效益（economic cost assessment，ECa），主要由 3 部分组成：全因过早死亡（ECa1）造成的经济损失采用人力资本法进行计量；呼吸系统和心血管疾病造成的经济损失（ECa2）按疾病成本法计算；慢性支气管炎造成的经济损失（ECa3）按残疾调整生命年（患病失能法，disability adjusted life years，DALYs）进行评估（於方等，2007）。

健康效益评估计算流程：首先，根据各城市的大气环境污染水平、健康效应终端和暴露-反应关系，分别求出该城市基准情景和控制情景的健康值，得到大气污染对人体健康的危害为基准情景健康值与控制情景健康值的差值。其次，分别应用修正的人力资本法、疾病成本法、患病失能法来计算得到 ECa1、ECa2、ECa3。最后，将 ECa1、ECa2、ECa3 汇总为健康效益 ECa。

健康效益 ECa 的公式：

$$\mathrm{ECa} = \mathrm{ECa1} + \mathrm{ECa2} + \mathrm{ECa3} \tag{5-5}$$

（a）大气污染造成的全死因过早死亡经济损失（ECa1）

$$P_{\mathrm{ed}} = 10^{-5}(f_{\mathrm{p}} - f_t)\ P_{\mathrm{e}} = 10^{-5} \times ((\mathrm{RR}-1)/\mathrm{RR}) \times f_{\mathrm{p}} \times P_{\mathrm{e}} \tag{5-6}$$

$$\mathrm{ECa1} = P_{\mathrm{ed}} \times \mathrm{HC_m} = P_{\mathrm{ed}} \times \sum_{i=1}^{t} \mathrm{GDP}_{\mathrm{pc}_i}^{\mathrm{pv}} \tag{5-7}$$

式中：P_{ed}——基准情景大气污染下造成的全死因过早死亡人数，万人；

f_{p}——基准情景大气污染下全死因死亡率；

f_t——现状（控制情景）大气污染下全死因死亡率（即基准值）；

P_{e}——城市暴露人口，万人；

RR——大气污染引起的全死因死亡相对危险度；

t——大气污染引起的全死因早死的平均损失寿命年数，见第 5.2.1 节；

$\mathrm{HC_m}$——人均人力资本，万元/例；

$GDP_{pc_i}^{pv}$——第 i 年的城市人均 GDP。

（b）大气污染造成的相关疾病住院经济损失（ECa2）

$$P_{eh}=\sum_{i=1}^{n}(f_{p_i}-f_{t_i})=\sum_{i=1}^{n}f_{p_i}\times\frac{\Delta c_i\times\beta_i/100}{1+\Delta c_i\times\beta_i/100} \tag{5-8}$$

$$ECa2=P_{eh}\times(C_h+WD\times C_{wd}) \tag{5-9}$$

式中：n——大气污染相关疾病，呼吸系统疾病和心血管疾病；

f_{p_i}——现状大气污染下的住院人次，万；

β_i——回归系数，即单位污染物浓度变化引起健康危害 i 变化的百分数，%；

Δc_i——实际污染物浓度与健康危害污染物浓度阈值之差，μg/m^3；

C_h——因病住院成本，元；

WD——因病休工天数，根据 2013 年全国第 5 次卫生服务调查，因呼吸系统疾病人均休工 3 天；

C_{wd}——因病休工成本，元/d，因病休工成本＝人均 GDP/365。

（c）慢性支气管炎（chronic bronchitis）的经济损失（ECa3）

$$ECa3=P_{ed}\times CB \tag{5-10}$$

式中：CB——慢性支气管炎的损失价值，见第 5.2.1 节。

5.2.3 减排成本模型构建

企业（排放口）大气污染物许可排放量与实际排放量之间存在差值。评估企业污染物排放量减排成本的方法（於方等，2009；王金南等，2009；杨建军等，2014；王庆九等，2017；彭菲等，2018；王金南等，2018；牟雪洁等，2019）主要包括两个步骤：①开展企业污染物减排量计算，即分别计算基于不同分配方法的污染物许可排放量与实际排放量的差值；②开展企业污染物减排量货币化计算，即采用污染物单位治理成本模型货币化企业污染物减排量变化。

基于本课题组前期研究实践和成果，以及第 3 章基于城市排放清单、排放标准法、标准+传输法、环境容量法的北京及周边城市 SO_2、NO_x、一次 $PM_{2.5}$ 排放量，结合第 5.2.1 节数据来源，本研究首先根据不同来源的 SO_2、NO_x、一次 $PM_{2.5}$

排放量，分别计算不同来源的 SO_2、NO_x、一次 $PM_{2.5}$ 许可排放量与实际排放量的差值；其次选定合适的参数，构建污染物减排量货币化评估模型，计算不同污染物的减排成本变化值；最后，分别按城市汇总成本测算结果，估算出北京及周边城市的减排成本。

$$\text{Cost}_M^j = \left(E_{M_o}^j - E_M^j\right) \times U_{\text{Cost}^j} \tag{5-11}$$

$$\text{Cost}_E = \sum_{i=1}^{n}\sum_{j=1}^{3}\text{Cost}_M^{ij} \tag{5-12}$$

$$\text{Cost}_I = \sum_{m=1}^{n}\text{Cost}_E^m = \sum_{m=1}^{n}\sum_{i=1}^{n}\sum_{j=1}^{3}\text{Cost}_M^{ijm} \tag{5-13}$$

$$\text{Cost}_C = \sum_{t=1}^{n}\text{Cost}_I^t \times 10^{-9} = \sum_{t=1}^{n}\sum_{m=1}^{n}\sum_{i=1}^{n}\sum_{j=1}^{3}\text{Cost}_M^{ijmt} \times 10^{-9} \tag{5-14}$$

式中：$E_{M_o}^j$ ——企业排放口的污染物 j 实际排放量，t；

E_M^j ——企业排放口的污染物 j 分别基于不同分配方法的许可排放量，t；

U_{Cost^j} ——污染物 j 的单位治理成本，元/t；

Cost_M ——排放口 M 的污染物减排成本，元；

Cost_E ——企业 E 的污染物减排成本，元；

Cost_I ——行业 I 的污染物减排成本，元；

Cost_C ——城市 C 的污染物减排成本，亿元；

j、i、m、t——污染物种类、排放口数量、企业数量、行业数量。

5.3　结果与讨论

基于 M1（排放标准法）、M2（标准+传输法）、M3（环境容量法）等情景的城市健康效益、成本、净效益是指分别基于 S1、S2、S3 与 BAU 情景下的 $PM_{2.5}$ 模拟浓度差值以及 SO_2、NO_x、一次 $PM_{2.5}$ 排放量差值，应用健康效益模型和减排成本模型计算得到的城市健康效益、成本、净效益。图 5-1、图 5-5、图 5-7 分别为基于 M1、M2、M3 的城市健康效益、成本、净效益。

值得说明的是，在本节中，基于 M1、M2、M3 的城市健康效益是指分别基于 S1 与 BAU、S2 与 BAU、S3 与 BAU 的 $PM_{2.5}$ 模拟浓度差值，计算得到基于 M1、M2、M3 的健康效应变化值及其货币化变化值。同理可得，基于 M1、M2、M3 的城市减排成本是指分别基于 S1 与 BAU、S2 与 BAU、S3 与 BAU 的 SO_2、NO_x、一次 $PM_{2.5}$ 排放量差值的治理成本变化值。基于 M1、M2、M3 的城市净效益是指分别基于 S1 与 BAU、S2 与 BAU、S3 与 BAU 的健康效益变化值和减排成本变化值的差值。

5.3.1 健康效益

如图 5-1 所示，北京及周边城市基于 M1、M2、M3 的健康效益分别为 196.05 亿元、220.41 亿元、102.24 亿元。

如图 5-1（a）所示，北京、天津、石家庄、唐山、保定、沧州、廊坊等城市基于 M1 的健康效益分别是 14.19 亿元、46.50 亿元、6.23 亿元、111.18 亿元、4.18 亿元、8.55 亿元、5.22 亿元。其中，基于 M1 的健康效益最高的城市是唐山市、最低的城市是保定市。

如图 5-1（b）所示，北京、天津、石家庄、唐山、保定、沧州、廊坊等城市基于 M2 的健康效益分别是 14.40 亿元、49.47 亿元、7.43 亿元、129.59 亿元、4.36 亿元、9.54 亿元、5.61 亿元。其中，基于 M2 的健康效益最高的城市是唐山市、最低的城市是保定市。

如图 5-1（c）所示，北京、天津、石家庄、唐山、保定、沧州、廊坊等城市基于 M3 的健康效益分别是 12.44 亿元、−7.18 亿元、5.94 亿元、79.95 亿元、3.08 亿元、6.59 亿元、1.43 亿元。其中，基于 M3 的健康效益最高的城市是唐山市、最低的城市是天津市（为负数）。

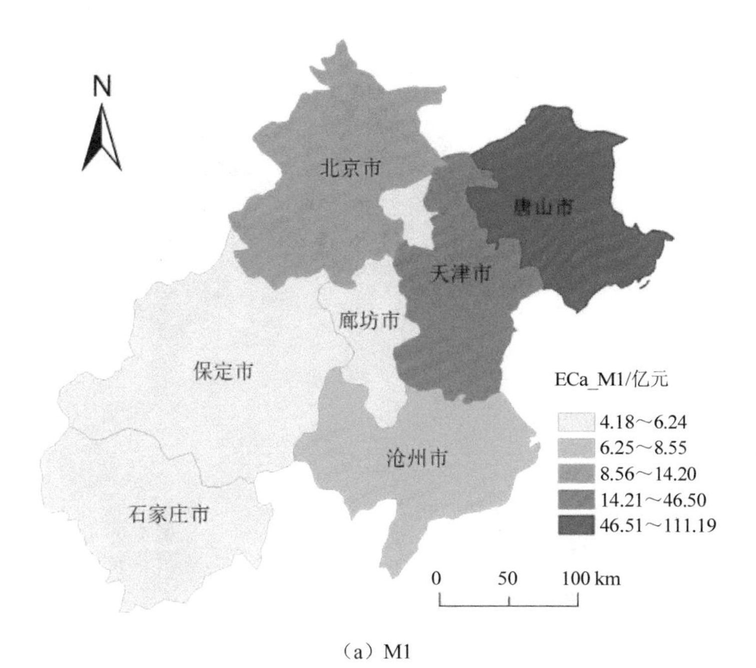
N
北京市
唐山市
天津市
廊坊市
保定市
沧州市
石家庄市
ECa_M1/亿元
4.18～6.24
6.25～8.55
8.56～14.20
14.21～46.50
46.51～111.19
0
50
100 km

（a）M1

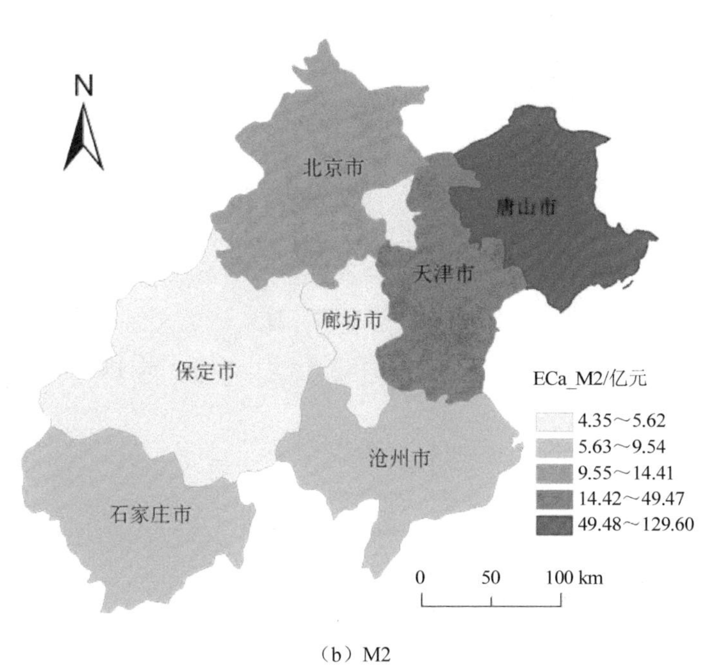
N
北京市
唐山市
天津市
廊坊市
保定市
沧州市
石家庄市
ECa_M2/亿元
4.35～5.62
5.63～9.54
9.55～14.41
14.42～49.47
49.48～129.60
0
50
100 km

（b）M2

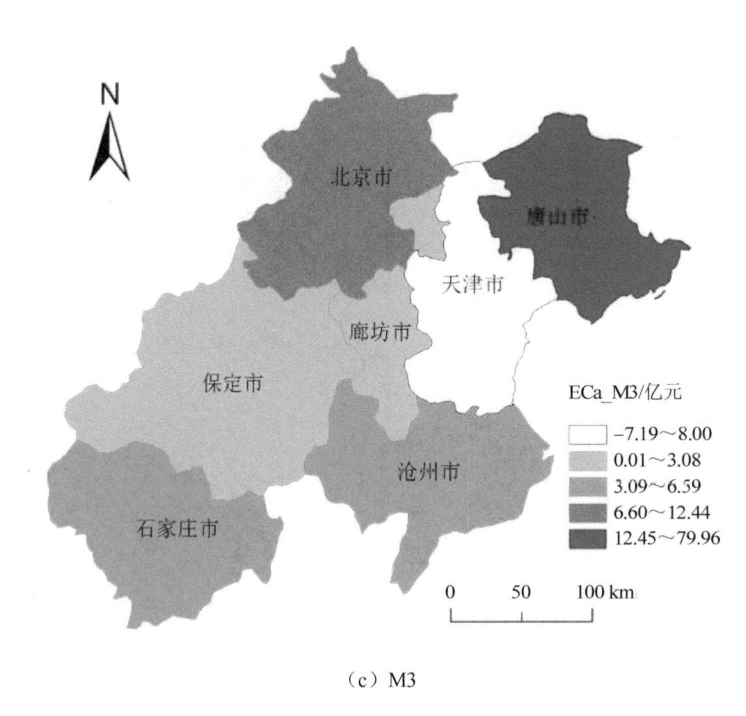

（c）M3

图 5-1　基于 M1、M2、M3 北京及周边城市健康效益（ECa）

由图 5-2 可知，将同一城市基于 M1、M2、M3 的城市 ECa 分别进行了直观对比。就不同情景下城市 ECa 来说，主要特征为：北京及周边城市基于标准+传输法（M2）＞基于排放标准法（M1）＞基于环境容量法（M3）。图 5-2 表明，在城市 ECa 从大到小的顺序，北京、天津、石家庄、唐山、保定、沧州、廊坊等城市的 ECa 顺序均为 M2、M1、M3。其中，天津基于 M3 的 ECa 为负数（天津基于 M3 的 $PM_{2.5}$ 浓度差值为负数）。

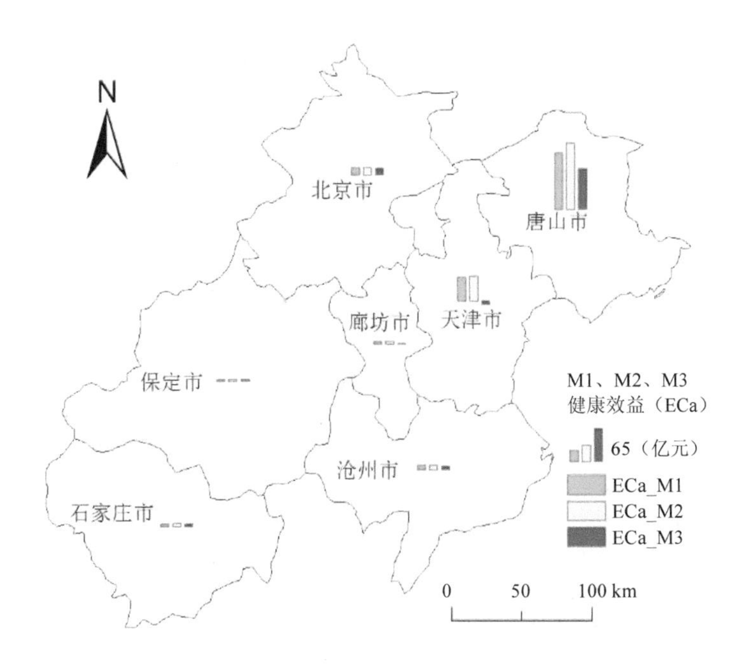

图 5-2　基于 M1、M2、M3 北京及周边城市健康效益（ECa）对比

由图 5-3 可得，将同一城市基于 M1、M2、M3 的城市 ECa1、ECa2、ECa3 分别进行直观对比。就不同情景下城市 ECa1、ECa3 来说，主要特征是：北京及周边城市基于标准+传输法（M2）＞基于排放标准法（M1）＞基于环境容量法（M3）。就不同情景下城市 ECa2 来言，主要特征是：基于排放标准法（M1）＞基于标准+传输法（M2）＞基于环境容量法（M3）。基于 M1、M2、M3 的城市 ECa1、ECa2、ECa3 变化趋势大致符合基于 S1、S2、S3 与 BAU 的 SO_2、NO_x、一次 $PM_{2.5}$ 排放量差值及其 SO_2、NO_x、$PM_{2.5}$ 浓度差值的变化趋势。基于 M1、M2、M3 的城市 ECa1、ECa2、ECa3 变化趋势大致与基于 M1、M2、M3 的城市 ECa 变化趋势一致。

图 5-3（a）表明，北京、天津、石家庄、唐山、保定、沧州、廊坊等城市基于 M1 的 ECa1 分别是 5.64 亿元、23.56 亿元、2.71 亿元、58.78 亿元、1.47 亿元、3.86 亿元、2.27 亿元。北京、天津、石家庄、唐山、保定、沧州、廊坊等城市基于 M2 的 ECa1 分别是 5.72 亿元、25.49 亿元、3.32 亿元、69.99 亿元、1.56 亿元、

4.39 亿元、2.50 亿元。北京、天津、石家庄、唐山、保定、沧州、廊坊等城市基于 M3 的 ECa1 分别是 4.94 亿元、–3.68 亿元、2.66 亿元、42.58 亿元、1.10 亿元、3.03 亿元、0.63 亿元。在城市 ECa1 从大到小的顺序方面，北京、天津、石家庄、唐山、保定、沧州、廊坊等城市 ECa1 的顺序均为 M2、M1、M3。其中，天津基于 M3 的 ECa1 为负数（天津基于 M3 的 $PM_{2.5}$ 浓度差值为负数）。

图 5-3（b）表明，北京、天津、石家庄、唐山、保定、沧州、廊坊等城市基于 M1 的 ECa2 分别是 0.79 亿元、2.70 亿元、0.62 亿元、6.05 亿元、0.32 亿元、0.51 亿元、0.44 亿元。北京、天津、石家庄、唐山、保定、沧州、廊坊等城市基于 M2 的 ECa2 分别是 0.81 亿元、2.10 亿元、0.55 亿元、5.17 亿元、0.25 亿元、0.42 亿元、0.35 亿元。北京、天津、石家庄、唐山、保定、沧州、廊坊等城市基于 M3 的 ECa2 分别是 0.70 亿元、–0.30 亿元、0.44 亿元、3.13 亿元、0.18 亿元、0.29 亿元、0.09 亿元。在城市 ECa2 从大到小的顺序方面，北京的 ECa2 的顺序为 M2、M1、M3，而天津、石家庄、唐山、保定、沧州、廊坊等城市的 ECa2 的顺序均为 M1、M2、M3。其中，天津基于 M3 的 ECa2 为负数（天津基于 M3 的 $PM_{2.5}$ 浓度差值为负数）。

图 5-3（c）表明，北京、天津、石家庄、唐山、保定、沧州、廊坊等城市基于 M1 的 ECa3 分别是 7.76 亿元、20.24 亿元、2.90 亿元、46.35 亿元、2.39 亿元、4.17 亿元、2.51 亿元。北京、天津、石家庄、唐山、保定、沧州、廊坊等城市基于 M2 的 ECa3 分别是 7.88 亿元、21.88 亿元、3.56 亿元、54.43 亿元、2.55 亿元、4.73 亿元、2.77 亿元。北京、天津、石家庄、唐山、保定、沧州、廊坊等城市基于 M3 的 ECa3 分别是 6.80 亿元、–3.20 亿元、2.85 亿元、34.24 亿元、1.80 亿元、3.27 亿元、0.70 亿元。在城市 ECa3 从大到小的顺序方面，北京、天津、石家庄、唐山、保定、沧州、廊坊的 ECa3 顺序均为 M2、M1、M3。其中，天津基于 M3 的 ECa3 为负数（天津基于 M3 的 $PM_{2.5}$ 浓度差值为负数）。

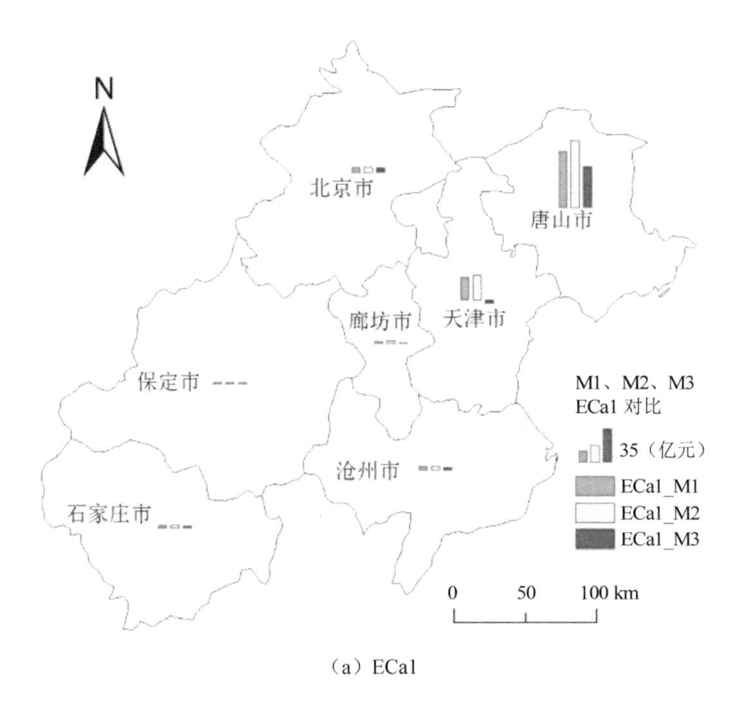
N
北京市
唐山市
天津市
廊坊市
保定市
沧州市
石家庄市
M1、M2、M3
ECa1 对比
35（亿元）
ECa1_M1
ECa1_M2
ECa1_M3
0
50
100 km

（a）ECa1

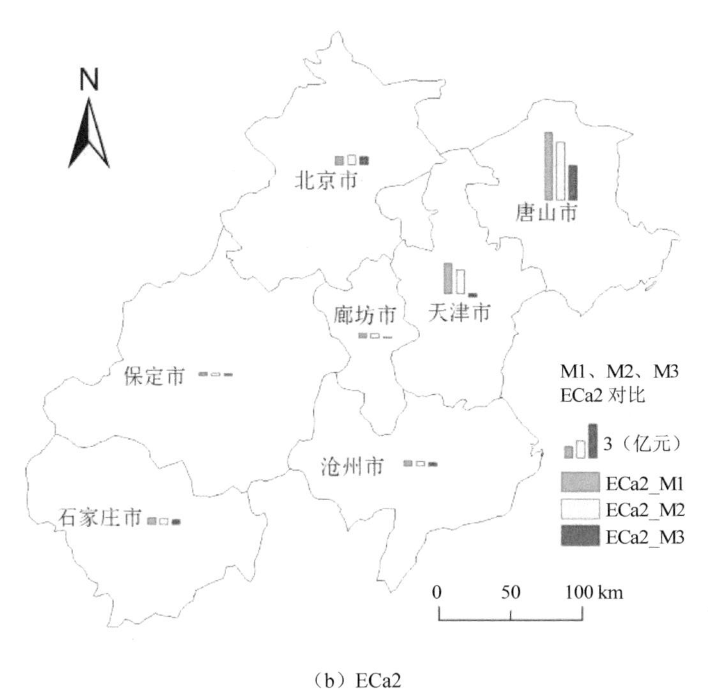
N
北京市
唐山市
天津市
廊坊市
保定市
沧州市
石家庄市
M1、M2、M3
ECa2 对比
3（亿元）
ECa2_M1
ECa2_M2
ECa2_M3
0
50
100 km

（b）ECa2

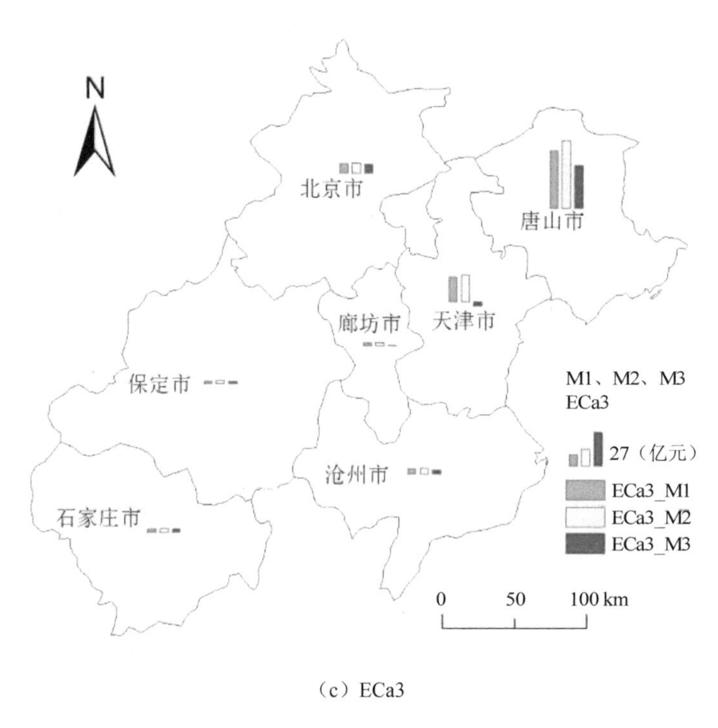

（c）ECa3

图 5-3　基于 M1、M2、M3 的 ECa1、ECa2、ECa3 对比

由图 5-4 可知，将同一城市分别基于 M1、M2、M3 的城市 ECa1、ECa2、ECa3 进行饼图式比重对比。图 5-4（a）表明，基于 M1 的城市 ECa1、ECa3 的比重远大于 ECa2 的比重，其中北京、石家庄、保定、沧州、廊坊等城市 ECa1＞ECa3＞ECa2，天津、唐山等城市 ECa3＞ECa1＞ECa2。图 5-4（b）表明，基于 M2 城市 ECa1、ECa3 的比重远大于 ECa2 的比重，其中北京、石家庄、保定、沧州、廊坊等城市 ECa1＞ECa3＞ECa2，天津、唐山等城市 ECa3＞ECa1＞ECa2。图 5-4（c）表明，基于 M3 城市 ECa1、ECa3 的比重远大于 ECa2 的比重，其中北京、石家庄、保定、沧州、廊坊等城市 ECa1＞ECa3＞ECa2，天津、唐山等城市 ECa3＞ECa1＞ECa2，天津基于 M3 的 ECa1、ECa2、ECa3 均为负值。

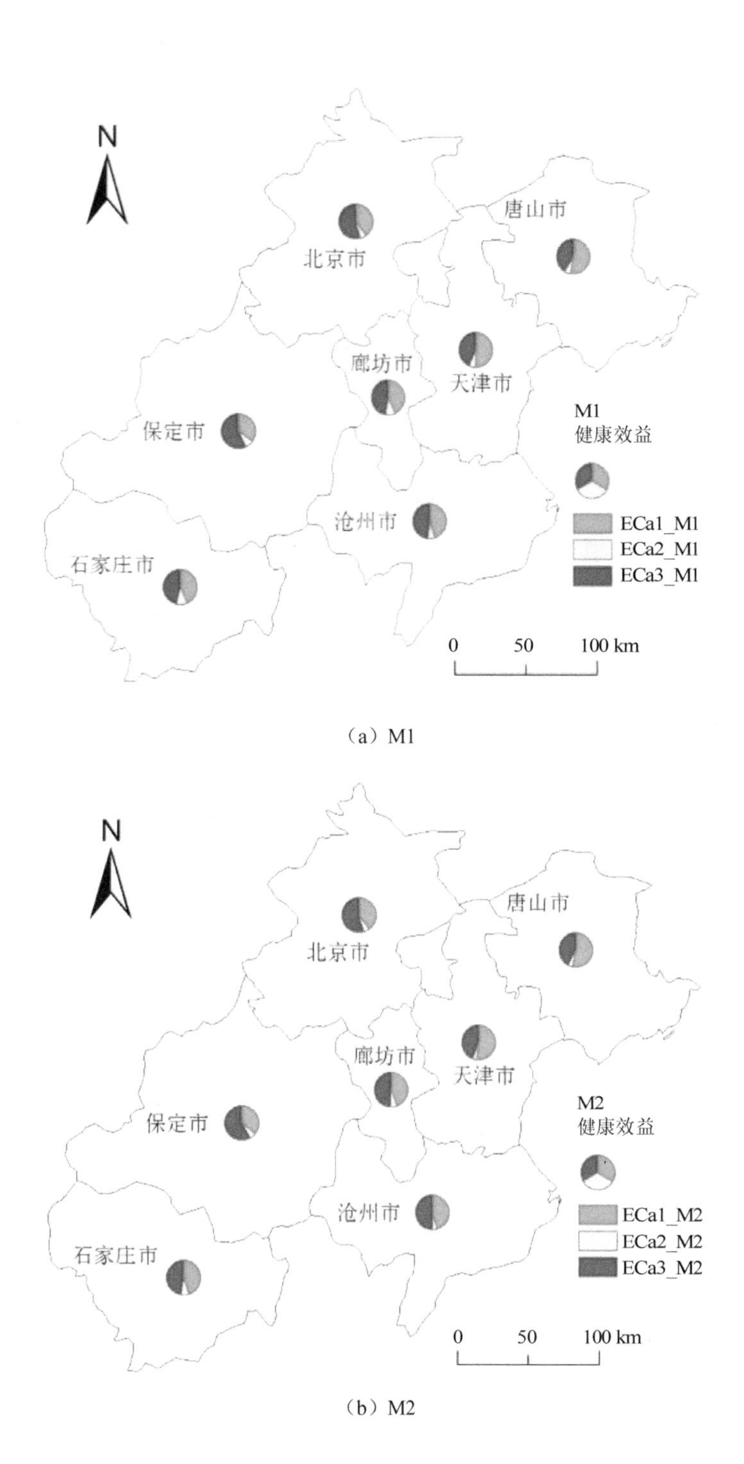
N
唐山市
北京市
廊坊市
天津市
保定市
沧州市
石家庄市
M1
健康效益
ECa1_M1
ECa2_M1
ECa3_M1
0
50
100 km
N
唐山市
北京市
廊坊市
天津市
保定市
沧州市
石家庄市
M2
健康效益
ECa1_M2
ECa2_M2
ECa3_M2
0
50
100 km

（a）M1

（b）M2

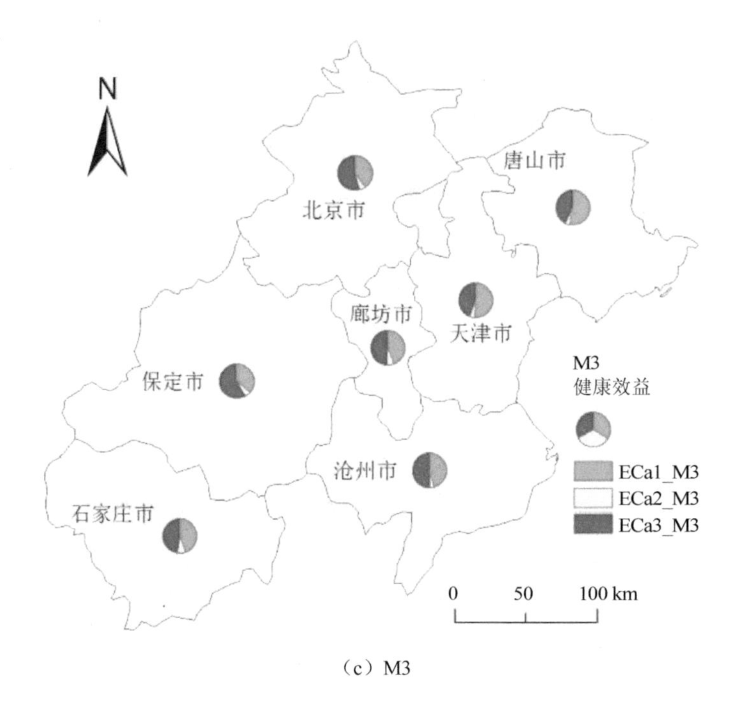

（c）M3

图 5-4　北京及周边城市基于 M1、M2、M3 的 ECa1、ECa2、ECa3 比重

5.3.2　减排成本

如图 5-5 所示，北京及周边城市基于 M1、M2、M3 的减排成本分别为 4.85 亿元、8.17 亿元、5.09 亿元。

如图 5-5（a）所示，北京、天津、石家庄、唐山、保定、沧州、廊坊等城市基于 M1 的减排成本分别是 0.20 亿元、0.58 亿元、0.96 亿元、2.51 亿元、0.12 亿元、0.21 亿元、0.29 亿元。其中，基于 M1 减排成本最高的城市是唐山市、最低的城市是保定市。

如图 5-5（b）所示，北京、天津、石家庄、唐山、保定、沧州、廊坊等城市基于 M2 的减排成本分别是 0.32 亿元、0.98 亿元、1.30 亿元、4.20 亿元、0.34 亿元、0.49 亿元、0.54 亿元。其中，基于 M2 减排成本最高的城市是唐山市、最低的城市是北京市。

如图 5-5（c）所示，北京、天津、石家庄、唐山、保定、沧州、廊坊等城市基于 M3 减排成本分别是 0.13 亿元、0.10 亿元、0.62 亿元、3.56 亿元、0.30 亿元、0.36 亿元、0.01 亿元。其中，基于 M3 减排成本最高的城市是唐山市、最低的城市是廊坊市。

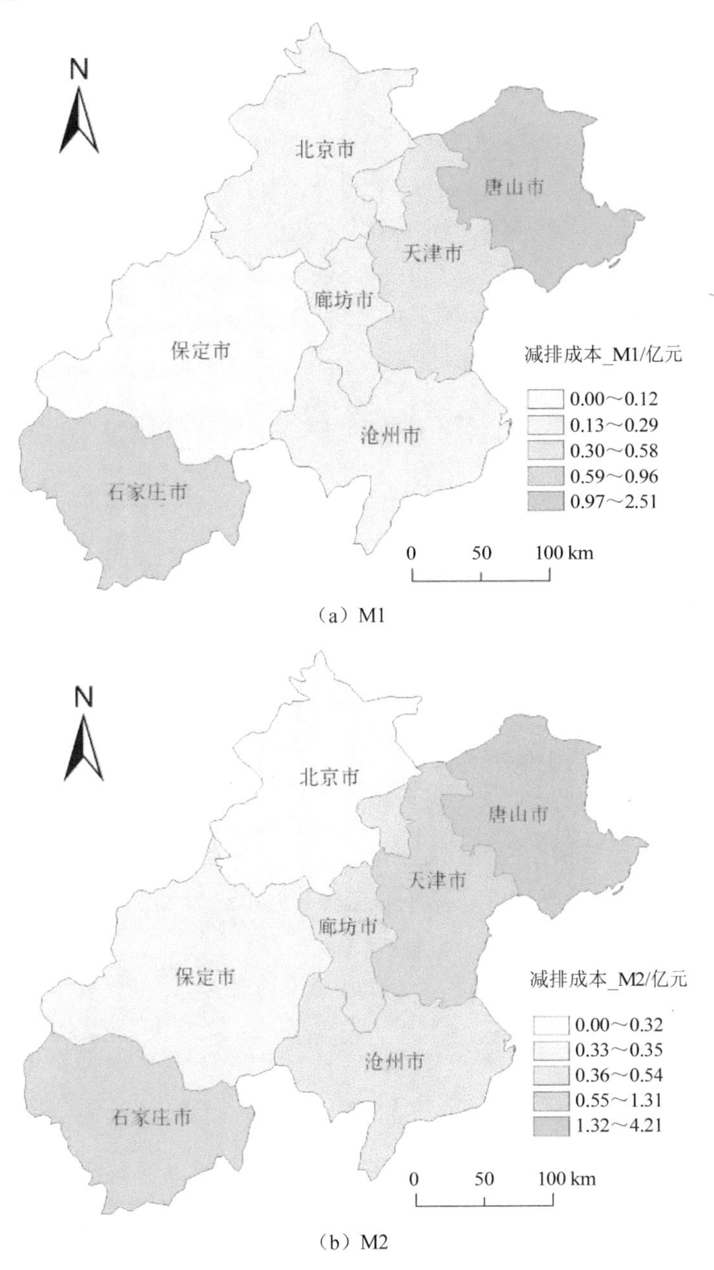

（a）M1

（b）M2

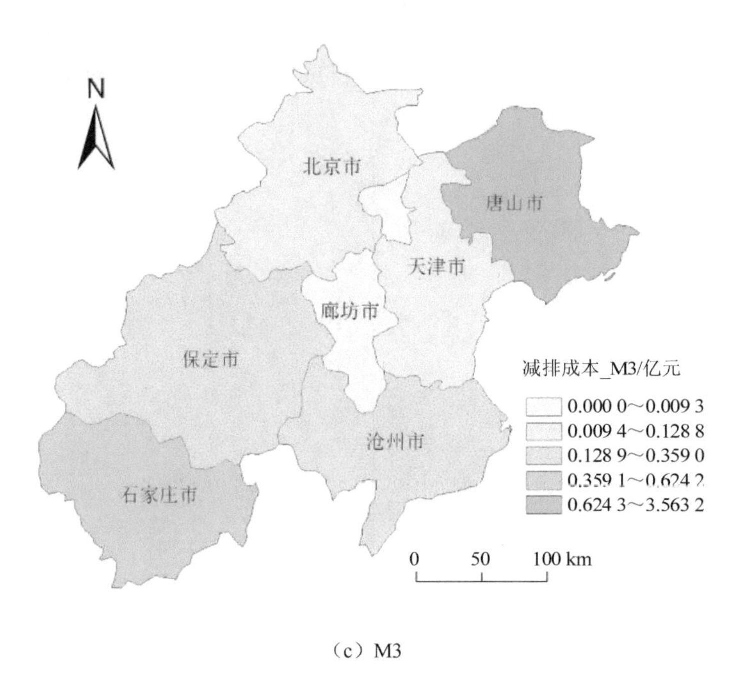

（c）M3

图 5-5　基于 M1、M2、M3 的北京及周边城市减排成本（Cost）

由图 5-6 可知，将同一城市基于 M1、M2、M3 的城市减排成本分别进行直观对比。就不同情景下城市的减排成本来说，主要特征是：北京及周边城市基于标准+传输法（M2）＞基于排放标准法（M1）＞基于环境容量法（M3）。基于 M1、M2、M3 的城市减排成本变化趋势大致与基于 S1、S2、S3 与 BAU 的城市 SO_2、NO_x、一次 $PM_{2.5}$ 排放量差值变化趋势一致。图 5-6 表明，在城市减排成本从大到小的顺序方面，北京、天津、石家庄、廊坊等城市均为 M2、M1、M3，唐山、保定、沧州等城市均为 M2、M3、M1。

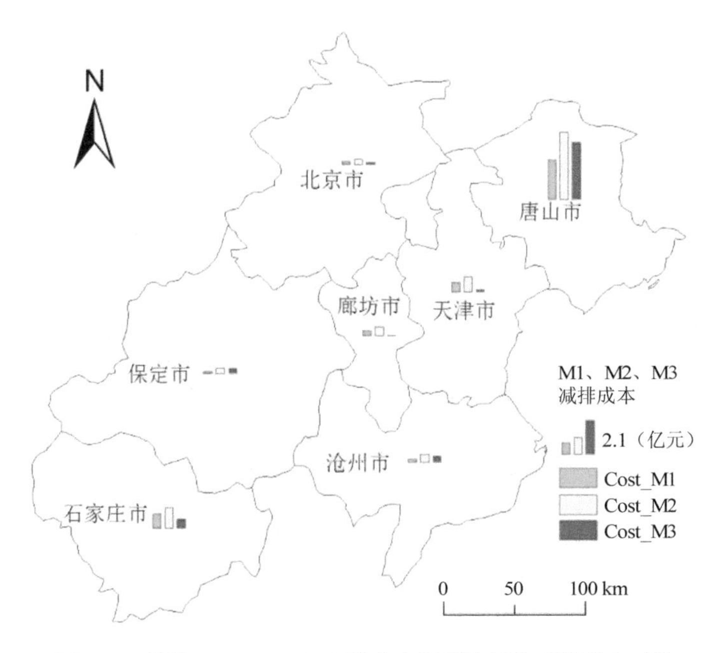

图 5-6　基于 M1、M2、M3 的北京及周边城市减排成本对比

5.3.3　净效益

如图 5-7 所示，北京及周边城市基于 M1、M2、M3 的净效益分别为 191.20 亿元、212.23 亿元、97.15 亿元。

如图 5-7（a）所示，北京、天津、石家庄、唐山、保定、沧州、廊坊等城市基于 M1 的净效益分别是 14.00 亿元、45.92 亿元、5.27 亿元、108.68 亿元、4.07 亿元、8.34 亿元、4.93 亿元。其中，基于 M1 净效益最高的城市是唐山市、最低的城市是保定市。

如图 5-7（b）所示，北京、天津、石家庄、唐山、保定、沧州、廊坊等城市基于 M2 净效益分别是 14.09 亿元、48.49 亿元、6.13 亿元、125.39 亿元、4.01 亿元、9.05 亿元、5.08 亿元。其中，基于 M2 净效益最高的城市是唐山市、最低的城市是保定市。

如图 5-7（c）所示，北京、天津、石家庄、唐山、保定、沧州、廊坊等城市基于 M3 净效益分别是 12.31 亿元、−7.28 亿元、5.32 亿元、76.39 亿元、2.77 亿元、6.23 亿元、1.42 亿元。其中，基于 M3 净效益最高的城市是唐山市、最低的城市是天津市（为负数）。

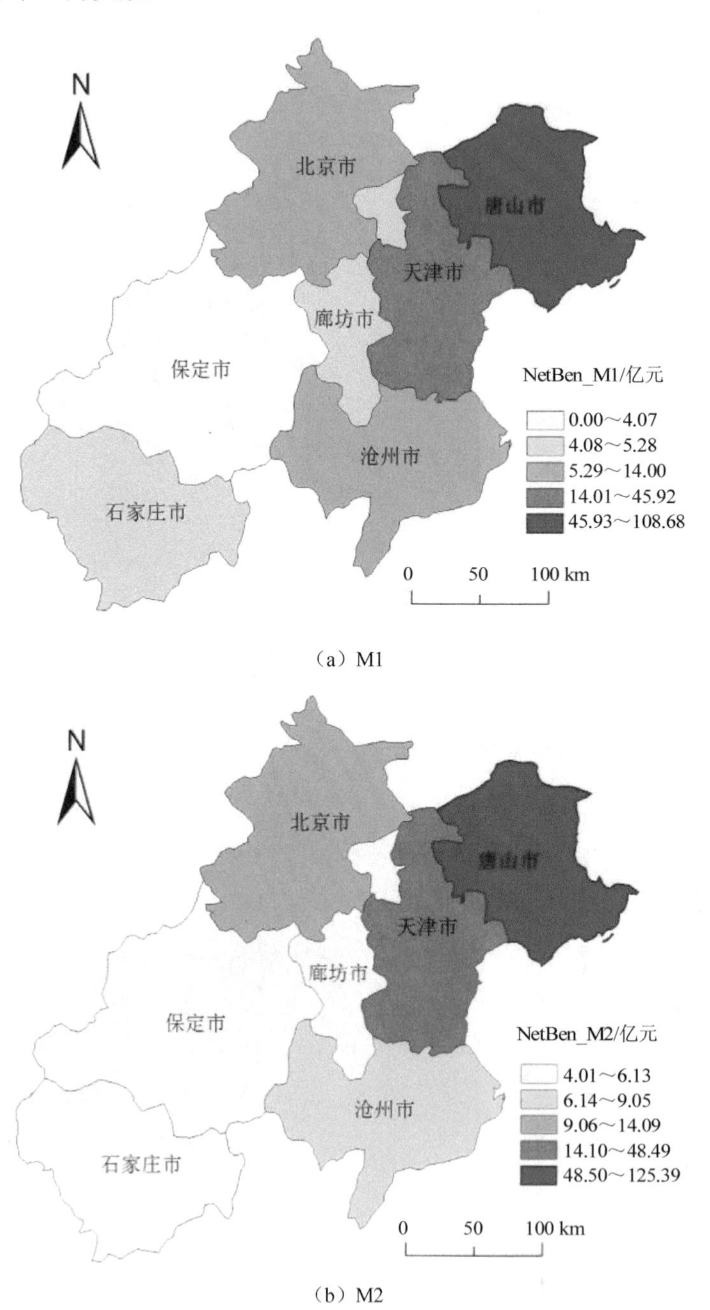

（a）M1

（b）M2

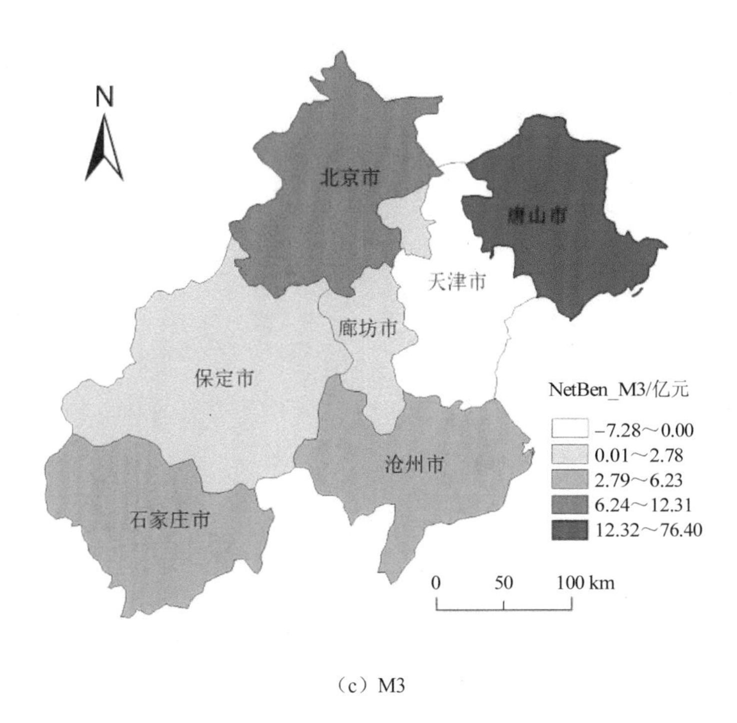

（c）M3

图 5-7　基于 M1、M2、M3 的北京及周边城市净效益

由图 5-8 可知，将同一城市基于 M1、M2、M3 的城市净效益（Net Benefit）分别进行直观对比。就不同情景下城市净效益来说，主要特征是：北京及周边城市基于标准+传输法（M2）＞基于排放标准法（M1）＞基于环境容量法（M3）。基于 M1、M2、M3 的城市净效益变化趋势大致与基于 M1、M2、M3 的城市健康效益变化趋势一致，说明其健康效益远大于其成本。图 5-8 表明，在城市的净效益从大到小的顺序方面，北京、天津、唐山、保定、沧州、廊坊等城市均为 M2、M1、M3，而石家庄为 M2、M3、M1。

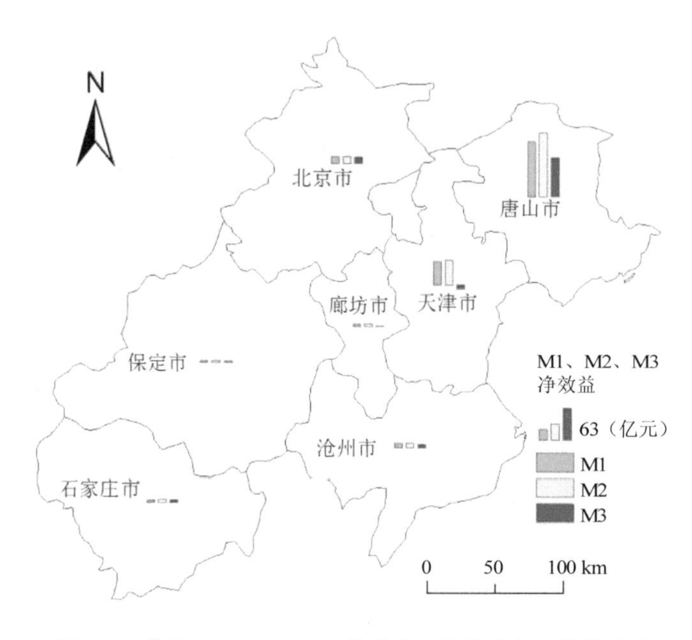

图 5-8 基于 M1、M2、M3 的北京及周边城市净效益对比

由图 5-9 可知，将同一城市基于 M1、M2、M3 的效益成本比率（benefit cost ratio，BCR）分别进行直观对比。就不同情景下城市 BCR 来说，主要特征是北京及周边城市基于标准+传输法（M2）＞基于排放标准法（M1）＞基于环境容量法（M3）。基于 M1、M2、M3 城市 BCR 变化趋势大致与基于 M1、M2、M3 城市健康效益的变化趋势一致，说明其健康效益远大于减排成本。图 5-9 表明，在城市 BCR 从大到小的顺序方面，北京、天津、唐山、保定、沧州、廊坊等城市均为 M2、M1、M3，而石家庄为 M2、M3、M1。

如图 5-9（a）所示，北京、天津、石家庄、唐山、保定、沧州、廊坊等城市基于 M1 的 BCR 分别是 72.51、80.47、6.51、44.35、35.39、41.56、18.24。其中，基于 M1 BCR 最高的城市是天津市、最低的城市是石家庄市。

如图 5-9（b）所示，北京、天津、石家庄、唐山、保定、沧州、廊坊等城市基于 M2 的 BCR 分别是 45.29、50.53、5.70、30.83、12.71、19.43、10.47。其中，基于 M2 BCR 最高的城市是天津市、最低的城市是石家庄市。

如图 5-9（c）所示，北京、天津、石家庄、唐山、保定、沧州、廊坊等城市基于 M3 的 BCR 分别是 96.56、−72.79、9.52、22.44、10.15、18.35、153.41。其中，基于 M3 BCR 最高的城市是廊坊市、最低的城市是天津市（为负数）。

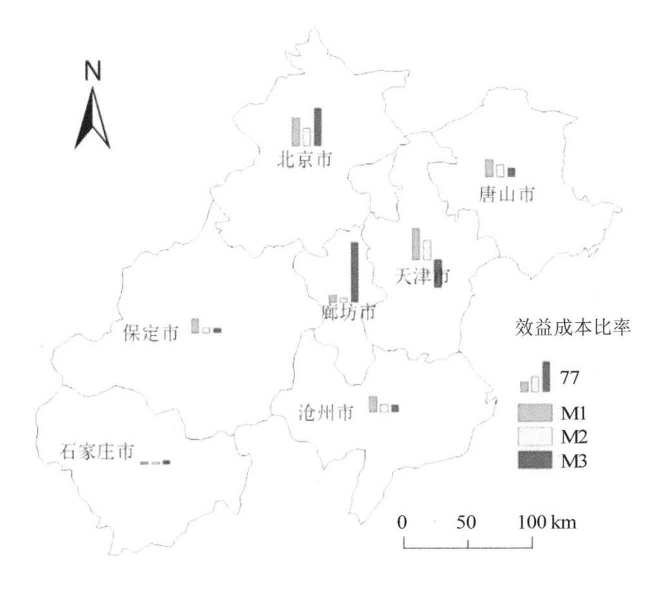

图 5-9　基于 M1、M2、M3 的北京及周边城市效益成本比率对比

5.4　本章小结

本章首先基于第 4 章 S1、S2、S3 与 BAU 情景的城市 $PM_{2.5}$ 模拟浓度差值，分别构建基于 M1、M2、M3 的健康效益评估模型；其次，根据第 3 章在 S1、S2、S3 与 BAU 情景下企业（排放口）SO_2、NO_x、一次 $PM_{2.5}$ 排放量差值，分别构建基于 M1、M2、M3 的减排成本评估模型；再次，应用健康效益评估模型和减排成本评估模型，分别计算得到基于 M1、M2、M3 的城市健康效益和减排成本；最后，分别模拟得到基于 M1、M2、M3 的净效益。主要结论如下：

（1）基于第 4 章的 BAU、S1、S2、S3 中北京及周边城市的 $PM_{2.5}$ 浓度模拟值，并结合第 5.2.1 节的数据来源（健康终端、暴露人口、反应系数、货币化参数），选定合适的参数，本研究分别构建环境风险评估模型和货币化评估模型，从而构建了适合于本研究的健康效益评估模型。

（2）基于第 3 章的城市排放清单、排放标准法、标准+传输法、环境容量法北京及周边城市 SO_2、NO_x、一次 $PM_{2.5}$ 的排放量，并结合第 5.2.1 节的数据来源，选定合适的参数，本研究构建了污染物减排量货币化评估模型。

（3）基于 M1、M2、M3 北京及周边城市的健康效益分别为 196.05 亿元、220.41 亿元、102.24 亿元。基于 M1、M2、M3 北京及周边城市的减排成本分别为 4.85 亿元、8.17 亿元、5.09 亿元。基于 M1、M2、M3 北京及周边城市的净效益分别为 191.20 亿元、212.23 亿元、97.15 亿元。

（4）就不同情景下城市健康效益（ECa）来说，主要特征是：北京及周边城市基于标准+传输法（M2）＞基于排放标准法（M1）＞基于环境容量法（M3）。就不同情景下城市 ECa1、ECa3 来说，主要特征是：北京及周边城市基于标准+传输法（M2）＞基于排放标准法（M1）＞基于环境容量法（M3）。就不同情景下城市 ECa2 来言，主要特征是：基于排放标准法（M1）＞基于标准+传输法（M2）＞基于环境容量法（M3）。基于 M1、M2、M3 的城市 ECa1、ECa2、ECa3 变化趋势大致符合基于 S1、S2、S3 与 BAU 的 SO_2、NO_x、一次 $PM_{2.5}$ 排放量差值及其 SO_2、NO_x、$PM_{2.5}$ 浓度差值的变化趋势。基于 M1、M2、M3 的城市 ECa1、ECa2、ECa3 变化趋势大致与基于 M1、M2、M3 的城市 ECa 变化趋势一致。

（5）就不同情景下城市减排成本来说，主要特征是：北京及周边城市基于标准+传输法（M2）＞基于排放标准法（M1）＞基于环境容量法（M3）。基于 M1、M2、M3 的城市减排成本变化趋势大致与基于 S1、S2、S3 与 BAU 的城市 SO_2、NO_x、一次 $PM_{2.5}$ 排放量差值变化趋势一致。

（6）就不同情景下城市净效益来说，主要特征是北京及周边城市基于标准+传输法（M2）＞基于排放标准法（M1）＞基于环境容量法（M3）。基于 M1、M2、M3 的城市净效益变化趋势大致与基于 M1、M2、M3 的城市健康效益变化趋势一致，说明健康效益远大于减排成本。

第 6 章

分配结果的公平性评估

6.1 研究背景

当前，通过环境基尼系数法和绿色贡献系数法来定量评估大气污染物排放量差异对公平性影响的研究比较成熟（王金南等，2006；王丽琼，2008；刘蓓蓓等，2009；刘奇等，2016；王冰等，2018；徐梦鸿，2019；Wu et al.，2019）。然而，当前针对大量企业（排放口）的大气污染物排放量变化所带来的污染物许可排放量差异的研究，比较缺乏相关公平性影响的定量模拟，无法评估分配方法及其分配结果对城市公平性的影响。

在第 3 章中，城市、行业、企业（排放口）基于排放标准法、标准+传输法、环境容量法的大气污染物许可排放量与其排放清单的实际排放量之间存在着明显差异（见第 3 章第 3.3 节）。基于不同来源的大气污染物许可排放量，分别会对城市的公平性带来不同影响。从落实企业（排放口）许可排放量的角度出发，构建环境基尼系数模型和绿色贡献系数模型，有助于定量描述排污许可与公平性的关系。

本章主要是定量测定基于不同分配方法的企业（排放口）SO_2、NO_x、一次 $PM_{2.5}$ 的许可排放量在公平性方面的表现，即分配结果公平评估（污染物许可排放量分配结果对城市公平性的影响），以第 3 章第 3.3 节的城市 5 工业 SO_2、NO_x、一次 $PM_{2.5}$ 许可排放量和实际排放量以及城市排放清单中的其他工业行业的污

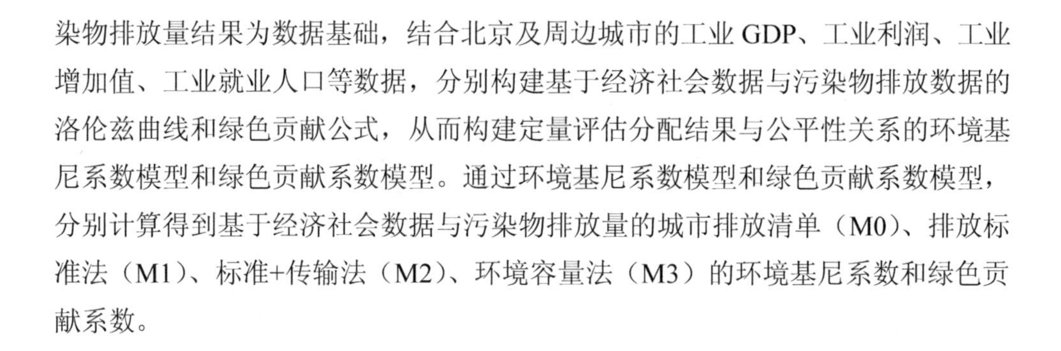

染物排放量结果为数据基础，结合北京及周边城市的工业 GDP、工业利润、工业增加值、工业就业人口等数据，分别构建基于经济社会数据与污染物排放数据的洛伦兹曲线和绿色贡献公式，从而构建定量评估分配结果与公平性关系的环境基尼系数模型和绿色贡献系数模型。通过环境基尼系数模型和绿色贡献系数模型，分别计算得到基于经济社会数据与污染物排放量的城市排放清单（M0）、排放标准法（M1）、标准+传输法（M2）、环境容量法（M3）的环境基尼系数和绿色贡献系数。

6.2 数据与方法

6.2.1 数据来源

（1）企业大气污染物排放量

从第 3 章 3.3 节的分配结果中，分别获取基于排放标准法、标准+传输法、环境容量法的 5 工业企业排放口 SO_2、NO_x、一次 $PM_{2.5}$ 的排放量。将基于排放标准法、标准+传输法、环境容量法的企业排放口 SO_2、NO_x、一次 $PM_{2.5}$ 排放量分别汇总至行业尺度、城市尺度的 SO_2、NO_x、一次 $PM_{2.5}$ 排放量。

由第 3 章 3.1 节的研究背景，分别取得城市排放清单的 5 工业企业排放口 SO_2、NO_x、一次 $PM_{2.5}$ 的排放量。将基于城市排放清单的企业排放口 SO_2、NO_x、一次 $PM_{2.5}$ 排放量分别汇总至行业尺度、城市尺度的 SO_2、NO_x、一次 $PM_{2.5}$ 排放量。

从城市排放清单中，分别获取城市排放清单除 5 工业外的其他工业行业的企业排放口 SO_2、NO_x、一次 $PM_{2.5}$ 排放量。将基于城市排放清单的其他工业行业企业排放口 SO_2、NO_x、一次 $PM_{2.5}$ 排放量分别汇总至行业尺度、城市尺度的 SO_2、NO_x、一次 $PM_{2.5}$ 排放量。

（2）工业 GDP、工业利润、工业增加值、工业就业人口

工业 GDP、工业利润、工业增加值、工业就业人口等数据分别来自《中国统计年鉴 2017》（国家统计局，2018）、《北京统计年鉴 2017》（北京市统计局，2018）、《天津统计年鉴 2017》（天津市统计局，2018）、《河北经济年鉴 2018》（河北省人

民政府，2018)，以及《石家庄统计年鉴 2017》(石家庄市统计局，2018)、《唐山统计年鉴 2017》(唐山市统计局，2018)、《保定统计年鉴 2017》(保定市统计局，2018)、《沧州统计年鉴 2017》(沧州市统计局，2018)、《廊坊统计年鉴 2017》(廊坊市统计局，2018)。

6.2.2　基于环境基尼系数法的公平性评估模型构建

基于本课题组前期研究实践和成果，结合第 6.2.1 节的数据来源，本研究首先以第 3 章 3.3 节的城市 5 工业 SO_2、NO_x、一次 $PM_{2.5}$ 许可排放量和实际排放量为数据基础，加上城市排放清单中的其他工业行业的 SO_2、NO_x、一次 $PM_{2.5}$ 排放量，分别计算得到基于排放标准法、标准+传输法、环境容量法的城市工业 SO_2、NO_x、一次 $PM_{2.5}$ 排放量；其次，梳理得到北京及周边城市的工业 GDP、工业利润、工业增加值、工业就业人口；再次，构建基于经济社会数据与污染物排放数据的洛伦兹曲线；最后，基于洛伦兹曲线，构建定量评估分配结果与公平性关系的环境基尼系数模型，计算得到北京及周边城市的环境基尼系数。

本研究以北京、天津、石家庄、唐山、保定、沧州、廊坊等 7 城市的污染物排放量占北京及周边城市的累计比例为纵坐标，以其经济社会贡献的累计比例为横坐标，按照两者的比值进行排序，并绘画北京及周边城市的洛伦兹曲线（Lorenz curve)，根据基尼系数计算方法，计算北京及周边城市的环境基尼系数。

基尼系数有多种计算方法（Allison，1978；Milanovic，1997；叶礼奇，2003；Dreznera et al.，2009；彭妮娅，2013)。本研究环境基尼系数（environmental Gini coefficient，EGC）的计算采用梯形面积法（叶礼奇，2003；王金南等，2006；刘蓓蓓等，2009；王冰等，2018)。

环境基尼系数法公式：

$$\mathrm{EGC}=1-\sum_{i=1}^{n}(X_i-X_{i-1})\times(Y_i+Y_{i-1}) \tag{6-1}$$

式中：X_i——经济社会贡献的累计百分比；

Y_i——污染物排放量的累计百分比；

当 i=1，（X_{i-1}，Y_{i-1}）视为（0，0)。

借鉴反映收入分配公平性的基尼系数判定区间（Kondor，1975；Dreznera et al.，

2009），以及反映污染排放和经济社会贡献公平性的环境基尼系数判定区间（王金南等，2006；刘蓓蓓等，2009；王冰等，2018），本研究将 0.4 设定为污染排放和经济社会贡献公平性的“警戒线”。若环境基尼系数（EGC）在 0.2 以下，则表明污染物排放量分配“高度平均”或“绝对平均”；若为 0.2～0.3，则表明“相对平均”；若为 0.3～0.4，则表明“比较合理”；若为 0.4～0.5，则表明“差距偏大”；若在 0.5 以上，则表明“高度不平均”。

6.2.3 基于绿色贡献系数法的公平性评估模型构建

基于本课题组前期研究实践和成果，结合第 6.2.1 节的数据来源，本研究首先以第 3 章 3.3 节的城市 5 工业 SO_2、NO_x、一次 $PM_{2.5}$ 的许可排放量和实际排放量为数据基础，加上城市排放清单中的其他工业行业的 SO_2、NO_x、一次 $PM_{2.5}$ 的排放量，分别计算得到基于排放标准法、标准+传输法、环境容量法的城市工业 SO_2、NO_x、一次 $PM_{2.5}$ 的排放量。其次，梳理得到北京及周边城市工业 GDP、工业利润、工业增加值、工业就业人口。然后，构建基于经济社会数据与污染物排放数据的绿色贡献系数公式。最后，基于绿色贡献系数公式，构建定量评估分配结果与公平性关系的绿色贡献系数模型，计算得到北京及周边城市的绿色贡献系数。

本研究以北京、天津、石家庄、唐山、保定、沧州、廊坊等 7 城市的污染物排放量占北京及周边城市污染物排放量的比例为分母，以其经济社会贡献的比例为分子，构建绿色贡献系数（green controbution coefficient，GCC）模型，计算北京及周边城市的绿色贡献系数。绿色贡献系数（GCC）= 经济社会贡献比率/污染物排放量比率（王金南等，2006；刘蓓蓓等，2009；王冰等，2018）。

绿色贡献系数法公式：

$$\text{GCC} = \frac{G_i / G}{P_i / P} \tag{6-2}$$

式中：G_i——北京、天津、石家庄、唐山、保定、沧州、廊坊等 7 城市中城市 i 的经济社会贡献；

P_i——北京、天津、石家庄、唐山、保定、沧州、廊坊等 7 城市中城市 i 的污染物排放量；

G——北京及周边城市的经济社会贡献；

P——北京及周边城市的污染物排放量。

借鉴前期研究成果（王金南等，2006；刘蓓蓓等，2009；王冰等，2018）的绿色贡献系数判定区间，本研究将 1.0 设定为内部单元污染物排放量公平性的“警戒线”。若绿色贡献系数（GCC）在 1.0 以下，则表明污染物排放的贡献率大于经济社会贡献率，公平性相对较差；若在 1.0 以上，则表明污染物排放的贡献率小于经济社会贡献率，公平性相对较好。

6.3 结果与讨论

6.3.1 环境基尼系数

图 6-1～图 6-4 是分别基于工业 GDP、工业利润、工业增加值、工业就业人口等指标，分别与 SO_2、NO_x、一次 $PM_{2.5}$ 排放量在城市排放清单（M0）、排放标准法（M1）、标准+传输法（M2）、环境容量法（M3）情景下的环境基尼系数。

图 6-1～图 6-4 说明，在 M0、M1、M2、M3 情景下基于经济社会数据与 SO_2 排放量的 EGC 分别为 0.520 8、0.453 0、0.457 3、0.478 3；其基于经济社会数据与 NO_x 排放量的 EGC 分别为 0.442 3、0.459 8、0.469 6、0.464 2；其基于经济社会数据与一次 $PM_{2.5}$ 排放量的 EGC 分别为 0.495 4、0.386 1、0.431 9、0.447 9。

图 6-1 说明，在 M0、M1、M2、M3 情景下基于工业 GDP 与 SO_2 排放量的 EGC 分别为 0.523 1、0.412 7、0.477 1、0.398 4；工业 GDP 与 NO_x 排放量的 EGC 分别为 0.457 8、0.471 4、0.482 4、0.447 6；工业 GDP 与一次 $PM_{2.5}$ 排放量的 EGC 分别为 0.518 4、0.491 4、0.480 1、0.467 3。根据 EGC 的判定区间，仅有工业 GDP 与 SO_2 排放量在 M3 情景下的 EGC 为 0.3～0.4（即为比较合理），仅基于工业 GDP 与 SO_2 排放量在 M0 情景下的 EGC 以及基于工业 GDP 与一次 $PM_{2.5}$ 排放量在 M0 情景下的 EGC 超过 0.5（即为高度不平均），其余的 EGC 均为 0.4～0.5（即为差距偏大）。

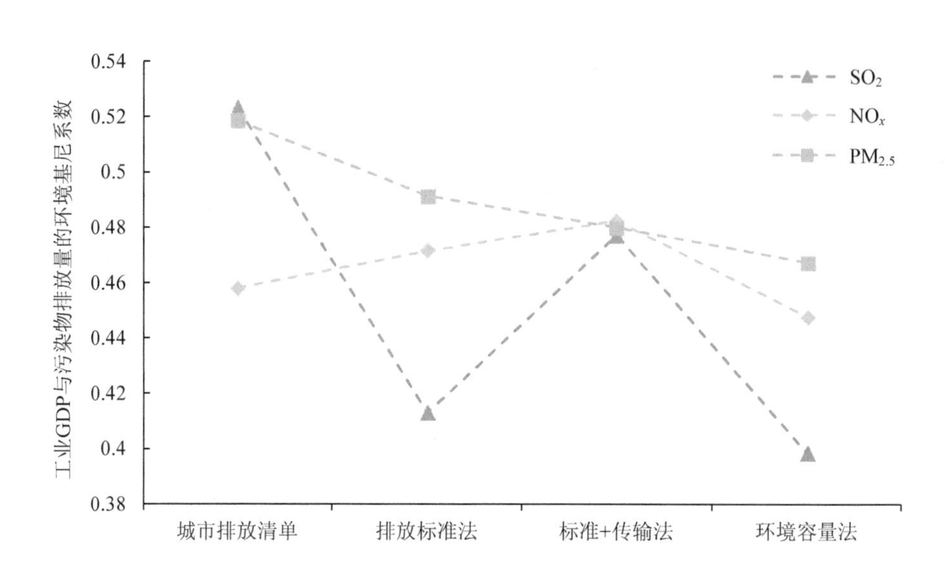

图 6-1 基于工业 GDP 与污染物排放量的环境基尼系数

从同一种污染物的不同情景下的 EGC 变化趋势看，在 M1、M2、M3 情景下 SO_2、一次 $PM_{2.5}$ 的 EGC 均低于在 M0 情景下的 EGC，说明三种分配方法均能有效降低 SO_2、一次 $PM_{2.5}$ 分配方面的不公平性；而在 M1、M2 情景下 NO_x 的 EGC 均高于 M0 情景下的 EGC，在 M3 情景下的 EGC 则低于 M0 情景下的 EGC，说明排放标准法和标准+传输法增加了 NO_x 分配方面的不公平性，环境容量法有效降低 NO_x 分配方面的不公平性。

从图 6-2 可知，在 M0、M1、M2、M3 情景下基于工业利润与 SO_2 排放量的 EGC 分别为 0.556 7、0.550 9、0.541 0、0.391 2；工业利润与 NO_x 排放量的 EGC 分别为 0.500 5、0.512 9、0.525 9、0.492 5；工业利润与一次 $PM_{2.5}$ 排放量的 EGC 分别为 0.583 6、0.576 2、0.566 9、0.536 3。根据 EGC 的判定区间，仅有基于工业利润与 SO_2 排放量在 M3 情景下的 EGC 为 0.3～0.4（即为比较合理），仅基于工业利润与 NO_x 排放量在 M3 情景下的 EGC 为 0.4～0.5（即为差距偏大），其余的 EGC 均超过 0.5（即为高度不平均）。

从同一种污染物在不同情景下的 EGC 变化趋势看，基于工业利润与污染物排放量的 EGC 变化趋势同基于工业 GDP 与污染物排放量的 EGC 变化趋势保持一致，即在 M1、M2、M3 情景下 SO_2、一次 $PM_{2.5}$ 的 EGC 均低于在 M0 情景下的 EGC，说明三种分配方法均能有效降低 SO_2、一次 $PM_{2.5}$ 分配方面的不公平性；而在 M1、M2 情景下 NO_x 的 EGC 均高于在 M0 情景下的 EGC，在 M3 情景下的 EGC 则低于在 M0 情景下的 EGC，说明排放标准法和标准+传输法增加了 NO_x 分配方面的不公平性，环境容量法有效降低 NO_x 分配方面的不公平性。

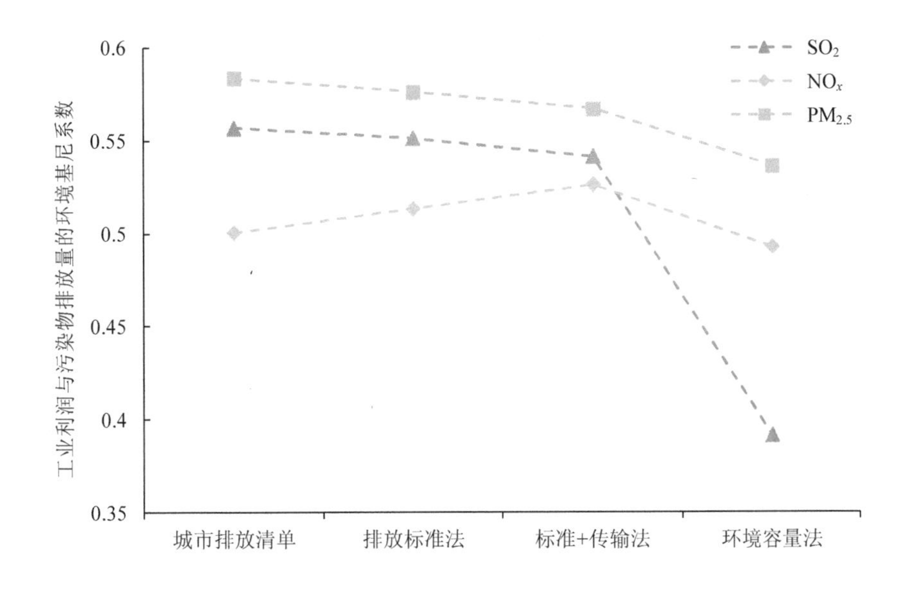

图 6-2　不同情景下基于工业利润与污染物排放量的环境基尼系数

由图 6-3 可知，在 M0、M1、M2、M3 情景下基于工业增加值与 SO_2 排放量的 EGC 分别为 0.467 1、0.387 9、0.373 8、0.299 5；工业增加值与 NO_x 排放量的 EGC 分别为 0.388 5、0.398 8、0.418 2、0.379 3；工业增加值与一次 $PM_{2.5}$ 排放量的 EGC 分别为 0.418 1、0.389 8、0.379 0、0.350 8。根据 EGC 的判定区间，仅有基于工业增加值与 SO_2 排放量在 M3 情景下的 EGC 为 0.2～0.3（即为相对平均），仅基于工业增加值与 SO_2 排放量在 M0 情景下的 EGC、基于工业增加值与 NO_x 排放量在 M2 情景下的 EGC 以及基于工业增加值与一次 $PM_{2.5}$ 排放量在 M0 情景下的 EGC 为 0.4～0.5（即为差距偏大），其余的 EGC 均为 0.3～0.4（即为比较合理）。

从同一种污染物在不同情景下的 EGC 变化趋势来看，基于工业利润与污染物排放量的 EGC 变化趋势同基于工业 GDP、工业利润与污染物排放量的 EGC 变化趋势保持一致，即在 M1、M2、M3 情景下的 SO_2、一次 $PM_{2.5}$ 的 EGC 均低于在 M0 情景下的 EGC，说明三种分配方法均能有效降低 SO_2、一次 $PM_{2.5}$ 分配方面的不公平性；而在 M1、M2 情景下 NO_x 的 EGC 均高于 M0 情景下的 EGC，M3 的则低于 M0 的，说明排放标准法和标准+传输法增加 NO_x 分配方面的不公平性，环境容量法有效降低 NO_x 分配方面的不公平性。

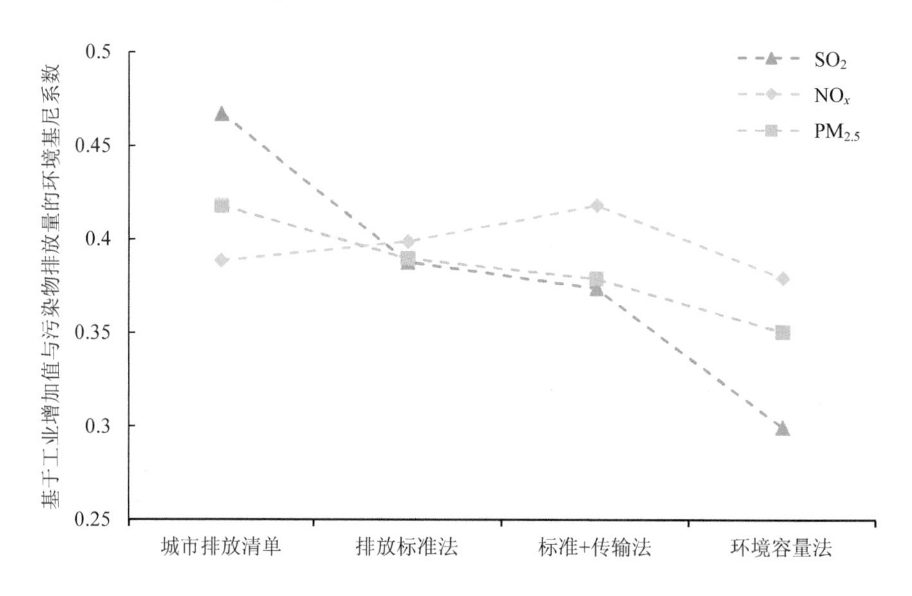

图 6-3　不同情景下基于工业增加值与污染物排放量的环境基尼系数

如图 6-4 所示，在 M0、M1、M2、M3 情景下基于工业就业人口与 SO_2 排放量的 EGC 分别为 0.536 3、0.460 3、0.447 4、0.455 5；工业就业人口与 NO_x 排放量的 EGC 分别为 0.422 6、0.446 2、0.451 9、0.408 2；工业就业人口与一次 $PM_{2.5}$ 排放量的 EGC 分别为 0.461 5、0.455 8、0.431 1、0.437 1。根据 EGC 的判定区间，仅有基于工业就业人口与 SO_2 排放量在 M0 情景下的 EGC 超过 0.5（即为高度不平均），其余的 EGC 均为 0.4～0.5（即为差距偏大）。

从同一种污染物在不同情景下的 EGC 变化趋势来看，基于工业利润与污染物排放量的 EGC 变化趋势同基于工业 GDP、工业利润、工业增加值与污染物排放量的 EGC 变化趋势保持一致，即在 M1、M2、M3 情景下的 SO_2、一次 $PM_{2.5}$ 的

EGC 均低于在 M0 情景下的 EGC，说明三种分配方法均能有效降低 SO_2、一次 $PM_{2.5}$ 分配方面的不公平性；而在 M1、M2 情景下 NO_x 的 EGC 均高于 M0 情景下的 EGC，M3 的则低于 M0 情景下的 EGC，说明排放标准法和标准+传输法增加 NO_x 分配方面的不公平性，环境容量法有效降低 NO_x 分配方面的不公平性。

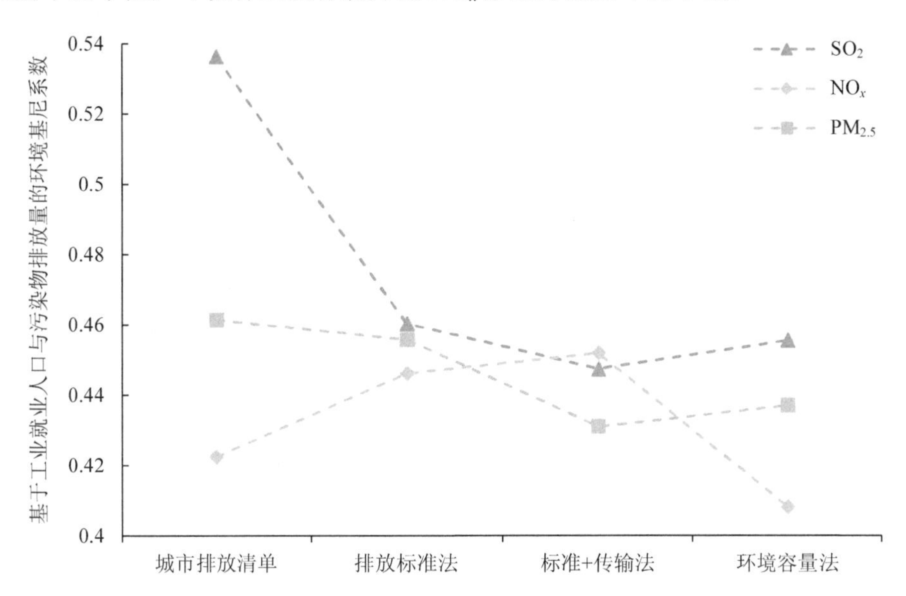

图 6-4　不同情景下基于工业就业人口与污染物排放量的环境基尼系数

6.3.2　绿色贡献系数

图 6-5～图 6-8 是分别基于工业 GDP、工业利润、工业增加值、工业就业人口等经济社会指标，与 SO_2、NO_x、一次 $PM_{2.5}$ 排放量等数据在城市排放清单（M0）、排放标准法（M1）、标准+传输法（M2）、环境容量法（M3）情景下的 GCC。其中，在图 6-5～图 6-8 中，分图（a）、（b）、（c）分别为北京、天津、石家庄、唐山、保定、沧州、廊坊等城市基于经济社会指标与 SO_2、NO_x、一次 $PM_{2.5}$ 在 M0 情景下的 GCC；分图（d）、（e）、（f）分别为北京、天津、石家庄、唐山、保定、沧州、廊坊等城市基于经济社会指标与 SO_2、NO_x、一次 $PM_{2.5}$ 在 M1 情景下的 GCC；分图（g）、（h）、（i）分别为北京、天津、石家庄、唐山、保定、沧州、廊坊等城市基于经济社会指标与 SO_2、NO_x、一次 $PM_{2.5}$ 在 M2 情景下的 GCC；分图

(j)、分图（k）、分图（l）分别为北京、天津、石家庄、唐山、保定、沧州、廊坊等城市基于经济社会指标与 SO_2、NO_x、一次 $PM_{2.5}$ 在 M3 情景下的 GCC。在图 6-5～图 6-8 中，城市的颜色越深，说明其 GCC 越大；同时根据 GCC 的判定原理，当城市 GCC 超过 1.0 越多时，GCC 越大，说明其公平性越好。

如图 6-5～图 6-8 所示，在 M0、M1、M2、M3 情景下基于经济社会数据与 SO_2、NO_x、一次 $PM_{2.5}$ 排放量的 GCC 中，北京的 GCC 均高于 1.5，唐山的 GCC 均低于 0.5，其他城市的 GCC 或高于 1.0 或低于 1.0。

图 6-5 显示，北京基于工业 GDP 与 SO_2、NO_x、一次 $PM_{2.5}$ 排放量在 M0、M1、M2、M3 情景下的 GCC 均超过 1.5，唐山基于工业 GDP 与 SO_2、NO_x、一次 $PM_{2.5}$ 排放量在 M0、M1、M2、M3 情景下的 GCC 均低于 0.5，其余城市基于工业 GDP 与 SO_2、NO_x、一次 $PM_{2.5}$ 排放量在 M0、M1、M2、M3 情景下的 GCC 或低于 1.0，或高于 1.0。

图 6-6 说明，北京基于工业利润与 SO_2、NO_x、一次 $PM_{2.5}$ 排放量在 M0、M1、M2、M3 情景下的 GCC 均超过 1.5，唐山、廊坊基于工业利润与 SO_2、NO_x、一次 $PM_{2.5}$ 排放量在 M0、M1、M2、M3 情景下的 GCC 均低于 0.5，其余城市基于工业利润与 SO_2、NO_x、一次 $PM_{2.5}$ 排放量在 M0、M1、M2、M3 情景下的 GCC 或低于 1.0，或高于 1.0。

图 6-7 表明，北京基于工业增加值与 SO_2、NO_x、一次 $PM_{2.5}$ 排放量在 M0、M1、M2、M3 情景下的 GCC 均超过 1.5，唐山基于工业增加值与 SO_2、NO_x、一次 $PM_{2.5}$ 排放量在 M0、M1、M2、M3 情景下的 GCC 均低于 0.5，其余城市基于工业增加值与 SO_2、NO_x、一次 $PM_{2.5}$ 排放量在 M0、M1、M2、M3 情景下的 GCC 或低于 1.0 或高于 1.0。

从图 6-8 可知，北京基于工业就业人口与 SO_2、NO_x、一次 $PM_{2.5}$ 排放量在 M0、M1、M2、M3 情景下的 GCC 均超过 1.5，唐山基于工业就业人口与 SO_2、NO_x、一次 $PM_{2.5}$ 排放量在 M0、M1、M2、M3 情景下的 GCC 均低于 0.5，其余城市基于工业就业人口与 SO_2、NO_x、一次 $PM_{2.5}$ 排放量在 M0、M1、M2、M3 情景下的 GCC 或低于 1.0 或高于 1.0。

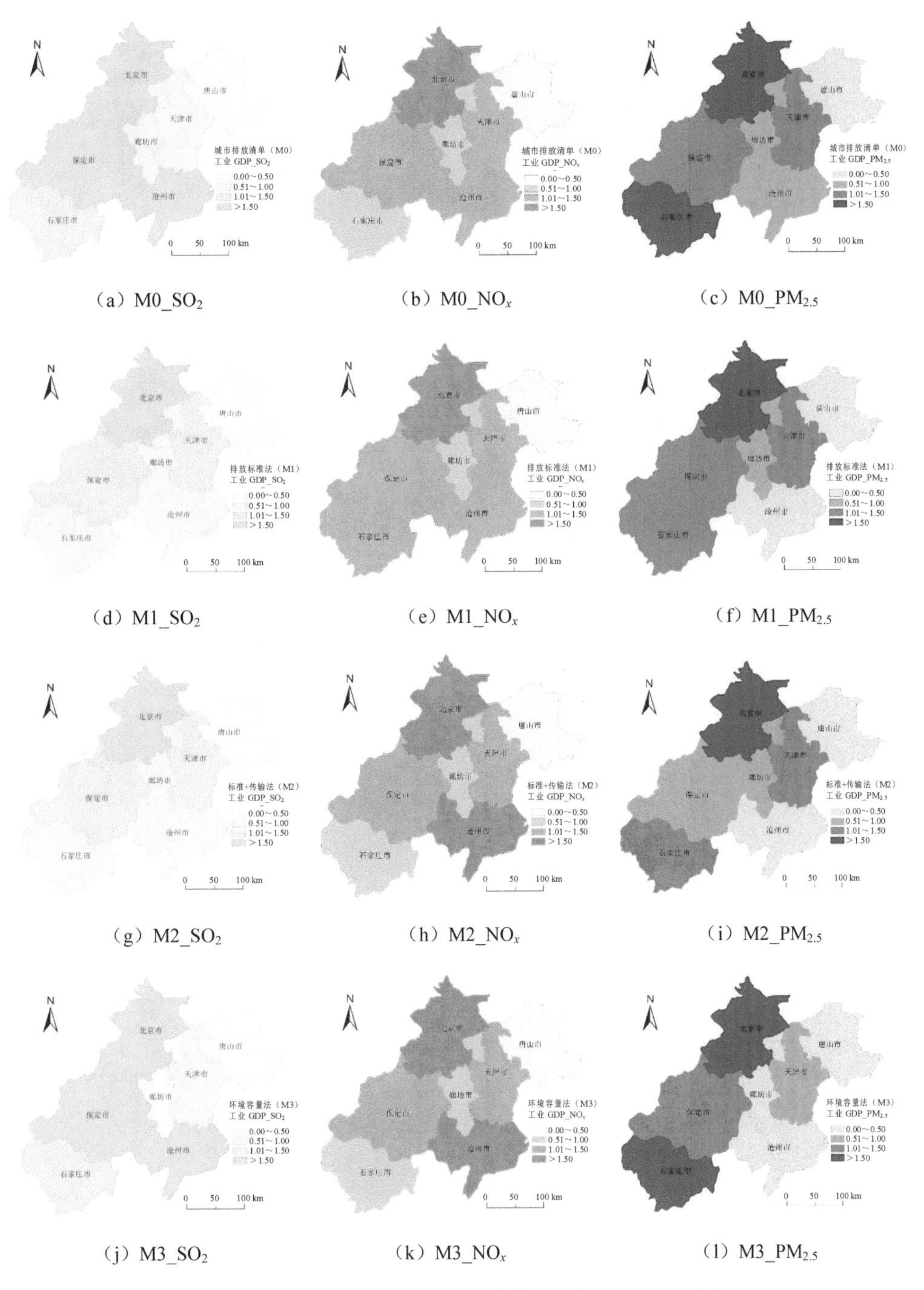

（a）M0_SO_2　　（b）M0_NO_x　　（c）M0_$PM_{2.5}$

（d）M1_SO_2　　（e）M1_NO_x　　（f）M1_$PM_{2.5}$

（g）M2_SO_2　　（h）M2_NO_x　　（i）M2_$PM_{2.5}$

（j）M3_SO_2　　（k）M3_NO_x　　（l）M3_$PM_{2.5}$

图 6-5　基于工业 GDP 与污染物排放量的绿色贡献系数

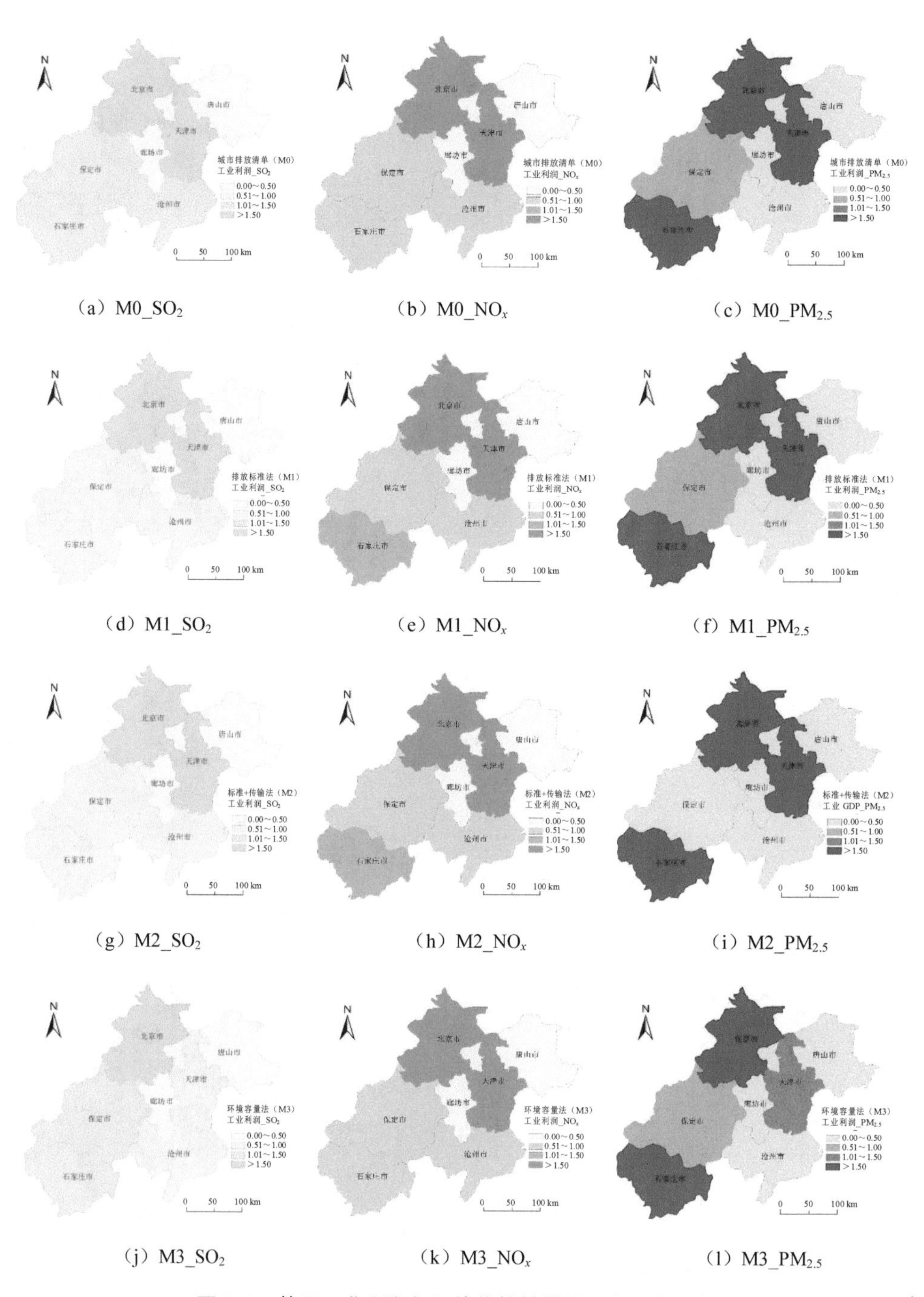

（a）M0_SO_2　（b）M0_NO_x　（c）M0_$PM_{2.5}$

（d）M1_SO_2　（e）M1_NO_x　（f）M1_$PM_{2.5}$

（g）M2_SO_2　（h）M2_NO_x　（i）M2_$PM_{2.5}$

（j）M3_SO_2　（k）M3_NO_x　（l）M3_$PM_{2.5}$

图 6-6　基于工业利润与污染物排放量的绿色贡献系数

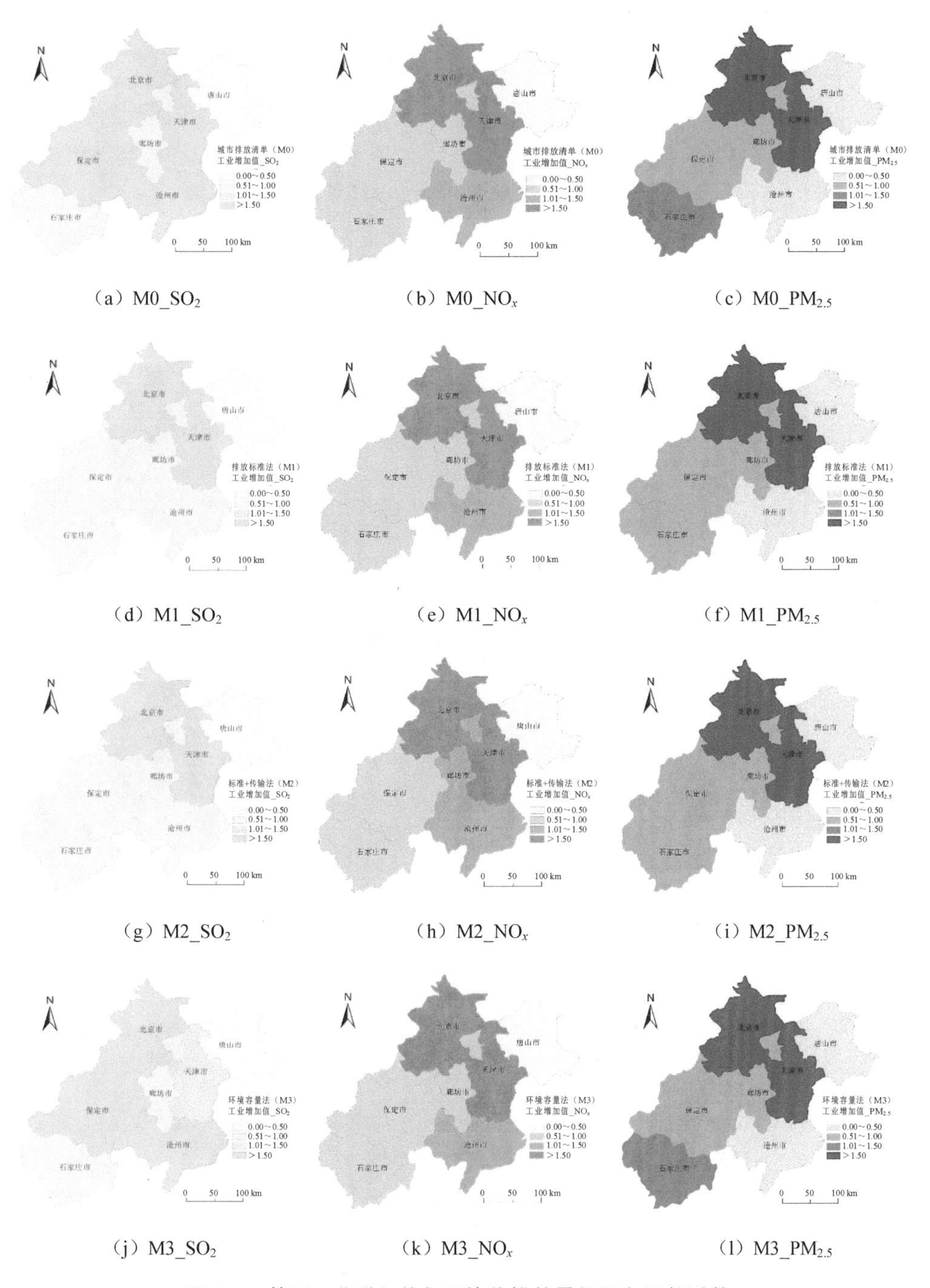

（a）M0_SO_2　（b）M0_NO_x　（c）M0_$PM_{2.5}$

（d）M1_SO_2　（e）M1_NO_x　（f）M1_$PM_{2.5}$

（g）M2_SO_2　（h）M2_NO_x　（i）M2_$PM_{2.5}$

（j）M3_SO_2　（k）M3_NO_x　（l）M3_$PM_{2.5}$

图 6-7　基于工业增加值与污染物排放量的绿色贡献系数

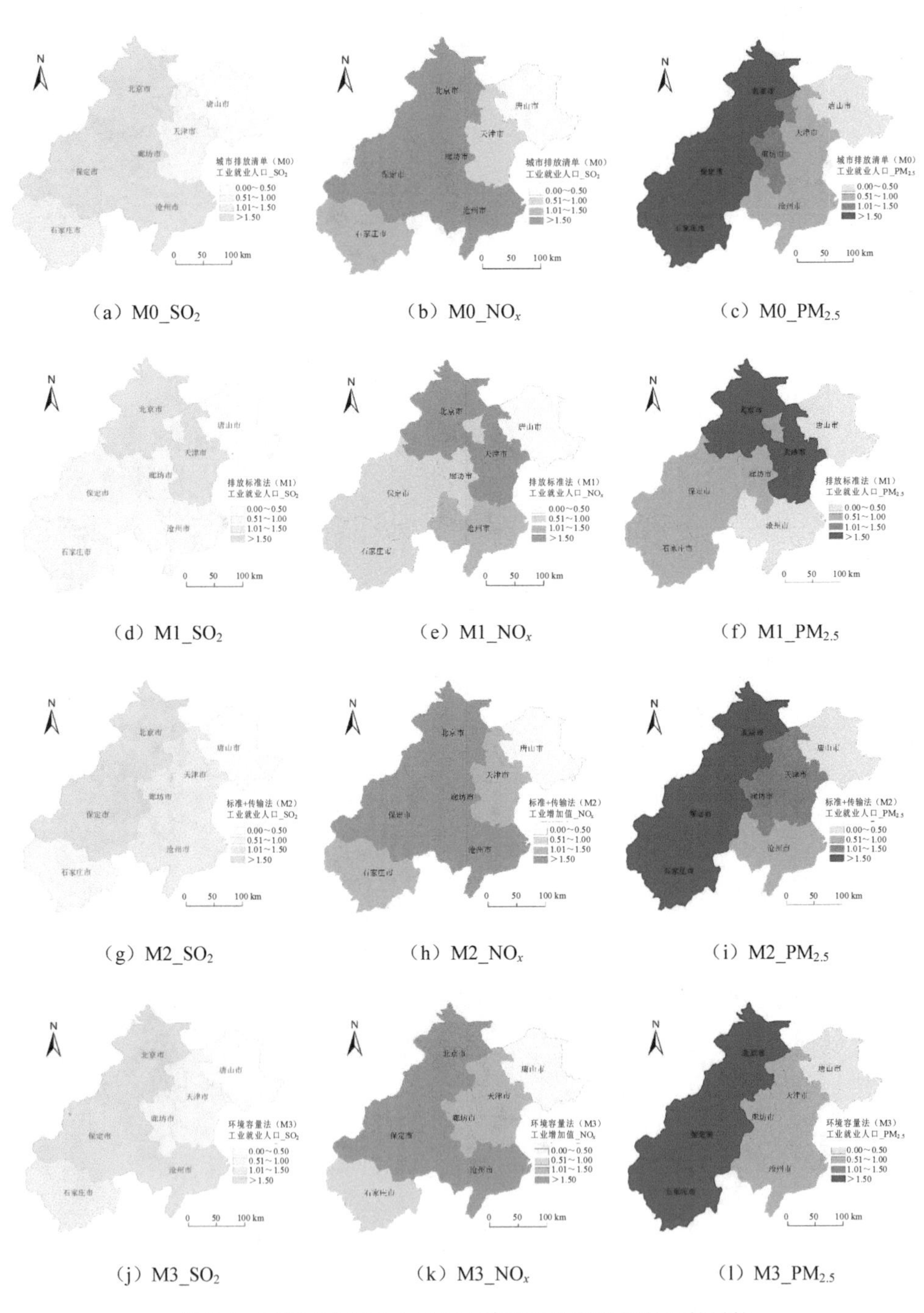

（a）M0_SO_2　（b）M0_NO_x　（c）M0_$PM_{2.5}$

（d）M1_SO_2　（e）M1_NO_x　（f）M1_$PM_{2.5}$

（g）M2_SO_2　（h）M2_NO_x　（i）M2_$PM_{2.5}$

（j）M3_SO_2　（k）M3_NO_x　（l）M3_$PM_{2.5}$

图 6-8　基于工业就业人口与污染物排放量的绿色贡献系数

6.4　本章小结

本章首先基于第 3 章城市排放清单（M0）、排放标准法（M1）、标准+传输法（M2）、环境容量法（M3）情景下城市 5 工业 SO_2、NO_x、一次 $PM_{2.5}$ 排放量，分别加上 M0 中除 5 工业外的其他工业行业 SO_2、NO_x、一次 $PM_{2.5}$ 排放量；其次，收集梳理北京及周边城市的工业 GDP、工业利润、工业增加值、工业就业人口等经济社会数据；再次，根据环境基尼系数和绿色贡献系数原理，分别构建基于经济社会数据与污染物排放量的环境基尼系数模型和绿色贡献系数模型；最后，分别计算得到 M0、M1、M2、M3 的环境基尼系数和绿色贡献系数。主要结论如下：

（1）基于第 3 章的 M0、M1、M2、M3 中北京及周边城市 5 工业 SO_2、NO_x、一次 $PM_{2.5}$ 排放量，分别加上 M0 中除 5 工业外的其他工业行业 SO_2、NO_x、一次 $PM_{2.5}$ 的排放量，并结合北京及周边城市的工业 GDP、工业利润、工业增加值、工业就业人口等经济社会数据，分别构建基于经济社会数据与污染物排放量的环境基尼系数模型和绿色贡献系数模型，从而构建了二种适合于本研究的公平性评估模型。

（2）在 M0、M1、M2、M3 情景下基于经济社会数据与 SO_2 排放量的 EGC 分别为 0.520 8、0.453 0、0.457 3、0.478 3；其基于经济社会数据与 NO_x 排放量的 EGC 分别为 0.442 3、0.459 8、0.469 6、0.464 2；其基于经济社会数据与一次 $PM_{2.5}$ 排放量的 EGC 分别为 0.495 4、0.386 1、0.431 9、0.447 9。

（3）在 M0、M1、M2、M3 情景下基于经济社会数据与 SO_2、NO_x、一次 $PM_{2.5}$ 的 GCC 中，北京的 EGC 均高于 1.5，唐山的 EGC 均低于 0.5，其他城市的 EGC 或高于 1.0 或低于 1.0。

（4）从同一种污染物在不同情景下的 EGC 变化趋势来看，在 M1、M2、M3 情景下的 SO_2、一次 $PM_{2.5}$ 的 EGC 均低于在 M0 情景下的 EGC，说明三种分配方法均能有效降低 SO_2、一次 $PM_{2.5}$ 分配方面的不公平性；而在 M1、M2 情景下 NO_x 的 EGC 均高于在 M0 情景下的 EGC，在 M3 情景下的 EGC 则低于在 M0 情景下的 EGC，说明排放标准法和标准+传输法增加 NO_x 分配方面的不公平性，环境容量法有效降低 NO_x 分配方面的不公平性。

第 7 章 分配结果的 3E 综合评估

7.1 研究背景

通过对分配结果的效果（环境质量贡献度）、效率（费用效益）、公平（公平性）等方面的评估分析，本研究分别得到了在排放标准法、标准+传输法、环境容量法下的污染物浓度、费用效益、公平性结果，以及分别在环境质量贡献度、费用效益、公平性等方面进行了单项结果的内部评比。然而，针对包含环境质量贡献度、费用效益、公平性等方面在内的多维度综合评比问题，当前比较缺乏这种多维度综合比较，无法对排放标准法、标准+传输法、环境容量法进行一个多维度综合评比，即无法对排放标准法、标准+传输法、环境容量法判定一个综合评比分数。

在第 3 章，城市、行业、企业（排放口）基于排放标准法、标准+传输法、环境容量法的大气污染物许可排放量与其排放清单的实际排放量之间存在着明显差异（见第 3 章 3.3 节）。基于不同来源的大气污染物许可排放量，分别会对城市的污染物浓度、费用效益、公平性带来显著影响。这些显著影响中，存在正面的和负面的影响，有较大的或较小的影响。从集成综合企业（排放口）污染物排放量差异对城市污染物浓度、费用效益、公平性的显著影响出发，构建 3E 综合评估模型，有助于定量描述排污许可与环境质量贡献度、费用效益、公平性等方面的综合关系。

本章主要是定量测定基于不同分配方法下企业（排放口）SO_2、NO_x、一次 $PM_{2.5}$ 许可排放量在综合方面的表现，即分配结果 3E 综合评估（污染物许可排放量分配结果对城市环境质量贡献度、费用效益、公平性的综合影响）。以第 4 章 4.3 节的城市污染物模拟浓度、第 5 章 5.3 节的城市净效益、第 6 章 6.3 节的环境基尼系数和绿色贡献系数为数据基础，根据污染物浓度、费用效益、公平性等方面的判定原理，构建分别基于环境质量贡献度、费用效益、公平性结果的单项评分模型，从而构建定量评估分配结果与环境质量贡献度、费用效益、公平性等方面综合关系的评分模型。通过评分模型，分别计算得到排放标准法、标准+传输法、环境容量法在环境质量贡献度、费用效益、公平性方面的评估分数，以及 3E 综合评估分数。

7.2　数据与方法

7.2.1　数据来源

（1）城市 SO_2、NO_2、$PM_{2.5}$ 模拟浓度

从第 4 章 4.3 节的 SO_2、NO_2、$PM_{2.5}$ 模拟结果中，获取分别基于排放标准法、标准+传输法、环境容量法的城市 SO_2、NO_2、$PM_{2.5}$ 模拟浓度。

（2）城市净效益

由第 5 章 5.3 节的费用效益计算结果，获取分别基于排放标准法、标准+传输法、环境容量法的城市净效益。

（3）环境基尼系数和绿色贡献系数

从第 6 章 6.3 节的公平性计算结果中，获取分别基于排放标准法、标准+传输法、环境容量法的环境基尼系数和绿色贡献系数。

7.2.2　3E 综合评估模型构建

基于第 4 章的城市 SO_2、NO_2、$PM_{2.5}$ 模拟浓度，第 5 章的城市净效益，第 6 章的 EGC 和 GCC，并根据污染物浓度、费用效益、公平性等方面的判定原理，

依据专家对污染物浓度、费用效益、公平性与分数的关系建议，采用回归分析方法，首先构建分别基于污染物浓度、费用效益、公平性等方面的单项评分模型；其次，根据单项评分模型，分别计算得到基于分配方法下在污染物浓度、费用效益、公平性等方面的分数；再次，基于分配方法在单项方面的分数，依据专家对污染物浓度、费用效益、公平性等方面重要性的访谈结果和建议，将环境质量贡献度、费用效益、公平性的权重设置为 4∶3∶3，从而构建基于环境质量贡献度、费用效益、公平性的 3E 综合评分模型；最后，分别计算得到排放标准法、标准+传输法、环境容量法的 3E 综合评估分数。

本研究以北京、天津、石家庄、唐山、保定、沧州、廊坊等 7 城市基于不同分配方法的污染物浓度、净效益、EGC、GCC 为基础，按照污染物浓度、净效益、EGC、GCC 对应的分数（表 7-1），分别构建基于污染物浓度、净效益、EGC、GCC 的评分模型，进而分别构建基于环境质量贡献度（air quality assessment，AQA）、费用效益（cost-benefit assessment，CA）、公平性（equity assessment，EA）的单项评分模型，并计算得到不同分配方法基于环境质量贡献度、费用效益、公平性的评估分数。在单项评估分数的基础上，本研究继续构建基于 3E 综合评估（3E integrated assessment）的综合评分模型，并计算得到不同分配方法的 3E 综合评估分数。

表 7-1　污染物浓度、净效益、EGC、GCC 对应的分数

序号	SO_2/（μg/m³）	NO_2/（μg/m³）	$PM_{2.5}$/（μg/m³）	净效益/亿元	环境基尼系数（EGC）	绿色贡献系数（GCC）	分数
0	90	70	65	−60	0.70	0.4	0
1	85	65	60	−50	0.65	0.5	10
2	80	60	55	−40	0.60	0.6	20
3	75	55	50	−30	0.55	0.7	30
4	70	50	45	−20	0.50	0.8	40
5	65	45	40	−10	0.45	0.9	50
6	60	40	35	0	0.40	1	60
7	55	35	30	10	0.35	1.1	70
8	50	30	25	20	0.30	1.2	80
9	45	25	20	30	0.25	1.3	90
10	40	20	15	40	0.20	1.4	100

（1）单项评分公式

借鉴专家访谈结果和建议，考虑到在环境质量改善方面，$PM_{2.5}$依然是我国当前最主要的超标污染物，本研究将SO_2、NO_2、$PM_{2.5}$的权重设置为 0.3、0.3、0.4。考虑到在费用效益方面，净效益是唯一指标，本研究将净效益的权重设置为 1.0。考虑到在公平性方面，EGC 和 GCC 分别是公平性的两个角度，本研究将 EGC、GCC 的权重设置为 0.5、0.5。

环境质量贡献度评估（AQA）的评分公式：

$$S_{AQA} = S_{SO_2} \times 0.3 + S_{NO_2} \times 0.3 + S_{PM_{2.5}} \times 0.4 \quad (7\text{-}1)$$

式中：S_{AQA}——基于环境质量贡献度评估的分数；

S_{SO_2}——基于SO_2评估的分数；

S_{NO_2}——基于NO_2评估的分数；

$S_{PM_{2.5}}$——基于$PM_{2.5}$评估的分数。

费用效益评估（CA）的评分公式：

$$S_{CA} = S_{NB} \times 1.0 \quad (7\text{-}2)$$

式中：S_{CA}——基于费用效益评估的分数；

S_{NB}——基于净效益（NB）评估的分数。

公平性评估（EA）的评分公式：

$$S_{EA} = S_{EGC} \times 0.5 + S_{GCC} \times 0.5 \quad (7\text{-}3)$$

式中：S_{EA}——基于公平性评估的分数；

S_{EGC}——基于环境基尼系数（EGC）的分数；

S_{GCC}——基于绿色贡献系数（GCC）的分数。

（2）3E 综合评估公式

3E 综合评估是指基于效果评估、效率评估、公平评估等维度的评估结果，采用一定的原则和方法，得到 3E 综合评估结果。其中，效果评估是指环境质量贡献度评估，效率评估是指费用效益评估，公平评估是指公平性评估。在单项分数的基础上，借鉴专家访谈结果和建议，考虑到环境质量改善是根本目标，费用效益和公平性是重要目标，本研究将环境质量贡献度、费用效益、公平性（效果：效率：公平）的权重设置为 0.4、0.3、0.3。

3E 综合评估的评分公式：

$$S_{3E} = S_{AQA} \times 0.4 + S_{CA} \times 0.3 + S_{EA} \times 0.3 \quad (7\text{-}4)$$

式中：S_{3E}——基于 3E 综合评估的分数。

7.3 结果与讨论

7.3.1 不同分配方法的环境质量贡献度评估分数

如图 7-1 所示，排放标准法、标准+传输法、环境容量法的环境质量贡献度（AQA）评估分数分别是 47.54、47.97、45.97。其 SO_2 评估分数分别是 100.00、100.00、96.38，其 NO_2 评估分数分别是 40.03、41.13、41.00，其 $PM_{2.5}$ 评估分数分别是 13.82、14.08、11.88。不同分配方法 SO_2、NO_2、$PM_{2.5}$ 的评估分数与其 SO_2、NO_2、$PM_{2.5}$ 模拟浓度和《环境空气质量标准》（GB 3095—2012）的二级年均浓度限值（SO_2：60 μg/m^3、NO_2：40 μg/m^3、$PM_{2.5}$：35 μg/m^3）息息相关，其中不同分配方法的 SO_2 模拟浓度基本上达到了国家二级标准，其 NO_2 模拟浓度高于国家二级标准，其 $PM_{2.5}$ 模拟浓度远高于国家二级标准。同时，不同分配方法的 SO_2、NO_2、$PM_{2.5}$ 评估分数进一步决定了其 AQA 评估分数。

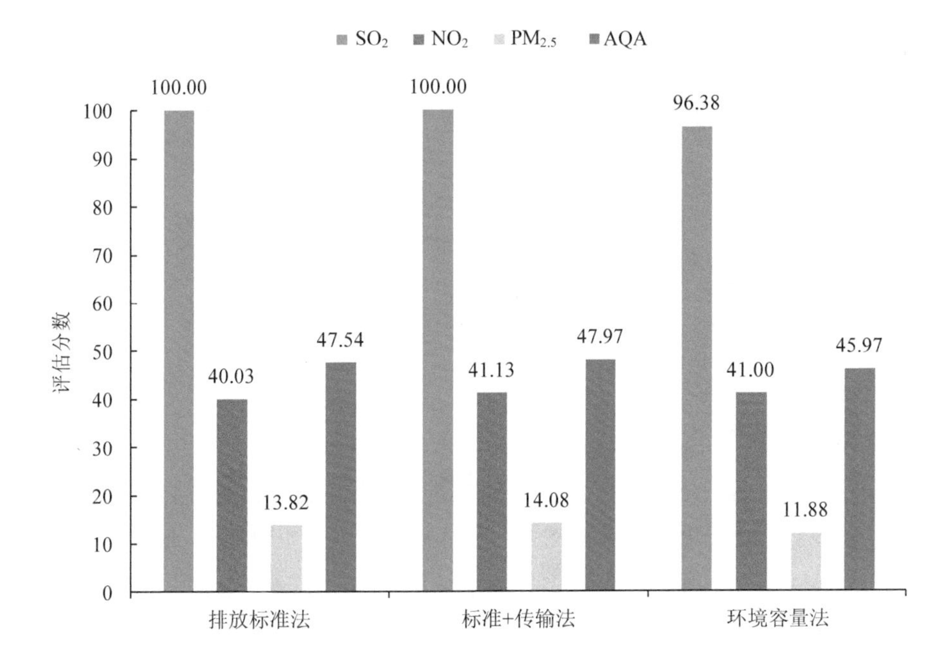

图 7-1　不同分配方法的环境质量贡献度评估分数

7.3.2　不同分配方法的费用效益评估分数

从图 7-2 可知，排放标准法、标准+传输法、环境容量法的费用效益评估（CA）分数或净效益分数分别是 76.66、76.91、68.68。不同分配方法的净效益评估分数与净效益数值、判定原理（净效益与数值 0 的关系）息息相关，其中排放标准法、标准+传输法的净效益均超过了数值 0，而环境容量法中仅天津的净效益为负数（原因是基于环境容量法的天津 $PM_{2.5}$ 模拟浓度为负值），导致环境容量法的净效益评估分数大大降低。同时，不同分配方法的净效益评估分数进一步直接决定了其 CA 评估分数。在不同分配方法的 CA/净效益评估分数比较方面，标准+传输法＞排放标准法＞环境容量法。

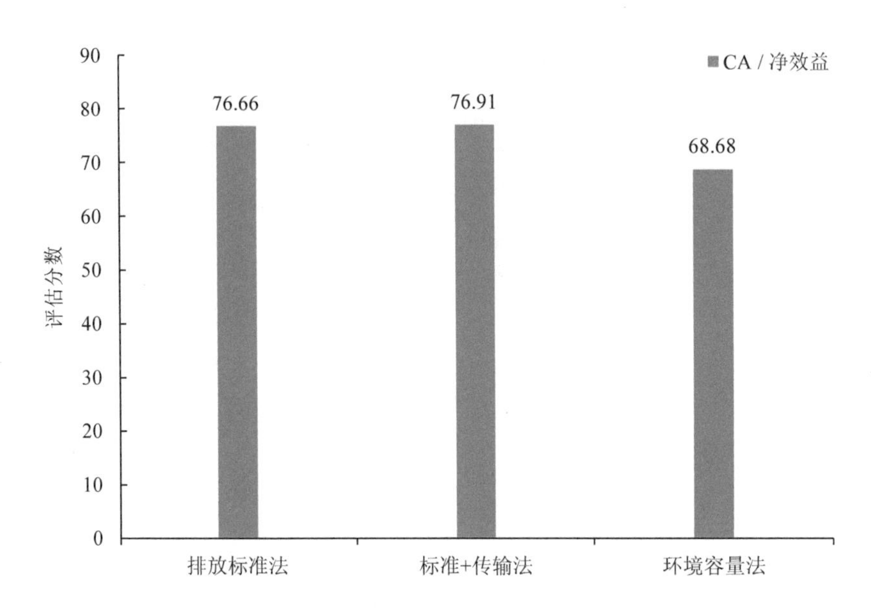

图 7-2　不同分配方法的费用效益评估分数

7.3.3　不同分配方法的公平性评估分数

由图 7-3 可知，排放标准法、标准+传输法、环境容量法的公平性评估（EA）分数分别是 49.66、52.27、55.82，其环境基尼系数（EGC）评估分数分别是 47.43、47.09、55.61，其绿色贡献系数（GCC）评估分数分别是 51.89、57.46、56.03。不同分配方法的 EGC、GCC 评估分数与 EGC 数值、GCC 数值、判定原理（EGC：0.4、GCC：1.0）息息相关，其中不同分配方法的 EGC 高于 0.4 的“警戒线”，GCC 略高于 1.0 的“警戒线”。同时，不同分配方法的 EGC、GCC 评估分数进一步决定了其 EA 评估分数。在不同分配方法 EGC 评估分数比较方面，环境容量法＞排放标准法＞标准+传输法。在不同分配方法 GCC 评估分数比较方面，标准+传输法＞环境容量法＞排放标准法。在不同分配方法 EA 评估分数比较方面，环境容量法＞标准+传输法＞排放标准法。

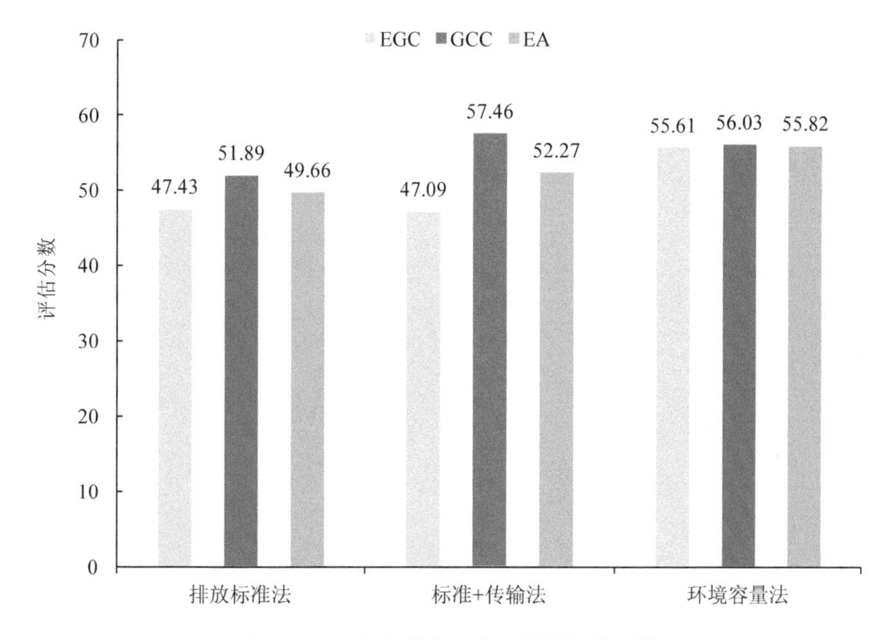

图 7-3　不同分配方法的公平性评估分数

7.3.4　不同分配方法的 3E 综合评估分数

图 7-4 显示，排放标准法、标准+传输法、环境容量法的 3E 综合评估分数分别是 56.91、57.94、55.74。不同分配方法的 AQA、CA、EA 评估分数决定了其 3E 综合评估分数。从表 7-2 的不同分配方法 3E 综合评估分数（M2＞M1＞M3）分析，说明在当前大气污染物排放量下，标准+传输法＞排放标准法＞环境容量法。由于基于环境容量法的天津净效益为负值，其相应的净效益评估分数为 52.72（低于 60），因此相对于标准+传输法和排放标准法，带来环境容量法的净效益分数大幅下降，也决定了环境容量法的 CA 评估分数大幅下降，最后引起了环境容量法的 3E 综合评估分数的下降。

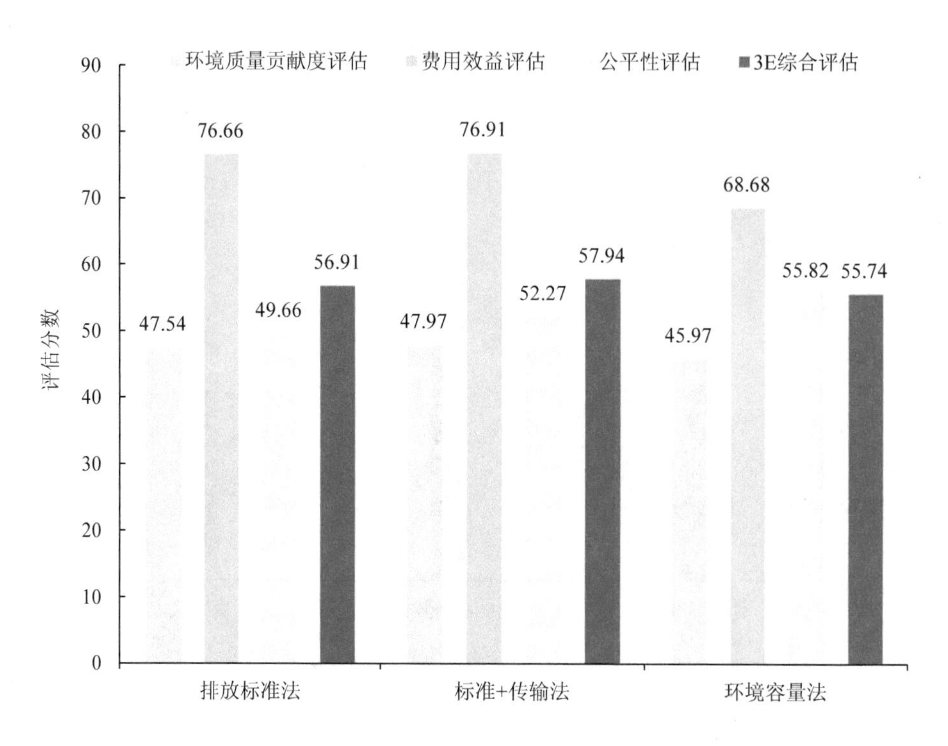

图 7-4　不同分配方法的 3E 综合评估分数

表 7-2　不同分配方法的评估分数

评估维度	排放标准法（M1）	标准+传输法（M2）	环境容量法（M3）	最优方法
环境质量贡献度评估（AQA）	47.54	47.97	45.97	标准+传输法（M2）
费用效益评估（CA）	76.66	76.91	68.68	标准+传输法（M2）
公平性评估（EA）	49.66	52.27	55.82	环境容量法（M3）
3E 综合评估（3E）	56.91	57.94	55.74	标准+传输法（M2）

7.4　本章小结

本章首先基于第 4 章的城市 SO_2、NO_2、$PM_{2.5}$ 模拟浓度，第 5 章的城市净效益，第 6 章的 EGC 和 GCC，结合污染物浓度、费用效益、公平性等方面的判定原理，构建分别基于污染物浓度、费用效益、公平性等方面的单项评分模型；其次，分别计算得到分配方法在污染物浓度、费用效益、公平性等方面的评估分数；再次，基于分配方法的单项分数，构建基于环境质量贡献度、费用效益、公平性的 3E 综合评分模型；最后，分别计算得到排放标准法、标准+传输法、环境容量法的 3E 综合评估分数。主要结论如下：

（1）基于第 4 章的城市 SO_2、NO_2、$PM_{2.5}$ 模拟浓度，第 5 章的城市净效益，第 6 章的 EGC 和 GCC，按照污染物浓度、净效益、EGC、GCC 对应的分数，分别构建基于污染物浓度、净效益、EGC、GCC 的评分模型，进而分别构建基于环境质量贡献度、费用效益、公平性的单项评估评分模型。

（2）基于不同分配方法的环境质量贡献度、费用效益、公平性的单项评估分数，本研究构建基于 3E 综合评估的综合评估评分模型。

（3）排放标准法、标准+传输法、环境容量法的环境质量贡献度（AQA）评估分数分别是 47.54、47.97、45.97。排放标准法、标准+传输法、环境容量法的费用效益（CA）评估分数分别是 76.66、76.91、68.68。排放标准法、标准+传输法、环境容量法的公平性（EA）评估分数分别是 49.66、52.27、55.82。

在不同分配方法下 AQA 评估分数比较方面，标准+传输法＞排放标准法＞环境容量法。在 CA 评估分数比较方面，标准+传输法＞排放标准法＞环境容量法。在 EA 评估分数比较方面，环境容量法＞标准+传输法＞排放标准法。

（4）排放标准法、标准+传输法、环境容量法的 3E 综合评估分数分别是 56.91、57.94、55.74。从不同分配方法 3E 综合评估分数（M2＞M1＞M3）分析来看，在当前大气污染物排放量下，标准+传输法＞排放标准法＞环境容量法。

（5）分配结果的效果评估、效率评估、公平评估能很好地集成为分配结果的 3E 综合评估，使多种分配方法不仅能在单项维度进行比较，还能在综合维度进行比较。

（6）包含效果评估、效率评估、公平评估、综合评估在内的综合评估体系能够定量评估分配方法在效果（环境质量贡献度）、效率（费用效益）、公平（公平性）、3E 综合等不同维度的表现。

第8章 结论与展望

8.1 主要结论

本研究系统梳理了排污许可制度及其分配实践，总结了分配与评估领域的研究进展与不足，明确了管理需求和研究需求，确定了科学问题。针对科学问题，本研究基于城市排放清单（M0）的企业（排放口）大气污染物排放现状，构建了基于排放标准法（M1）、标准+传输法（M2）、环境容量法（M3）的分配模型，构建了 WRF-CMAQ 模型开展分配结果效果评估，构建了健康效益评估模型和减排成本评估模型开展分配结果效率评估，构建了环境基尼系数模型和绿色贡献系数模型开展分配结果公平评估，构建了单项评估评分模型和 3E 综合评估评分模型开展分配结果综合评估。

本研究有以下 5 点主要结果：

（1）基于 M1、M2、M3 的北京及周边城市 SO_2 许可排放量分别是 7.90 万 t/a、4.92 万 t/a、22.27 万 t/a，NO_2 许可排放量分别是 21.91 万 t/a、13.56 万 t/a、15.34 万 t/a，一次 $PM_{2.5}$ 许可排放量分别是 3.54 万 t/a、2.22 万 t/a、7.82 万 t/a。

（2）基于 M1、M2、M3 的北京及周边城市 SO_2 模拟浓度分别是 30.53 μg/m^3、29.83 μg/m^3、34.90 μg/m^3，NO_2 模拟浓度分别是 49.98 μg/m^3、49.43 μg/m^3、49.50 μg/m^3，$PM_{2.5}$ 模拟浓度分别是 62.15 μg/m^3、61.44 μg/m^3、63.91 μg/m^3。

（3）基于 M1、M2、M3 的北京及周边城市健康效益分别为 196.05 亿元、220.41

亿元、102.24 亿元，其成本分别为 4.85 亿元、8.17 亿元、5.09 亿元，其净效益分别为 191.20 亿元、212.23 亿元、97.15 亿元。

（4）基于 M1、M2、M3 的经济社会数据与 SO_2 排放量的 EGC 分别为 0.453 0、0.457 3、0.478 3，与 NO_x 排放量的 EGC 分别为 0.459 8、0.469 6、0.464 2，与一次 $PM_{2.5}$ 排放量的 EGC 分别为 0.386 1、0.431 9、0.447 9；基于 M1、M2、M3 的经济社会数据与 SO_2、NO_x、一次 $PM_{2.5}$ 的 GCC 中，北京的 GCC 均高于 1.5，唐山的 GCC 均低于 0.5，其他城市的 GCC 高于 1.0 或低于 1.0。

（5）基于 M1、M2、M3 的 3E 综合评估分数分别是 56.91、57.94、55.74。其中，基于 M1、M2、M3 的 AQA 评估分数分别是 47.54、47.97、45.97，其 CA 评估分数分别是 76.66、76.91、68.68，其 EA 评估分数分别是 49.66、52.27、55.82。

本研究的主要结论有以下 4 点：

（1）城市大气污染物传输矩阵、城市大气污染物环境容量能被引入点源尺度污染物许可排放量分配方法，使分配方法能够与生态环境质量改善挂钩。

（2）分配结果的效果评估、效率评估、公平评估能很好地集成为分配结果 3E 综合评估，使多种分配方法不仅能在单项维度进行比较，还能在综合维度进行比较。

（3）包含效果评估、效率评估、公平评估、综合评估在内的综合评估体系能够定量评估分配方法在效果（环境质量贡献度）、效率（费用效益）、公平（公平性）、3E 综合等不同维度的表现。

（4）从不同分配方法 3E 综合评估分数（M2＞M1＞M3）分析，说明在当前大气污染物排放量下，M2＞M1＞M3。其中，在不同分配方法 AQA 评估分数比较方面，M2＞M1＞M3。在不同分配方法的 CA 评估分数比较方面，M2＞M1＞M3。在不同分配方法 EA 评估分数比较方面，M3＞M2＞M1。

8.2 主要创新点

本研究的创新点主要体现在以下 3 个方面：

（1）构建了分别基于排放标准、环境容量和传输矩阵的点源尺度污染物许可排放量分配模型。

目前，国内外污染物许可排放量分配方法比较脱离当前污染物许可排放量分配方法的改革实践进展，较多采用了自上而下的方式，主要进行了行政区域或行业尺度的污染物许可排放量分配研究，而且并未考虑区域内各城市的大气污染物传输矩阵、环境容量，水污染物传输矩阵、环境容量等相关领域最新研究成果。在此背景下，本研究将污染物环境容量、城市传输矩阵与固定污染源许可排放量分配方法结合，结合当前排污许可证的污染物许可排放量分配方法的改革成果，分别构建了基于排放标准法、标准+传输法、环境容量法的点源尺度污染物许可排放量分配方法，并在北京、天津、石家庄、唐山、保定、沧州、廊坊等 7 个城市进行企业大气污染物许可排放量分配实证研究。本研究回答了绪论中提出的第一个子科学问题，构建出多种基于不同分配原理的点源尺度大气污染物许可排放量分配模型。

（2）构建了在效果（空气质量贡献度）、效率（费用效益）、公平（公平性）等方面的单项评估评分模型和综合评估评分模型。

分配结果在效果（空气质量贡献度）、效率（费用效益）、公平（公平性）等方面的表现，均有一定数量的研究成果。然而这些不同分属的数值种类，无法进行不同分配结果的综合对比。本研究基于不同分配结果的效果（空气质量贡献度）、效率（费用效益）、公平（公平性）等方面的表现，结合污染物模拟浓度、费用效益、公平性等方面的判定原理，构建分别基于污染物模拟浓度、费用效益、公平性等方面的单项评估评分模型，并在分配结果的单项评估评分基础上，构建了分配结果基于效果（空气质量贡献度）、效率（费用效益）、公平（公平性）的 3E 综合评估评分模型，从单项和综合的角度系统全面地评估不同分配方法及其分配结果。

（3）构建了点源尺度许可排放量分配及综合评估耦合体系，全面评估了基于排放标准法、标准+传输法、环境容量法的分配结果在效果（空气质量贡献度）、效率（费用效益）、公平（公平性）、3E 综合评估等方面的分数。

目前，国内外大气污染物许可排放量的分配结果评估几乎无人进行相关研究，水污染物许可排放量的分配结果评估中仅有很少部分研究是做过公平性方面的评估，而且在这部分水污染物分配结果的公平性评估中，并未与当前我国污染物许

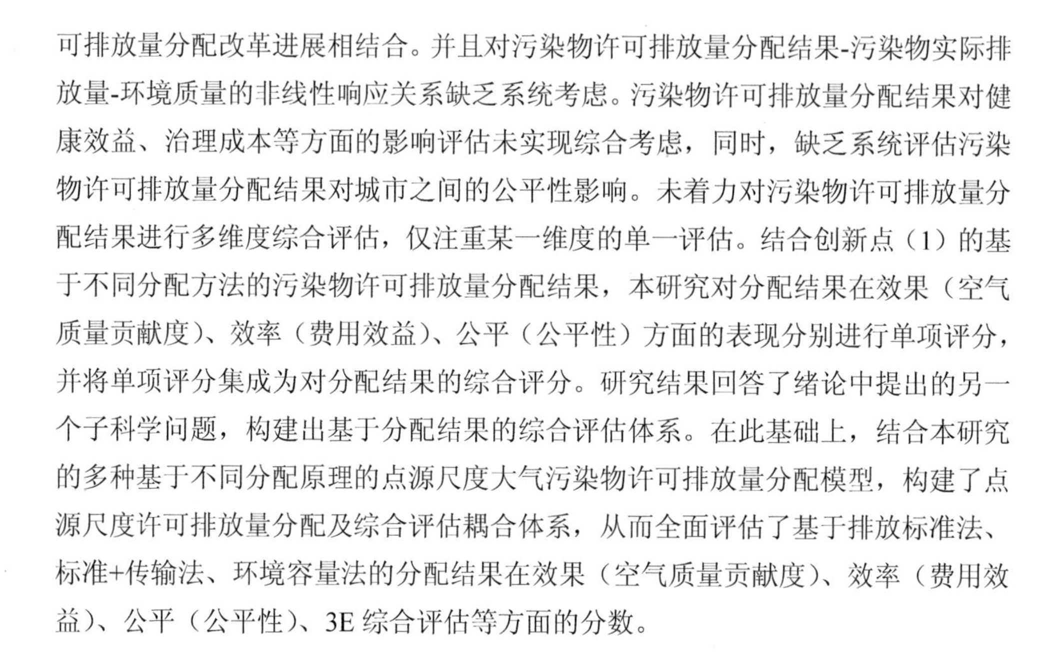

可排放量分配改革进展相结合。并且对污染物许可排放量分配结果-污染物实际排放量-环境质量的非线性响应关系缺乏系统考虑。污染物许可排放量分配结果对健康效益、治理成本等方面的影响评估未实现综合考虑，同时，缺乏系统评估污染物许可排放量分配结果对城市之间的公平性影响。未着力对污染物许可排放量分配结果进行多维度综合评估，仅注重某一维度的单一评估。结合创新点（1）的基于不同分配方法的污染物许可排放量分配结果，本研究对分配结果在效果（空气质量贡献度）、效率（费用效益）、公平（公平性）方面的表现分别进行单项评分，并将单项评分集成为对分配结果的综合评分。研究结果回答了绪论中提出的另一个子科学问题，构建出基于分配结果的综合评估体系。在此基础上，结合本研究的多种基于不同分配原理的点源尺度大气污染物许可排放量分配模型，构建了点源尺度许可排放量分配及综合评估耦合体系，从而全面评估了基于排放标准法、标准+传输法、环境容量法的分配结果在效果（空气质量贡献度）、效率（费用效益）、公平（公平性）、3E 综合评估等方面的分数。

8.3 研究展望

8.3.1 研究的不足

本研究的不足主要体现在以下 4 个方面：

首先，本研究最大的不足之处是没有将现在已进行排污许可证申请与核发的工业行业全部纳入。由于不同行业企业的生产工艺、原材料、辅料、产品产量、治理工艺、生产时间、环境影响评价报告等数据的限制，虽然本研究所筛选出来的工业锅炉、水泥、玻璃、焦化、钢铁等 5 个工业行业的 SO_2、NO_x、一次 $PM_{2.5}$ 实际排放量占全部工业的比重已较大，但依然存在部分行业的污染物排放量无法纳入点源尺度许可排放量分配及综合评估耦合体系，无法实现对全部行业排污许可证的 100% 覆盖。今后在数据可获得的前提下，提高对全部行业排污许可证的覆盖度，从而提高分配及综合评估耦合体系的精确度。

其次，本研究没有将研究区域设置为京津冀地区或者京津冀及周边地区或者其他地区甚至全国。由于大气污染物环境容量、传输矩阵、排放清单、排污许可证等数据的限制，缩小了本研究的研究区域。待今后相关领域研究成果更加丰富后，可开展不同水平排放量背景下污染物许可排放量分配及综合评估研究，进一步提高污染物许可排放量分配及综合评估研究的精确度和可靠度。

再次，本研究仅进行 SO_2、NO_x、一次 $PM_{2.5}$ 许可排放量的分配与评估，缺少排污许可证申请与核发时的其他污染物的研究，待其他污染物的相关研究成果丰富后，本研究将其他污染物许可排放量纳入分配及综合评估研究，进一步提高污染物许可排放量分配及综合评估研究的精确度和可靠度。

最后，分配及综合评估体系的计算范围和参数选取，会给评估结果带来一定程度的不确定性。参照生态环境部门核发的排污许可证，企业排放口污染物排放限值从严设置，可能会低估基于排放标准法和标准+传输法的分配结果。模拟污染物浓度时，本研究所采用的基础排放清单、气象数据，均可能对模拟结果产生一定程度的不确定性。在计算效益时，仅选择了影响健康的 $PM_{2.5}$，未考虑 SO_2、NO_x 等其他污染物带来的效益，造成效益在一定程度上的低估。不同行业的污染物单位治理成本可能存在差异，但本研究仅选择同一行业污染物单位治理成本来代表不同行业的污染物单位治理成本，可能带来一定程度的不确定性。城市工业 GDP、工业利润、工业增加值、工业就业人口等及其对应工业行业的污染物排放量的数据限制，可能也会对公平性结果带来一定程度的不确定性。

8.3.2 在我国环境管理、环境政策领域的应用

本研究所构建的污染物许可排放量分配及综合评估体系，以及单项评估、综合评估评分模型，为我国环境管理、环境政策领域的管理和科研提供研究思路和科学依据。本研究在我国环境管理、环境政策领域的应用主要有以下两个方面：

第一，在我国排污许可、总量控制领域中的应用。可考虑在分配研究中纳入更多的已发布排污许可证申请与核发规范的行业。可考虑在水污染物方面进行与本研究类似的研究。可考虑将排污许可证的其他污染物也纳入与本研究类似的研究中。可考虑全国、区域等大尺度的系统全面的分配及综合评估研究。

第二，在污染防治精细化管理与评估领域中的应用。借鉴本研究的研究思路、技术、方法，在制定污染防治规划与政策时，构建各项治污措施所带来的污染物

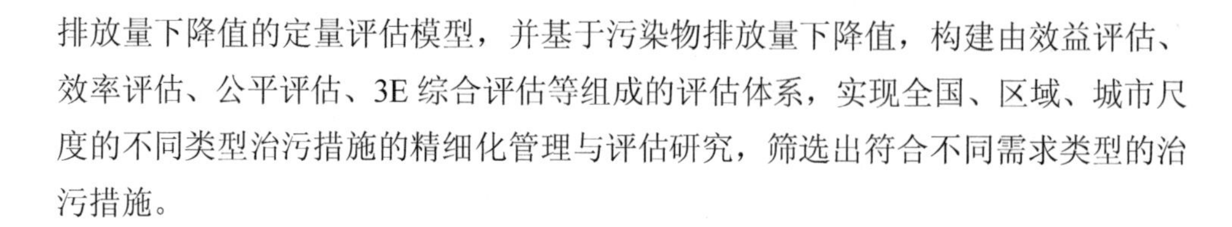
排放量下降值的定量评估模型，并基于污染物排放量下降值，构建由效益评估、效率评估、公平评估、3E 综合评估等组成的评估体系，实现全国、区域、城市尺度的不同类型治污措施的精细化管理与评估研究，筛选出符合不同需求类型的治污措施。

8.3.3 在污染物许可排放量分配及综合评估体系领域的研究

基于本研究的不足以及目前国内外最新研究进展，在我国污染物许可排放量分配及综合评估体系领域中，以下两个方面可能是未来的重要研究方向：

第一，在分配方法研究方面。首先，可开展不同行业的不同污染物排放限值对分配方法的影响研究，为分配方法提供科学依据。其次，可开展不同尺度范围下的城市传输矩阵研究，也可开展不同污染物种类的城市传输矩阵研究，为分配方法提供基础数据。再次，可开展日、月、季度、重污染时期等时间维度的环境容量研究，可开展最不利、最有利、最平常等气象维度的环境容量研究，也可开展不同尺度范围的环境容量研究，为分配方法提供基础数据。然后，开展基础排放清单的不同污染物总量对分配结果的影响研究，为分配方法提供科学依据。最后，可结合高分辨率网格的环境容量与空间区划，开展网格中点源许可排放量分配研究，为分配方法提供科学依据。

第二，在分配结果评估研究方面。首先，可开展基础排放清单的不同污染物总量对分配结果的影响研究，为分配方法提供科学依据。其次，可扩展非 $PM_{2.5}$ 污染物带来的效益评估，关注健康效应、健康终端货币化研究，进而完善分配结果评估研究，为分配结果评估提供基础数据。再次，可关注更新不同行业企业污染物治理成本，为分配结果评估提供基础数据。最后，进一步明确行业经济社会数据，为分配结果评估提供基础数据。

参考文献

[1] ABaCAS-China 项目团队．大气污染控制成本评估工具（ICET）[EB/OL]. http://www.abacas-dss.com/abacasChinese/ABaCASSystem.aspx，2017-09-05. 2017a.

[2] ABaCAS-China 项目团队．中国空气污染控制成本效益与达标评估系统（ABaCAS）[EB/OL]. http://www.abacas-dss.com/abacasChinese/Default.aspx，2017-09-05. 2017b.

[3] 北京市统计局．北京统计年鉴 2017 [M]．北京：中国统计出版社，2018.

[4] 保定市统计局．保定统计年鉴 2017[M]．北京：中国统计出版社，2018.

[5] 毕军．为流域水质目标管理提供支撑[N]．新华日报，2016-12-22（4）.

[6] 毕军，周国梅，张炳，等．排污权有偿使用的初始分配价格研究[J]．环境保护，2007，35（13）：51-54.

[7] 白颖杰．基于技术的排污许可限值核定技术研究[D]．郑州大学，2019.

[8] 沧州市统计局．沧州统计年鉴 2017[M]．北京：中国统计出版社，2018.

[9] 陈文颖，方栋，薛大知．总量控制规划中允许排放量的平权分配[J]．环境污染与防治，1998，20（4）：4-7.

[10] 陈茂云．试论排污许可证制度[J]．重庆环境科学，1990（6）：6-10.

[11] 陈仁杰，陈秉衡，阚海东．我国 113 个城市大气颗粒物污染的健康经济学评价[J]．中国环境科学，2010，30（3）：410-415.

[12] 陈艳萍，胡玉盼．基于组合赋权的水污染物总量区域分配方法[J]．水资源保护，2015（6）：170-173.

[13] 陈姝，郑怡，陈亢利．基于信息熵法和变异系数法的 SO_2 排污权行业分配研究[J]．污染防治技术，2017，30（2）：7-11.

[14] 陈佳璇，成润禾，李巍．城市工业大气污染物排放总量统筹分配研究[J]．中国环境科学，2018，38（12）：4737-4741.

[15] 陈振明．政策科学[M]．北京：中国人民大学出版社，1998：350.

[16] 邓义祥，孟伟，郑丙辉，等．基于响应场的线性规划方法在长江口总量分配计算中的应用[J]．环境科学研究，2009，22（9）：995-1000.

[17] 邓雪，李家铭，曾浩健，等．层次分析法权重计算方法分析及其应用研究[J]．数学的实践与认识，2012，42（7）：93-100.

[18] 董战峰，裘浪，郝春旭，等．松花江流域水污染物总量分配研究[J]．生态经济，2016，32（1）：152-155.

[19] 董战峰，王军锋，璩爱玉，等．OECD 国家环境政策费用效益分析实践经验及启示[J]．环境保护，2017，45（S1）：93-98.

[20] 窦妍，汪彤，舒木水，等．基于中尺度空气质量模型的北京市城区 $PM_{2.5}$ 人口暴露情况初步研究[J]．安全，2018，39（8）：20-23.

[21] 戴平．水功能区达标规划中的点源削减量分配方法应用研究[D]．扬州大学，2016.

[22] 戴海夏，安静宇，李莉，等．上海市实施清洁空气行动计划的健康收益分析[J]．环境科学，2019，40（1）：24-32.

[23] 段海燕，王培博，蔡飞飞，等．省域污染物总量控制指标差异性公平分配与优化算法研究——基于不对称 Nash 谈判模型[J]．中国人口 • 资源与环境，2018，28（8）：56-67.

[24] 冯晓飞，卢瑛莹，陈佳．浙江省排污许可证制度改革探索与实践[J]．环境影响评价，2016（2）：61-63.

[25] 范凤岩，王洪飞，樊礼军．京津冀地区空气污染的健康经济损失评估[J]．生态经济，2019，35（9）：157-163.

[26] 范绍佳，黄志兴，刘嘉玲．大气污染物排放总量控制 A-P 值法及其应用[J]．中国环境科学，1994（6）：407-410.

[27] 傅平，王华东．水质污染总量的合理分配研究[J]．重庆环境科学，1992，14（2）：10-14.

[28] 郭宏飞，倪晋仁，王裕东．基于宏观经济优化模型的区域污染负荷分配[J]．应用基础与工程科学学报，2003，11（2）：133-142.

[29] 郭金玉，张忠彬，孙庆云．层次分析法的研究与应用[J]．中国安全科学学报，2008，18（5）：148-153.

[30] 郭高丽．经环境污染损失调整的绿色 GDP 核算研究及实例分析[D]．武汉：武汉理工大学，2006.

[31] 郭际，刘慧，吴先华，等．基于 ZSG-DEA 模型的大气污染物排放权分配效率研究[J]．中国软科学，2015（11）：176-185.

[32] 郭默，毕军，王金南．中国排污权有偿使用定价及政策影响研究[J]．中国环境管理，2017，9（1）：41-51.

[33] 郭默．基于最优控制的中国排污权有偿使用定价及政策效果研究[D]．南京大学，2018.

[34] 国家环境保护局．制定地方大气污染物排放标准的技术方法（GB/T 13201—1991）[S]. 1991

[35] 国家环境保护局，中国环境科学研究院．城市大气污染总量控制方法手册[M]．北京：中国环境科学出版社，1991.

[36] 国家环境保护总局．关于征求对《排污许可证管理条例》（征求意见稿）意见的函[DB/OL]. http://www.mep.gov.cn/gkml/zj/bgth/200910/t20091022_174420.htm，2008-01-14.

[37] 国家卫生健康委员会．中国卫生和计划生育年鉴 2018[M]．北京：北京协和医科大学出版社，2018.

[38] 国家统计局．中国统计年鉴 2018[M]．北京：中国统计出版社，2019.

[39] 国家统计局．中国统计年鉴 2017[M]．北京：中国统计出版社，2018.

[40] 环境保护部．环境空气质量标准（GB 3095—2012）[S]．北京：中国环境科学出版社，2012.

[41] 环境保护部．全国环境统计公报（2015 年）[R]. 2017.

[42] 环境保护部．第三次全国环境保护会议（1989 年 4 月 28 日至 5 月 1 日）[DB/OL]. http://www.zhb.gov.cn/home/ztbd/gzhy/hbdh/diqicihbdh/ljhbdh/201112/t20111221_221580.shtml，2011-12-21.

[43] 环境保护部．关于印发《排污许可证管理暂行规定》的通知[DB/OL]. http://www.mep.gov.cn/gkml/hbb/bwj/201701/t20170105_394012.htm，2016-12-23，2016a.

[44] 环境保护部．关于开展火电、造纸行业和京津冀试点城市高架源排污许可证管理工作的通知[DB/OL]. http://www.zhb.gov.cn/gkml/hbb/bwj/201701/t20170105_394016.htm，2016-12-27，2016b.

[45] 环境保护部．排污许可管理办法（试行）：部令第 48 号[A]. 2018.

[46] 环境保护部．排污单位自行监测技术指南　总则（HJ 819—2017）[S]．北京：中国环境出版集团，2017.

[47] 环境保护部．京津冀大气污染防治强化措施方案（2016—2017 年）[EB/OL]. http://www.waizi.org.cn/law/13882.html，2016c.

[48] 河北省人民政府．河北经济年鉴 2018[M]．北京：中国统计出版社，2018.

[49] 郝信东．基于信息熵的水污染物总量分配与控制策略研究[D]．天津大学，2010.

[50] 郝吉明，尹伟伦，岑可法．中国大气 $PM_{2.5}$ 污染防治策略与技术途径[M]．北京：科学出版社，2016.

[51] 胡景星，匡运臣．实施排污许可证制度是深化环境管理的重要措施[J]．环境科学研究，1995，（2）：43-44.

[52] 韩建光．广州市大气排污许可证制度的实施[J]．环境科学研究，1995（2）：47-48.

[53] 何冰，欧厚金．区域水污染物削减总量分配的层次分析方法[J]．环境工程，1991，9（6）：50-53.

[54] 黄玉凯．谈推行排污许可证制度中的几个关系[J]．中国环境管理，1991（4）：14-16.

[55] 黄显峰，邵东国，顾文权．河流排污权多目标优化分配模型研究[J]．水利学报，2008，39（1）：73-78.

[56] 黄彬彬，王先甲，胡振鹏，等．基于纳污红线的河流排污权优化分配模型[J]．长江流域资源与环境，2011，20（12）：1508-1513.

[57] 黄德生，张世秋．京津冀地区控制 $PM_{2.5}$ 污染的健康效益评估[J]．中国环境科学，2013，33（1）：166-174.

[58] 金玲，杨金田，陈潇君．基于 DEA 模型的我国大气污染物省际分配方法[J]．环境与可持续发展，2013，38（3）：21-25.

[59] 蒋洪强，张静，周佳．关于排污许可制度改革实施的几个关键问题探讨[J]．环境保护，2016，44（23）：14-16.

[60] 蒋洪强，张静，卢亚灵，等．基于主体功能区约束的大气污染物总量控制目标分配研究[J]．地域研究与开发，2015，34（3）：137-142.

[61] 蒋洪强，徐玖平．旅游生态环境成本计量模型及实例分析[J]．经济体制改革，2002（1）：99-102.

[62] 蒋洪强，程曦，周佳，等．环境政策的费用效益分析：理论方法与案例[M]．北京：中国环境出版集团，2018.

[63] 蒋春来，王金南，宋晓晖，等．基于环境质量的大气总量减排管理体系研究[J]．环境与可持续发展，2016（1）：29-32.

[64] 靳乐山．中国的环境价值评估：理论与实践[J]．环境科学动态，1997（4）：1-4.

[65] 嵇灵烨．基于环境容量的总量控制方法比较研究[D]．浙江大学，2018.

[66] 姜磊．苕溪流域非点源水污染预测及总量分配方法研究[D]．浙江大学，2011.

[67] 雷宇，薛文博，张衍燊，等．国家《大气污染防治行动计划》健康效益评估[J]．中国环境管理，2015，7（5）：50-53.

[68] 李蕾．排污许可证制度的特点[J]．中国环境科学，1993（4）：307-310.

[69] 李元实，杜蕴慧，柴西龙，等．污染源全面管理的思考：以促进环境影响评价与排污许可证制度衔接为核心[J]．环境保护，2015，43（12）：49-52.

[70] 李开明，陈铣成，许振成．潮汐河网区水污染总量控制及其分配方法[J]．环境科学研究，1990，105（6）：36-42.

[71] 李红梅．多目标优化演化算法研究综述[J]．现代计算机：专业版，2009（4）：44-46.

[72] 李寿德，黄桐城．初始排污权分配的一个多目标决策模型[J]．中国管理科学，2003，11（6）：40-44.

[73] 李寿德，黄桐城．基于经济最优性与公平性的初始排污权免费分配模型[J]．系统管理学报，2004，13（3）：282-285.

[74] 李如忠．区域水污染物排放总量分配方法研究[J]．环境工程，2002，20（6）：61-63.

[75] 李如忠，钱家忠，汪家权．水污染物允许排放总量分配方法研究[J]．水利学报，2003（5）：112-115.

[76] 李如忠，汪家权，钱家忠．区域水污染负荷分配的 Delphi-AHP 法[J]．哈尔滨工业大学学报，2005，37（1）：84-88.

[77] 李如忠，舒琨．基于基尼系数的水污染负荷分配模糊优化决策模型[J]．环境科学学报，2010，30（7）：1518-1526.

[78] 李泽琪，张玥，王晓燕，等．基于不同层级排污单元的水污染负荷分配方法[J]．资源科学，2018，40（7）：1429-1437.

[79] 李晓，陈红枫，李湘凌，等．基于波尔兹曼的安徽省 SO_2 初始排污权分配研究[J]．中国人口·资源与环境，2013，23（S2）：317-320.

[80] 李宗恺．空气污染气象学原理及应用[M]．北京：气象出版社，1985.

[81] 李干杰．持续推进排污许可制改革 提升环境监管效能[N]．经济日报，2020-01-11（9）.

[82] 刘春玉．为确立中国的排污许可证制度积极创造条件[J]．环境保护，1990，18（8）：1-3.

[83] 刘作森，李波．推行排污许可证制度强化环境监督管理[J]．山东环境，1997（4）：20-21.

[84] 刘源．我国排污许可证制度现状分析及完善[D]．上海：上海交通大学，2011.
[85] 刘巧玲，王奇．基于区域差异的污染物削减总量分配研究——以 COD 削减总量的省际分配为例[J]．长江流域资源与环境，2012，21（4）：512-517.
[86] 刘年磊，蒋洪强，卢亚灵，等．水污染物总量控制目标分配研究——考虑主体功能区环境约束[J]．中国人口·资源与环境，2014，24（5）：80-87.
[87] 刘杰．基于最大加权信息熵模型的水污染物总量分配[J]．长江科学院院报，2015，32（1）：16-20.
[88] 刘蓓蓓，李凤英，俞钦钦，等．长江三角洲城市间环境公平性研究[J]．长江流域资源与环境，2009，18（12）：1093-1097.
[89] 刘奇，李智，姚刚．基于基尼系数的水污染物总量分配公平性研究[J]．中国给水排水，2016，32（11）：90-94.
[90] 卢瑛莹，王高亭，冯晓飞．浙江省排污许可证制度实践与思考[J]．环境保护，2014，42（14）：30-32.
[91] 卢小燕．基于水环境容量的点源主要污染物总量分配方法及应用研究[D]．哈尔滨师范大学，2015.
[92] 卢瑛莹，冯晓飞，陈佳，等．基于"一证式"管理的排污许可证制度创新[J]．环境污染与防治，2014，36（11）：89-91.
[93] 罗艳．基于 DEA 方法的指标选取和环境效率评价研究[D]．中国科学技术大学，2012.
[94] 廊坊市统计局．廊坊统计年鉴 2017[M]．北京：中国统计出版社，2018.
[95] 马晓明，王东海，易志斌，等．城市大气污染物允许排放总量计算与分配方法研究[J]．北京大学学报（自然科学版），2006，42（2）：271-275.
[96] 马国霞，彭菲，於方，等．"散乱污"企业的环境成本及其社会经济效益调查分析[R]．重要环境决策参考，2018.
[97] 牟雪洁，饶胜，蒋洪强，等．北京市延庆区生态环境（绿色 GDP）核算体系研究[J]．环境生态学，2019，1（3）：1-9.
[98] 苗壮，孙作人．节能、"减霾"与大气污染物排放权分配[J]．中国工业经济研究，2013，6（6）：31-43.
[99] 欧阳晓光．大气环境容量 A-P 值法中 A 值的修正算法[J]．环境科学研究，2008，21（1）：37-40.

[100] 彭菲，於方，马国霞．2004—2014 年我国大气污染防治的费效分析[A]//环境经济研究进展（第十一卷）．北京：中国环境出版集团，2017：122-125.

[101] 彭菲，於方，马国霞，等．“2+26”城市“散乱污”企业的社会经济效益和环境治理成本评估[J]．环境科学研究，2018，31（12）：1993-1999.

[102] 彭妮娅．居民收入差距的测度、影响因素及经济效应研究[D]．湖南大学，2013.

[103] 秦迪岚，韦安磊，卢少勇，等．基于环境基尼系数的洞庭湖区水污染总量分配[J]．环境科学研究，2013，26（1）：8-15.

[104] 尚方方．我国钢铁企业环境成本核算[D]．鞍山：辽宁科技大学，2013.

[105] 石佳超，罗坤，樊建人，等．基于 CMAQ 与前馈神经网络的区域大气污染物浓度快速响应模型[J]．环境科学学报，2018，38（11）：4480-4489.

[106] 盛虎，李娜，郭怀成，等．流域容量总量分配及排污交易潜力分析[J]．环境科学学报，2010，30（3）：655-663.

[107] 盛叶文，朱云，陶谨，等．典型城市臭氧污染源贡献及控制策略费效评估[J]．环境科学学报，2017，37（09）：3306-3315.

[108] 宋国君，韩冬梅，王军霞．中国水排污许可证制度的定位及改革建议[J]．环境科学研究，2012（9）：1071-1076.

[109] 宋国君，马中，姜妮．环境政策评估及对中国环境保护的意义[J]．环境保护，2003，31（12）：34-37.

[110] 孙佑海．实现排污许可全覆盖：《控制污染物排放许可制实施方案》的思考[J]．环境保护，2016，44（23）：9-12.

[111] 孙佑海．如何完善落实排污许可制度？[J]．环境保护，2014，42（14）：17-21.

[112] 孙卫民，朱法华，朱庚富，等．电力行业 SO_2 排污指标的分配研究[J]．电力科技与环保，2003，19（3）：14-17.

[113] 孙俏．火电企业环境成本核算研究[D]．北京：华北电力大学，2016.

[114] 生态环境部．习近平出席全国生态环境保护大会并发表重要讲话[R] http://www.mee.gov.cn/home/ztbd/gzhy/qgsthjbhdh/qgdh_zyjh/201807/t20180713_446605.shtml. 2018.

[115] 生态环境部．2018 年中国生态环境状况公报[R]. 2019.

[116] 生态环境部．固定污染源排污许可分类管理名录（2019 年版）[DB/OL]. http://www.mee.gov.cn/xxgk2018/xxgk/xxgk02/202001/t20200103_757178.html，2020-01-03.

[117] 上海市人民政府．上海市黄浦江上游水源保护条例[J]．上海水务，1985（2）：6-8.
[118] 石家庄市统计局．石家庄统计年鉴 2017[M]．北京：中国统计出版社，2018.
[119] 天津市统计局．天津统计年鉴 2017[M]．北京：中国统计出版社，2018.
[120] 唐山市统计局．唐山统计年鉴 2017[M]．北京：中国统计出版社，2018.
[121] 谭昌岚．大气污染物总量控制方法研究与应用[D]．大连：大连理工大学，2005.
[122] 王文兴．中国酸雨成因研究[J]．中国环境科学，1994，14（5）：323-325，327-329.
[123] 王金南，吴悦颖，雷宇，等．中国排污许可制度改革框架研究[J]．环境保护，2016，44（3-4）：10-16.
[124] 王金南，叶维丽，蒋春来，等．中国排污许可证制度评估与完善路线图[J]．重要环境决策参考，2014，10（5）：7-44.
[125] 王金南，杨金田，Stephanie B C，等．二氧化硫排放交易——中国的可行性[M]．北京：中国环境科学出版社，2002.
[126] 王金南，潘向忠．线性规划方法在环境容量资源分配中的应用[J]．环境科学，2005，26（6）：195-198.
[127] 王金南，高树婷．排放绩效：电力减排新机制[M]．北京：中国环境科学出版社，2006.
[128] 王金南，蒋春来，张文静．关于"十三五"污染物排放总量控制制度改革的思考[J]．环境保护，2015，43（21）：21-24.
[129] 王金南，蒋洪强，曹东，等．绿色国民经济核算[M]．北京：中国环境科学出版社，2009.
[130] 王金南，马国霞，於方，等．2015 年中国经济-生态生产总值核算研究[J]．中国人口·资源与环境，2018，28（2）：1-7.
[131] 王金南，逯元堂，周劲松，等．基于 GDP 的中国资源环境基尼系数分析[J]．中国环境科学，2006，26（1）：111-115.
[132] 王金南．为什么要对环境政策进行评估？[N]．中国环境报，2007-11-14（2）.
[133] 王昆婷．排污许可制度国际研讨会召开[N]．中国环境报，2015-12-07（1）.
[134] 王昆婷．全国环境保护工作会议在京召开[N]．中国环境报，2016-01-12（1）.
[135] 王灿发．加强排污许可证与环评制度的衔接势在必行[J]．环境影响评价，2016，38（2）：6-8.
[136] 王媛，牛志广，王伟．基尼系数法在水污染物总量区域分配中的应用[J]．中国人口·资源与环境，2008，18（3）：177-180.

[137] 王丽琼. 基于公平性的水污染物总量分配基尼系数分析[J]. 生态环境学报，2008，17（5）：1796-1801.

[138] 王媛，张宏伟，杨会民，等. 信息熵在水污染物总量区域公平分配中的应用[J]. 水利学报，2009，40（9）：1103-1107，1115.

[139] 王国庆，崔敏. 基于基尼系数的微观点源间污染物总量优化分配[J]. 科技管理研究，2012，32（20）：234-237.

[140] 王占山，李晓倩，王宗爽，等. 空气质量模型 CMAQ 的国内外研究现状[J]. 环境科学与技术，2013，36（1）：386-391.

[141] 王庆九，李洁，杨峰. 南京市 VOCs 治理成本分析与污费征收策略研究[J]. 安徽农学通报，2017，23（22）：82-84.

[142] 王燕丽，薛文博，雷宇，等. 京津冀区域 $PM_{2.5}$ 污染相互输送特征[J]. 环境科学，2017，38（12）：4897-4904.

[143] 王冰，王信增，梁利利. 基于八大经济区的绿色贡献系数分析[J]. 环境污染与防治，2018，40（1）：118-122.

[144] 魏玉霞，张明慧，胡林林，等. 基于水污染物排放标准的排污许可总量计算方法及应用性探讨[J]. 环境工程技术学报，2016，6（6）：629-635.

[145] 苑清敏，高凤凤. 基于改进等比例分配方法的大气污染物总量分配效率[J]. 科技管理研究，2016，36（13）：197-204.

[146] 完善，李寿德，马琳杰. 流域初始排污权分配方式[J]. 系统管理学报，2013，22（2）：278-281.

[147] 吴报中，樊元生，李蕾. 排污许可证制度在环境管理中发挥重要作用[J]. 环境科学研究，1995（2）：3-9.

[148] 吴铁，胡颖华，柴西龙，等. 澳大利亚环评与排污许可制度衔接调研报告[R]. 环境评估咨询报告，2015.

[149] 吴卫星. 论我国排污许可的设定：现状、问题与建议[J]. 环境保护，2016，44（23）：26-30.

[150] 吴悦颖，叶维丽. 推进排污许可制的八项创新[N]. 中国环境报，2017-02-07（3）.

[151] 吴殿廷，李东方. 层次分析法的不足及其改进的途径[J]. 北京师范大学学报：自然科学版，2004，40（2）：264-268.

[152] 吴德胜. 数据包络分析若干理论和方法研究[D]. 中国科学技术大学，2006.

[153] 吴丹，王亚华. 基于判别准则基尼系数法的流域初始排污权配置模型[J]. 中国环境科学，

2012，32（10）：1900-1905.

[154] 吴文俊，蒋洪强，段扬，等. 基于环境基尼系数的控制单元水污染负荷分配优化研究[J]. 中国人口·资源与环境，2017，27（5）：8-16.

[155] 吴文景，常兴，邢佳，等. 京津冀地区主要排放源减排对 $PM_{2.5}$ 污染改善贡献评估[J]. 环境科学，2017（3）：25-33.

[156] 卫生统计与信息中心. 2013 年全国卫生服务调查分析报告[R/OC]. 2016. http://www.nhfpc.gov.cn/mohwsbwstjxxzx/s8211/201610/9f109ff40e9346fca76dd82cecf419ce.shtml/.

[157] 夏青. 中国的排污许可证制度与总量控制技术突破[J]. 环境科学研究，1991（1）：37-43.

[158] 夏光，冯东方，程路连，等. 六省市排污许可证制度实施情况调研报告[J]. 环境保护，2005，33（6）：57-62.

[159] 许艳玲，杨金田，蒋春来，等. 排放绩效在火电行业大气污染物排放总量分配中的应用[J]. 安全与环境学报，2013，13（6）：108-111.

[160] 薛文博，付飞，王金南，等. 基于全国城市 $PM_{2.5}$ 达标约束的大气环境容量模拟[J]. 中国环境科学，2014，34（10）：2490-2496.

[161] 薛文博，王金南，杨金田，等. 国内外空气质量模型研究进展[J]. 环境与可持续发展，2013，38（3）：14-20.

[162] 肖晓伟，肖迪，林锦国，等. 多目标优化问题的研究概述[J]. 计算机应用研究，2011，28（3）：805-808.

[163] 肖伟华，秦大庸，李玮，等. 基于基尼系数的湖泊流域分区水污染物总量分配[J]. 环境科学学报，2009，29（8）：1765-1771.

[164] 幸娅，张万顺，王艳，等. 层次分析法在太湖典型区域污染物总量分配中的应用[J]. 中国水利水电科学研究院学报，2011，9（2）：155-160.

[165] 徐百福. 水污染物允许排放总量优化分配的不公平问题[J]. 中国环境管理，1993（3）：19-21.

[166] 徐梦鸿. 基于 VIKOR 方法的吉林省 COD 总量控制指标分解方法选择与评价研究[D]. 吉林大学，2019.

[167] 徐家良，范笑仙. 制度安排、制度变迁与政府管制限度——对排污许可证制度演变过程的分析[J]. 上海社会科学院学术季刊，2002（1）：13-20.

[168] 徐宽. 基尼系数的研究文献在过去八十年是如何拓展的[J]. 经济学：季刊，2003（3）：

757-778.

[169] 徐江. 基于 AHP 和基尼系数交互反馈的流域目标削减量分配模型研究[D]. 华中科技大学，2013.

[170] 谢元博，陈娟，李巍．雾霾重污染期间北京居民对高浓度 $PM_{2.5}$ 持续暴露的健康风险及其损害价值评估[J]．环境科学，2014，35（1）：1-8.

[171] 谢杨，戴瀚程，花岡達也，等．$PM_{2.5}$ 污染对京津冀地区人群健康影响和经济影响[J]．中国人口·资源与环境，2016（26）：19-27.

[172] 谢旭轩．健康的价值：环境效益评估方法与城市空气污染控制策略[D]．北京：北京大学，2011.

[173] 闫家鹏．大气污染治理设施运行成本分析[J]．黑龙江科技信息，2009（28）：217.

[174] 尹真真，刘玉洁．三峡库区污染物总量分配的公平性评估[J]．环境科学与技术，2014，37（6）：191-195.

[175] 阎正坤．基于 Delphi-AHP 和基尼系数法的流域水污染物总量分配模型研究[D]．太原理工大学，2012.

[176] 袁钦汉，王安德．深化排污许可证制度的探讨[J]．山东环境，1995（4）：1-4.

[177] 于淑秋，徐祥德，林学椿．北京市区大气污染的时空特征[J]．应用气象学报，2002，13（z1）：92-99.

[178] 易永锡，李寿德，李峻．基于社会最优的初始排污权分配方式研究[J]．上海管理科学，2012，34（5）：95-98.

[179] 杨玉峰．不确定条件下总量分配的研究[J]．中国环境管理干部学院学报，2000，10（2）：27-33.

[180] 杨玉峰，傅国伟．区域差异与国家污染物排放总量分配[J]．环境科学学报，2001，21（2）：129-133.

[181] 杨吉林．城市大气污染总量控制方法手册[M]．北京：中国环境科学出版社，1991.

[182] 杨国梁，刘文斌，郑海军．数据包络分析方法（DEA）综述[J]．系统工程学报，2013，28（6）：840-860.

[183] 杨永俊，赵骞，韩成伟，等．基于公平原则的海域—流域水污染物总量分配方法研究[J]．海洋环境科学，2019，38（5）：796-803.

[184] 杨毅，朱云，Carey Jang，等．空气污染与健康效益评估工具 BenMAP-CE 研发[J]．环境

科学学报，2013，33（9）：2395-2401.

[185] 杨建军，董小林，张振文．城市大气环境治理成本核算及其总量、结构分析——以西安市为例[J]．环境污染与防治，2014，36（11）：100-105.

[186] 杨静．大气污染防治的减排成本及健康效益研究[D]．南京大学，2019.

[187] 杨建军，董小林，张振文．城市大气环境治理成本核算及其总量、结构分析：以西安市为例[J]．环境污染与防治，2014，36（11）：100-105.

[188] 颜蕾，彭建华．SO_2初始排污权分配模式研究[J]．重庆理工大学学报：社会科学版，2010，24（10）：60-64.

[189] 叶维丽，宋晓晖，雷宇，等．BAT/BPT 与排污许可：关系与定位[R]．环境保护部环境规划院排污许可与交易研究中心，2016.

[190] 叶维丽，文宇立，郭默，等．基于数据包络分析的水污染物排放指标初始分配方法与案例研究[J]．环境污染与防治，2014，36（10）：102-105.

[191] 叶礼奇．基尼系数计算方法[J]．中国统计，2003，4：58-59.

[192] 於方，王金南，曹东，等．中国环境经济核算技术指南[M]．北京：中国环境科学出版社，2009：20-45.

[193] 於海军，罗坤．基于 WRF-CMAQ-Fluent 的城市环境数值模拟[J]．能源工程，2016（3）：41-45.

[194] 於方，过孝民，张衍桑，等．2004 年中国大气污染造成的健康经济损失评估[J]．环境与健康杂志．2007，24（12）：999-1003.

[195] 中央政府门户网站．中华人民共和国主席令　第八十七号[DB/OL]. http://www.gov.cn/flfg/2008-02/28/content_905050.htm，2008-02-28.

[196] 中央政府门户网站．中华人民共和国大气污染防治法[DB/OL]. http://www.gov.cn/bumenfuwu/2012-11/13/content_2601279.htm，2012-11-13.

[197] 中央政府门户网站．中华人民共和国环境保护法（中华人民共和国主席令　第九号）[DB/OL]. http://www.gov.cn/zhengce/2014-04/25/content_2666434.htm，2014-04-25，2014a.

[198] 中央政府门户网站．国务院办公厅关于进一步推进排污权有偿使用和交易试点工作的指导意见[DB/OL]. http://www.gov.cn/zhengce/content/2014-08/25/content_9050.htm. 2014-08-25，2014b.

[199] 中央政府门户网站．中共中央 国务院印发《生态文明体制改革总体方案》[DB/OL].

http://www.gov.cn/guowuyuan/2015-09/21/content_2936327.htm，2015-09-21.

[200] 中央政府门户网站．控制污染物排放许可制实施方案[DB/OL]. http://www.gov.cn/zhengce/content/2016-11/21/content_5135510.htm，2016-11-21.

[201] 中国清洁空气政策伙伴关系.《中国空气质量改善的协同路径（2019）：“蓝天保卫战”目标下的新机遇》[R]. 2019.

[202] 邹世英，柴西龙，杜蕴慧，等. 排污许可制度改革的技术支撑体系[J]. 环境影响评价，2018，40（1）：1-5.

[203] 祝兴祥．实行排污许可证制度势在必行[J]．环境保护，1989，17（4）：3-4.

[204] 祝兴祥，夏青等．中国的排污许可证制度[M]．北京：中国环境科学出版社，1991a.

[205] 祝兴祥，骆建明．中国排污许可证制度的产生、发展及现状[J]．世界环境，1991b（1）：26-26.

[206] 朱法华，薛人杰，朱庚富，等．利用排放绩效分配电力行业 SO_2 排放配额的研究[J]．中国电力，2003，36（12）：76-79.

[207] 朱法华，王圣．SO_2 排放指标分配方法研究及在我国的实践[J]．环境科学研究，2005，18（4）：36-41.

[208] 周威．基于排放绩效的火电行业氮氧化物控制机制研究[D]．中国环境科学研究院，2010.

[209] 张建宇．美国排污许可制度管理经验——以水污染控制许可证为例[J]．环境影响评价，2016a，38（2）：23-26.

[210] 张建宇．美国排污许可制度有哪些经验[J]．人民周刊，2016b（2）：56-57.

[211] 张兴榆，黄贤金，赵小风，等．水功能区划在流域排污权初始分配中的应用——以沙颍河流域为例[J]．生态环境学报，2009，18（1）：116-121.

[212] 张迎珍．大气污染物总量控制方法的研究[J]．环境工程学报，2002，3（6）：40-42.

[213] 张培，章显，于鲁冀．排污权有偿使用阶梯式定价研究——以化学需氧量排放为例[J]．生态经济，2012（8）：60-62.

[214] 张近乐，任杰．熵理论中熵及熵权计算式的不足与修正[J]．统计与信息论坛，2011，26（1）：3-5.

[215] 张翔，戴瀚程，靳雅娜，等．京津冀居民生活用煤“煤改电”政策的健康与经济效益评估[J]．北京大学学报（自然科学版），2019，55（2）：367-376.

[216] 郑佩娜，陈海波，陈新庚，等．基于 DEA 模型的区域削减指标分配研究[J]．环境工程学

报，2007，1（11）：133-139.

[217] 赵英煛，宋国君．守法监测与合规核查，固定源监管的关键？——排污许可证管理的美国经验之一[J]．环境经济，2015（30）：13-14.

[218] 赵若楠，李艳萍，扈学文，等．论排污许可证制度对点源排放控制政策的整合[J]．环境污染与防治，2015，37（2）：93-99.

[219] 赵越．大气污染对城市居民的健康效应及经济损失研究[D]．中国地质大学（北京），2007.

[220] Allison P D. Measures of inequality[J]. American Sociological Review，1978，43（6）：865-880.

[221] Atkinson A B. On the measurement of inequality[J]. Journal of Economic Theory，1970，2（3）：244-263.

[222] Audenaert A，Boeck L D，Roelants K. Economic analysis of the profitability of energy-saving architectural measures for the achievement of the EPB-standard[J]. Energy，2010，35（7）：2965-2971.

[223] Bendel R B，Higgins S S，Teberg J E，et al. Comparison of skewness coefficient，coefficient of variation，and Gini coefficient as inequality measures within populations[J]. Oecologia，1989，78（3）：394-400.

[224] Chen Z，Wang J N，Ma G X，et al. China tackles the health effects of air pollution[J]. Lancet，2013，382（9909）：1959-1960.

[225] Costanza R. Integrated environmental and economic accounting-1993[R]. New York：United Nations，1993：6-10.

[226] Costanza R. The value of the world's ecosystem services and natural capital[J]. Nature，1997，5：253-259.

[227] Cucchiella F，D'Adamo I，Gastaldi M，et al. Efficiency and allocation of emission allowances and energy consumption over more sustainable European economies[J]. Journal of Cleaner Production，2018，182. 805-817.

[228] Czarnowska L，Frangopoulos C A. Dispersion of pollutants，environmental externalities due to a pulverized coal power plant and their effect on the cost of electricity[J]. Energy，2012，41（1）：212-219.

[229] Ding Dian，Xing Jia，Wang Shuxiao，et al. Estimated contributions of emissions controls，meteorological factors，population growth，and changes in baseline mortality to reductions in

ambient $PM_{2.5}$ and $PM_{2.5}$-related mortality in China，2013–2017[J]. Environ. Health Perspect，2019，127，067009.

[230] Ding Dian，Zhu Yun，Jang Carey，et al. Evaluation of health benefit using BenMAP-CE with an integrated scheme of model and monitor data during Guangzhou Asian Games[J]. Journal of Environmental Sciences，2016，42（4）：9-18.

[231] Drezner T，Drezner Z，Guyse J. Equitable service by a facility：Minimizing the Gini coefficient[J]. Computers & Operations Research，2009，36（12）：3240-3246.

[232] Duan Haiyan，Cui Liyan，Song Junnian，et al. Allocation of pollutant emission permits at industrial level：Application of a bidirectional-coupling optimization model[J]. Journal of Cleaner Production，2020，242.

[233] European Commission. Directive 2008/1/EC of the European Parliament and of the Council of 15 January 2008 concerning integrated pollution prevention and control（Codified version）[EB/OL]. 2008. http://eur-lex.europa.eu/LexUriServ/LexUriServ. do? uri= CELEX：32008L0001：EN：NOT. 2017-2-12.

[234] European Commission. Directive 2010/75/EU of the European Parliament and of the Council of 24 November 2010 on industrial emissions（integrated pollution prevention and control）（Recast）[EB/OL]. 2010d. http://eur-lex. Europa. eu/LexUriServ LexUriServ. do? uri= CELEX: 32010L0075: EN: NOT. 2017-02-12.

[235] European Commission. Revision of the IPPC Directive [EB/OL]. 2010b. http://ec. Europa. Eu/environment/air/pollutants/stationary/ippc/ippc_revision. htm. 2017-02-12.

[236] European Commission. Summary of Directive 2010/75/EU on industrial emissions（integrated pollution prevention and control）[R]. 2010a，Brussel，Belgium：the Environment Directorate General of the European Commission.

[237] European Commission. Summary of Directive 2010/75/EU on industrial emissions（integrated pollution prevention and control）[EB/OL]. 2010c. http://ec.Europa.Eu/environment/air/pollutants/stationary/ied/legislation. htm. 2017-02-12.

[238] Ferris Jr. B G，Speizer F E，Spengler J D，et al. Effects of sulfur oxides and respirable particles on human health[J]. The American Review of Respiratory，1979，120，767-779.

[239] Gert Tinggaard Svendsen，Morten Vesterdal. How to design greenhouse gas trading in the

EU?[J]. Energy Policy，2003，31（14）：1531-1539.

[240] Ghorbani Mooselu Mehrdad，Nikoo Mohammad Reza，Sadegh Mojtaba. A fuzzy multi-stakeholder socio-optimal model for water and waste load allocation.[J]. Environmental monitoring and assessment，2019，191（6）：359.

[241] Haites E. Output-based allocation as a form of protection for internationally competitive industries[J]. Climate Policy，2003，3（Suppl2）：S29–S41.

[242] Han M D. Taking the environment into account[J]. Review of Income and Wealth，1996，3：28-32.

[243] He K，Yang F，Ma Y，et al. The characteristics of $PM_{2.5}$，in Beijing，China[J]. Atmospheric Environment，2001，35（29）：4959-4970.

[244] Health Effects Institute. Health effects of outdoor air pollution in developing countries of Asia：a literature review[R]. Boston，MA，USA. 2004：75-78.

[245] Hepburn C，Grubb M，Neuhoff K，et al. Auctioning of EU ETS phase Ⅱ allowances：how and why?[J]. Climate Policy，2006，6（1）：137-160.

[246] Ho K F，Lee S C，Chan C K，et al. Characterization of chemical species in $PM_{2.5}$，and PM_{10}，aerosols in Hong Kong[J]. Atmospheric Environment，2003，37（1）：31-39.

[247] Hohmeyer O，Ottinger R L. External environmental costs of electricity power-analysis and internalization[M]. Berlin：Springer-Verlag Berlin Heidelberg，1991：26-30.

[248] Holmgrena K，Amiri S. Internalising external costs of electricity and heat production in a municipal energy system[J]. Energy Policy，2007，35（10）：5242-5253.

[249] Hu Jianlin，Chen Jianjun，Ying Qi，et al. One-year simulation of ozone and particulate matter in China using WRF/CMAQ modeling system[J]. Atmospheric Chemistry and Physics，2016，16：10333-10350.

[250] Hu Zhineng，Chen Yazhen，Yao Liming，et al. Optimal allocation of regional water resources：From a perspective of equity-efficiency tradeoff[J]. Resources Conservation and Recycling，2016，109：102-113.

[251] Huang Binbin，Hu Zhenpeng，Liu Qing. Optimal allocation model of river emission rights based on water environment capacity limits[J]. Desalination and Water Treatment，2014，52（13-15）：2778-2785.

[252] Huang Jin，Butsic Van，He Weijun，et al. Historical Accountability for Equitable，Efficient，and Sustainable Allocation of the Right to Emit Wastewater in China[J]. Entropy，2018，20（12）：950

[253] Huang Jing，Pan Xiaochuan，Guo Xinbiao，et al. Health impact of China's Air Pollution Prevention and Control Action Plan：an analysis of national air quality monitoring and mortality data[J]. The Lancet Planetary Health，2018，2（7）：313-323.

[254] Ji Xiang，Li Guo，Wang Zhaohua. Allocation of emission permits for China's power plants：A systemic Pareto optimal method[J]. Applied Energy，2017b，204：607-619.

[255] Ji Xiang，Sun Jiasen，Wang Yaoyu，et al. Allocation of emission permits in large data sets：A robust multi-criteria approach[J]. Journal of Cleaner Production，2017a，142：894-906.

[256] Jochem P，Doll C，Fichtner W. External costs of electric vehicles[J]. Transportation Research part D-Transport and Environment，2016（42）：60-76.

[257] Klaassen G，Riahi K. Internalizing externalities of electricity generation：an analysis with MESSAGE-MACRO [J]. Energy Policy，2007，35（2）：815-827.

[258] Kondor Y . The Gini Coefficient of Concentration and the Kuznets Measure of Inequality：A Note[J]. Review of Income and Wealth，1975，21（3）：345-345.

[259] Lam K S，Wang T J，Chan L Y，et al. Flow patterns influencing the seasonal behavior of surface ozone and carbon monoxide at a coastal site near Hong Kong[J]. Atmospheric Environment，2001，35（18）：3121-3135.

[260] Larssen T，Lydersen E，Tang D，et al. Acid Rain in China[J]. Environmental Science & Technology，2006，40（2）：418-425.

[261] Latvenergo E E，Energija L. Power sector development in a common baltic electricity market[R]. Denmark：Elkraft System，COWI，2005：34-37.

[262] Lee Chia-Yen. Decentralized allocation of emission permits by Nash data envelopment analysis in the coal-fired power market[J]. Journal of Environmental Management，2019，241：353-362

[263] Lelieveld J，Evans J S，Fnais M，et al. The contribution of outdoor air pollution sources to premature mortality on a global scale[J]. Nature，2015，525（7569）：367-371.

[264] Liang Shidong，Jia Haifeng，Yang Cong，et al. A pollutant load hierarchical allocation method integrated in an environmental capacity management system for Zhushan Bay，Taihu Lake[J].

The Science of the total environment，2015，533：223-237.

[265] Likens G E，Bormann F H. Acid Rain：A Serious Regional Environmental Problem[J]. Science，1974，184（4142）：1176-1179.

[266] Lin Boqiang，Jiang Zhujun，Zhang Peng. Allocation of sulphur dioxide allowance-An analysis based on a survey of power plants in Fujian province in China[J]. Energy，2011，36（5）：3120-3129.

[267] Loomis D，Grosse Y，Lauby-Secretan B，et al. The carcinogenicity of outdoor air pollution[J]. Lancet Oncology，2013，14（13）：1262-1263.

[268] Milanovic B. A simple way to calculate the Gini coefficient，and some implications[J]. Economics Letters，1997，56（1）：45-49.

[269] Momeni Ehsan，Lotfi Farhad Hosseinzadeh，Saen Reza Farzipoor，et al. Centralized DEA-based reallocation of emission permits under cap and trade regulation[J]. Journal of Cleaner Production，2019，234：306-314.

[270] Novello D P. EPA's Title V Operating Permit Rules：The Blueprint for State Permitting Programs[J]. Natural Resources & Environment，1992，7（2）：3-47.

[271] Ohara S. U. Towards a sustaining production theory[J]. Ecological Economics，1997，20（2）：141-154.

[272] Partidario M R. Strategic environmental assessment：Key issues emerging from recent practice[J]. Environmental Impact Assessment Review，1996，16：31-55.

[273] Portney Paul R，Stavins Robert N. Public policies for environmental protection [M]. Washington，D. C.：Resources for the Future，2000：169-214.

[274] Ramanathan V，Feng Y. Air pollution，greenhouse gases and climate change：Global and regional perspectives[J]. Atmospheric Environment，2009，43（1）：37-50.

[275] Ramjerdi F. An Evaluation of the Performances of Equity Measures[C]. European Regional Science Association，2005.

[276] Rasool S I，Schneider S H. Atmospheric Carbon Dioxide and Aerosols：Effects of Large Increases on Global Climate[J]. Science，1971，173（3992）：138-141.

[277] Repetto R. Wasting assets：natural resources in the national income accounts[R]. Washington DC：World Resources Institute Report，1989：24-30.

[278] Ryther J H. Photosynthesis and fish production in the sea[J]. Science，1969（166）：72-76.

[279] Sadler B，Verheen R. Strategic environmental assessment：status，challenges and future direction[M]. Amsterdam：Ministry of Housing，Spatial Planning and the Environment of the Netherlands，1966：118.

[280] Schwartz J，Laden F，Zanobetti A. The concentration-response relation between $PM_{2.5}$ and daily deaths[J]. Environmental Health Perspect，2002，110：1025-1029. http://doi.org/10.1289/ehp.021101025.

[281] Schwartz J. Air pollution and daily mortality：a review and meta analysis[J]. Environmental Research，1994，64，36-52. https://doi.org/10.1006/enrs.1994.1005.

[282] Skamarock William C，Klemp Joseph B，Dudhia Jimy，et al. A description of the Advanced Research WRF Version 3，NCAR technical note，Mesoscale and Microscale Meteorology Division（National Center for Atmospheric Research，Boulder，CO，June 2008）[R]. 2008.

[283] Streimikiene D，Alisauskaite-Seskiene I. External costs of electricity generation options in Lithuania[J]. Renewable Energy，2014，64（2）：215-224.

[284] Sun Jiasen，Fu Yelin，Ji Xiang，et al. Allocation of emission permits using DEA-game-theoretic model[J]. Operational Research，2017，17（3）：867-884.

[285] Sun Jiasen，Wu Jie，Liang Liang，et al. Allocation of emission permits using DEA：centralised and individual points of view[J]. International Journal of Production Research，2014，52（2）：419-435.

[286] Sun T，Zhang H，Wang Y，et al. The application of environmental Gini coefficient（EGC）in allocating wastewater discharge permit：The case study of watershed total mass control in Tianjin，China[J]. Resources Conservation & Recycling，2010，54（9）：601-608.

[287] U.S. EAP. Environmental Benefits Mapping and Analysis Program [EB/OL]. https://www.epa.gov/benmap，2017-09-05.

[288] U.S. EPA. CMAQ：The community multiscale air quality modeling system[ER/OL]. https://www.epa.gov/cmaq. 2019-12-03.

[289] U.S. EPA. Guidelines for preparing economic analyses [R]. Washington DC：National Center for Environmental Economics Office of Policy，2010b：7-8.

[290] U.S. EPA. National Pollutant Discharge Elimination System（NPDES）Permit Writers'

Manual[R]. 2010a，Washington，D.C.：U.S. EPA.

[291] U.S. EPA. Text of the Clean Air Act，Titles I-VI [R]. 1990，Washington，D.C.：U.S. EPA.

[292] U.S. EPA. Tools of the trade：a guide to designing and operating a cap and trade program for pollution control[R]. 2003. http://www.epa.gov/airmarkets/resource/docs/tools.pdf.

[293] Vaughn D. Environment-economic accounting and indicators of the economic importance of environmental protection actives[J]. Review of Income and Wealth，1995，9：21-28.

[294] Viscusi W K，Magat W A，Huber J . Pricing environmental health risks：survey assessments of risk-risk and risk-dollar trade-offs for chronic bronchitis[J]. Journal of Environmental economics and management，1991，21（1）：32-51.

[295] Voorhees A S，Wang J D，Wang C C，et al. Public health benefits of reducing air pollution in Shanghai：A proof-of-concept methodology with application to BenMAP[J]. Science of the total Environment，2014，485-486（1）：396-405.

[296] Wang Jiandong，Wang Shuxiao，Jiang Jingkun，et al. Impact of aerosol-meteorology interactions on fine particle pollution during China's severe haze episode in January 2013[J]. Environmental Research Letters，2014，9：094002.

[297] Wang Shuxiao，Xing Jia，Chatani Satoru，et al. Verification of anthropogenic emissions of China by satellite and ground observations[J]. Atmospheric Environment，2011，45（35）：6347-6358.

[298] Wang W C，Hansen J E. Greenhouse Effects due to Man-Mad Perturbations of Trace Gases[J]. Science，1976，194（4266）：685-690.

[299] Wilson T R. Strategic environmental assessment[M]. London：Earthscan Publication Ltd.，1992：122-126.

[300] Wu H，Du S，Liang L，et al. A DEA-based approach for fair reduction and reallocation of emission permits[J]. Mathematical & Computer Modelling，2013，58（5–6）：1095-1101.

[301] Wu Huaqing，Zhang Dongxu. Yang Min. Allocation of emission permits based on DEA and production stability[J]. IFNOR：Information Systems and Operational Research，2018，56（1）：82-91.

[302] Wu Wenjun，Gao Peiqi，Xu Qiming，et al. How to allocate discharge permits more fairly in China?-A new perspective from watershed and regional allocation comparison on socio-natural

equality[J]. Science of the Total Environment，2019，684：390-401.

[303] Xia Bisheng，Qian Xin，Yao Hong. An improved risk-explicit interval linear programming model for pollution load allocation for watershed management[J]. Environmental Science and Pollution Research，2017，24（32）：25126-25136.

[304] Xie Zhixiang，Li Yang，Qin Yaochen，et al. Optimal Allocation of Control Targets for $PM_{2.5}$ Pollution in China's Beijing-Tianjin-Hebei Regions[J]. Polish Journal of Environmental Studies，2019，28（5）：3941-3949.

[305] Xing Jia，Ding Dian，Wang Shuxiao，et al. Quantification of the enhanced effectiveness of NO_x control from simultaneous reductions of VOC and NH_3 for reducing air pollution in the Beijing–Tianjin–Hebei region，China[J]. Atmospheric Chemistry and Physics，2018，18（11）：7799-7814.

[306] Xu Jiuping，Hou Shuhua，Yao Liming，et al. Integrated waste load allocation for river water pollution control under uncertainty：A case study of Tuojiang River，China.[J]. Environmental science and pollution research international，2017，24（21）：17741-17759.

[307] Yang G，Wang Y，Zeng Y，et al. Rapid health transition in China，1990–2010：findings from the Global Burden of Disease Study 2010[J]. Lancet，2013，381（9882）：1987-2015.

[308] Yang Pingjian，Dong Feifei，Liu Yong，et al. A refined risk explicit interval linear programming approach for optimal watershed load reduction with objective-constraint uncertainty tradeoff analysis[J]. Frontiers of Environmental Science & Engineering，2016，10（1）：129-140.

[309] Yuan Qiang，McIntyre Neil，Wu Yipeng，et al. Towards greater socio-economic equality in allocation of wastewater discharge permits in China based on the weighted Gini coefficient[J]. Resources Conservation and Recycling，2017，127：196-205.

[310] Zhai Shixian，Jacob Daniel J，Wang Xuan，et al. Fine particulate matter（$PM_{2.5}$）trends in China，2013–2018：Separating contributions from anthropogenic emissions and meteorology[J]. Atmospheric Chemistry and Physics. 2019，19：11031-11041.

[311] Zhang Bing，Liu Heng，Yu Qinqin，et al. Equity-based optimisation of regional water pollutant discharge amount allocation：A case study in the Tai Lake Basin[J]. Journal of Environmental Planning and Management，2012，55（7）：1-16.

[312] Zhang Jing，Jiang Hongqiang，Zhang Wei，et al. Cost-benefit analysis of China's national air

pollution control plan[J]. Frontiers of Engineering Management，2019，6（4）：524-537.

[313] Zhang Qiang，Zheng Yixuan，Tong Dan，et al. Drivers of improved $PM_{2.5}$ air quality in China from 2013 to 2017[J]. Proceedings of the National Academy of Sciences of the United States of America（PNAS），2019，1907956116. https://doi.org/10.1073/pnas.1907956116.

[314] Zhang Xin，Zhang Qiang，Hong Chaopeng，et al. Enhancement of $PM_{2.5}$ concentrations by aerosol-meteorology interactionsover China[J]. Journal of Geophysical Research：Atmospheres. 2018，123：1179-1194.

[315] Zhao Bin，Wang Shuxiao，Ding Dian，et al. Nonlinear relationships between air pollutant emissions and $PM_{2.5}$-related health impacts in the Beijing-Tianjin-Hebei region[J]. Science of the Total Environment，2019，661：375-385.

[316] Zhao Bin，Wang Shuxiao，Dong Xinyi，et al. Environmental effects of the recent emission changes in China：Implications for particulate matter pollution and soil acidification[J]. Environmental Research Letters，2013a，8：024031.

[317] Zhao Bin，Wang Shuxiao，Wang Jiandong，et al. Impact of national NO_x and SO_2 control policies on particulate matter pollution in China[J]. Atmospheric Environment，2013b，77：453-463.

[318] Zhao Bin，Zheng Haotian，Wang Shuxiao，et al. Change in household fuels dominates the decrease in $PM_{2.5}$ exposure and premature mortality in China in 2005–2015[J]. Proceedings of National Academy of Sciences of the United States of America，2018，115（49）：12401-12406.

[319] Zhou Jia，Wang Jinnan，Jiang Hongqiang，et al. A review of development and reform of emission permit system in China[J]. Journal of Environmental Management，2019，247：561-569.

[320] Zhou Jia，Wang Jinnan，Jiang Hongqiang，et al. Cost-benefit analysis of yellow-label vehicles scrappage subsidy policy A case study of Beijing-Tianjin-Hebei region of China[J]. Journal of Cleaner Production，2019，232：94-103.

附 件

附件 1

国务院办公厅关于印发
控制污染物排放许可制实施方案的通知

国办发〔2016〕81 号

各省、自治区、直辖市人民政府，国务院各部委、各直属机构：

《控制污染物排放许可制实施方案》已经国务院同意，现印发给你们，请认真贯彻执行。

国务院办公厅

2016 年 11 月 10 日

控制污染物排放许可制实施方案

控制污染物排放许可制（以下称排污许可制）是依法规范企事业单位排污行为的基础性环境管理制度，环境保护部门通过对企事业单位发放排污许可证并依证监管实施排污许可制。近年来，各地积极探索排污许可制，取得初步成效。但总体看，排污

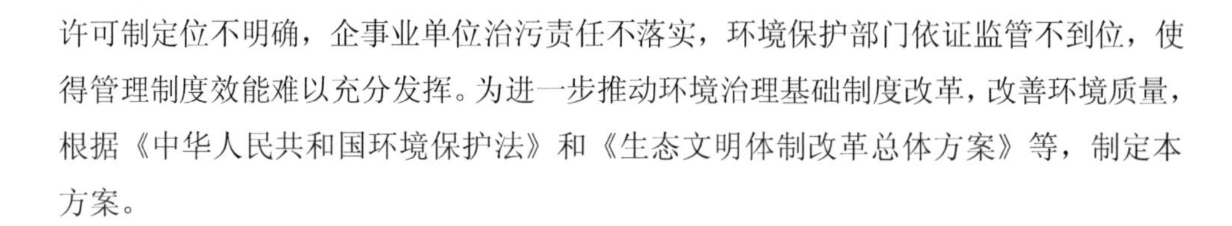

许可制定位不明确，企事业单位治污责任不落实，环境保护部门依证监管不到位，使得管理制度效能难以充分发挥。为进一步推动环境治理基础制度改革，改善环境质量，根据《中华人民共和国环境保护法》和《生态文明体制改革总体方案》等，制定本方案。

一、总体要求

（一）指导思想。全面贯彻落实党的十八大和十八届三中、四中、五中、六中全会精神，深入学习贯彻习近平总书记系列重要讲话精神，紧紧围绕统筹推进“五位一体”总体布局和协调推进“四个全面”战略布局，牢固树立创新、协调、绿色、开放、共享的发展理念，认真落实党中央、国务院决策部署，加大生态文明建设和环境保护力度，将排污许可制建设成为固定污染源环境管理的核心制度，作为企业守法、部门执法、社会监督的依据，为提高环境管理效能和改善环境质量奠定坚实基础。

（二）基本原则。

精简高效，衔接顺畅。排污许可制衔接环境影响评价管理制度，融合总量控制制度，为排污收费、环境统计、排污权交易等工作提供统一的污染物排放数据，减少重复申报，减轻企事业单位负担，提高管理效能。

公平公正，一企一证。企事业单位持证排污，按照所在地改善环境质量和保障环境安全的要求承担相应的污染治理责任，多排放多担责、少排放可获益。向企事业单位核发排污许可证，作为生产运营期排污行为的唯一行政许可，并明确其排污行为依法应当遵守的环境管理要求和承担的法律责任义务。

权责清晰，强化监管。排污许可证是企事业单位在生产运营期接受环境监管和环境保护部门实施监管的主要法律文书。企事业单位依法申领排污许可证，按证排污，自证守法。环境保护部门基于企事业单位守法承诺，依法发放排污许可证，依证强化事中事后监管，对违法排污行为实施严厉打击。

公开透明，社会共治。排污许可证申领、核发、监管流程全过程公开，企事业单位污染物排放和环境保护部门监管执法信息及时公开，为推动企业守法、部门联动、社会监督创造条件。

（三）目标任务。到2020年，完成覆盖所有固定污染源的排污许可证核发工作，全国排污许可证管理信息平台有效运转，各项环境管理制度精简合理、有机衔接，企事业单位环保主体责任得到落实，基本建立法规体系完备、技术体系科学、管理体系高效的排污许可制，对固定污染源实施全过程管理和多污染物协同控制，实现系统化、科学化、法治化、精细化、信息化的“一证式”管理。

二、衔接整合相关环境管理制度

（四）建立健全企事业单位污染物排放总量控制制度。改变单纯以行政区域为单元分解污染物排放总量指标的方式和总量减排核算考核办法，通过实施排污许可制，落实企事业单位污染物排放总量控制要求，逐步实现由行政区域污染物排放总量控制向企事业单位污染物排放总量控制转变，控制的范围逐渐统一到固定污染源。环境质量不达标地区，要通过提高排放标准或加严许可排放量等措施，对企事业单位实施更为严格的污染物排放总量控制，推动改善环境质量。

（五）有机衔接环境影响评价制度。环境影响评价制度是建设项目的环境准入门槛，排污许可制是企事业单位生产运营期排污的法律依据，必须做好充分衔接，实现从污染预防到污染治理和排放控制的全过程监管。新建项目必须在发生实际排污行为之前申领排污许可证，环境影响评价文件及批复中与污染物排放相关的主要内容应当纳入排污许可证，其排污许可证执行情况应作为环境影响后评价的重要依据。

三、规范有序发放排污许可证

（六）制定排污许可管理名录。环境保护部依法制订并公布排污许可分类管理名录，考虑企事业单位及其他生产经营者，确定实行排污许可管理的行业类别。对不同行业或同一行业内的不同类型企事业单位，按照污染物产生量、排放量以及环境危害程度等因素进行分类管理，对环境影响较小、环境危害程度较低的行业或企事业单位，简化排污许可内容和相应的自行监测、台账管理等要求。

（七）规范排污许可证核发。由县级以上地方政府环境保护部门负责排污许可证核发，地方性法规另有规定的从其规定。企事业单位应按相关法规标准和技术规定提交申请材料，申报污染物排放种类、排放浓度等，测算并申报污染物排放量。环境保护部门对符合要求的企事业单位应及时核发排污许可证，对存在疑问的开展现场核查。首次发放的排污许可证有效期三年，延续换发的排污许可证有效期五年。上级环境保护部门要加强监督抽查，有权依法撤销下级环境保护部门作出的核发排污许可证的决定。环境保护部统一制定排污许可证申领核发程序、排污许可证样式、信息编码和平台接口标准、相关数据格式要求等。各地区现有排污许可证及其管理要按国家统一要求及时进行规范。

（八）合理确定许可内容。排污许可证中明确许可排放的污染物种类、浓度、排放量、排放去向等事项，载明污染治理设施、环境管理要求等相关内容。根据污染物排放标准、总量控制指标、环境影响评价文件及批复要求等，依法合理确定许可排放的污染物种类、浓度及排放量。按照《国务院办公厅关于加强环境监管执法的通知》（国办发〔2014〕56 号）要求，经地方政府依法处理、整顿规范并符合要求的项目，纳入排污许可管理范围。地方政府制定的环境质量限期达标规划、重污染天气应对措施中对企事业单位有更加严格的排放控制要求的，应当在排污许可证中予以明确。

（九）分步实现排污许可全覆盖。排污许可证管理内容主要包括大气污染物、水污染物，并依法逐步纳入其他污染物。按行业分步实现对固定污染源的全覆盖，率先对火电、造纸行业企业核发排污许可证，2017 年完成《大气污染防治行动计划》和《水污染防治行动计划》重点行业及产能过剩行业企业排污许可证核发，2020 年全国基本完成排污许可证核发。

四、严格落实企事业单位环境保护责任

（十）落实按证排污责任。纳入排污许可管理的所有企事业单位必须按期持证排污、按证排污，不得无证排污。企事业单位应及时申领排污许可证，对申请材料的真实性、准确性和完整性承担法律责任，承诺按照排污许可证的规定排污并严格执行；落实污染物排放控制措施和其他各项环境管理要求，确保污染物排放种类、浓度和排放量等达到许可要求；明确单位负责人和相关人员环境保护责任，不断提高污染治理和环境管理水平，自觉接受监督检查。

（十一）实行自行监测和定期报告。企事业单位应依法开展自行监测，安装或使用监测设备应符合国家有关环境监测、计量认证规定和技术规范，保障数据合法有效，保证设备正常运行，妥善保存原始记录，建立准确完整的环境管理台账，安装在线监测设备的应与环境保护部门联网。企事业单位应如实向环境保护部门报告排污许可证执行情况，依法向社会公开污染物排放数据并对数据真实性负责。排放情况与排污许可证要求不符的，应及时向环境保护部门报告。

五、加强监督管理

（十二）依证严格开展监管执法。依证监管是排污许可制实施的关键，重点检查许可事项和管理要求的落实情况，通过执法监测、核查台账等手段，核实排放数据和报告的真实性，判定是否达标排放，核定排放量。企事业单位在线监测数据可以作为环境保护部门监管执法的依据。按照“谁核发、谁监管”的原则定期开展监管执法，首次核发排污许可证后，应及时开展检查；对有违规记录的，应提高检查频次；对污染严重的产能过剩行业企业加大执法频次与处罚力度，推动去产能工作。现场检查的时间、内容、结果以及处罚决定应记入排污许可证管理信息平台。

（十三）严厉查处违法排污行为。根据违法情节轻重，依法采取按日连续处罚、限制生产、停产整治、停业、关闭等措施，严厉处罚无证和不按证排污行为，对构成犯罪的，依法追究刑事责任。环境保护部门检查发现实际情况与环境管理台账、排污许可证执行报告等不一致的，可以责令作出说明，对未能说明且无法提供自行监测原始记录的，依法予以处罚。

（十四）综合运用市场机制政策。对自愿实施严于许可排放浓度和排放量且在排污许可证中载明的企事业单位，加大电价等价格激励措施力度，符合条件的可以享受相关环保、资源综合利用等方面的优惠政策。与拟开征的环境保护税有机衔接，交换共享企事业单位实际排放数据与纳税申报数据，引导企事业单位按证排污并诚信纳税。排污许可证是排污权的确认凭证、排污交易的管理载体，企事业单位在履行法定义务的基础上，通过淘汰落后和过剩产能、清洁生产、污染治理、技术改造升级等产生的污染物排放削减量，可按规定在市场交易。

六、强化信息公开和社会监督

（十五）提高管理信息化水平。2017 年建成全国排污许可证管理信息平台，将排污许可证申领、核发、监管执法等工作流程及信息纳入平台，各地现有的排污许可证管理信息平台逐步接入。在统一社会信用代码基础上适当扩充，制定全国统一的排污许可证编码。通过排污许可证管理信息平台统一收集、存储、管理排污许可证信息，实现各级联网、数据集成、信息共享。形成的实际排放数据作为环境保护部门排污收费、环境统计、污染源排放清单等各项固定污染源环境管理的数据来源。

（十六）加大信息公开力度。在全国排污许可证管理信息平台上及时公开企事业单位自行监测数据和环境保护部门监管执法信息，公布不按证排污的企事业单位名单，纳入企业环境行为信用评价，并通过企业信用信息公示系统进行公示。与环保举报平台共享污染源信息，鼓励公众举报无证和不按证排污行为。依法推进环境公益诉讼，加强社会监督。

七、做好排污许可制实施保障

（十七）加强组织领导。各地区要高度重视排污许可制实施工作，统一思想，提高认识，明确目标任务，制定实施计划，确保按时限完成排污许可证核发工作。要做好排污许可制推进期间各项环境管理制度的衔接，避免出现管理真空。环境保护部要加强对全国排污许可制实施工作的指导，制定相关管理办法，总结推广经验，跟踪评估实施情况。将排污许可制落实情况纳入环境保护督察工作，对落实不力的进行问责。

（十八）完善法律法规。加快修订建设项目环境保护管理条例，制定排污许可管理条例。配合修订水污染防治法，研究建立企事业单位守法排污的自我举证、加严对无证或不按证排污连续违法行为的处罚规定。推动修订固体废物污染环境防治法、环境噪声污染防治法，探索将有关污染物纳入排污许可证管理。

（十九）健全技术支撑体系。梳理和评估现有污染物排放标准，并适时修订。建立健全基于排放标准的可行技术体系，推动企事业单位污染防治措施升级改造和技术进步。完善排污许可证执行和监管执法技术体系，指导企事业单位自行监测、台账记录、执行报告、信息公开等工作，规范环境保护部门台账核查、现场执法等行为。培育和规范咨询与监测服务市场，促进人才队伍建设。

（二十）开展宣传培训。加大对排污许可制的宣传力度，做好制度解读，及时回应社会关切。组织各级环境保护部门、企事业单位、咨询与监测机构开展专业培训。强化地方政府环境保护主体责任，树立企事业单位持证排污意识，有序引导社会公众更好参与监督企事业单位排污行为，形成政府综合管控、企业依证守法、社会共同监督的良好氛围。

附件 2

中华人民共和国环境保护部令

第 48 号

《排污许可管理办法（试行）》已于 2017 年 11 月 6 日由环境保护部部务会议审议通过，现予公布，自公布之日起施行。

部长 李干杰

2018 年 1 月 10 日

排污许可管理办法（试行）

第一章 总 则

第一条 为规范排污许可管理，根据《中华人民共和国环境保护法》《中华人民共和国水污染防治法》《中华人民共和国大气污染防治法》以及国务院办公厅印发的《控制污染物排放许可制实施方案》，制定本办法。

第二条 排污许可证的申请、核发、执行以及与排污许可相关的监管和处罚等行为，适用本办法。

第三条 环境保护部依法制定并公布固定污染源排污许可分类管理名录，明确纳入排污许可管理的范围和申领时限。

纳入固定污染源排污许可分类管理名录的企业事业单位和其他生产经营者（以下简称排污单位）应当按照规定的时限申请并取得排污许可证；未纳入固定污染源排污许可分类管理名录的排污单位，暂不需申请排污许可证。

第四条 排污单位应当依法持有排污许可证，并按照排污许可证的规定排放污染物。

应当取得排污许可证而未取得的，不得排放污染物。

第五条 对污染物产生量大、排放量大或者环境危害程度高的排污单位实行排污许可重点管理，对其他排污单位实行排污许可简化管理。

实行排污许可重点管理或者简化管理的排污单位的具体范围，依照固定污染源排污许可分类管理名录规定执行。实行重点管理和简化管理的内容及要求，依照本办法第十一条规定的排污许可相关技术规范、指南等执行。

设区的市级以上地方环境保护主管部门，应当将实行排污许可重点管理的排污单位确定为重点排污单位。

第六条 环境保护部负责指导全国排污许可制度实施和监督。各省级环境保护主管部门负责本行政区域排污许可制度的组织实施和监督。

排污单位生产经营场所所在地设区的市级环境保护主管部门负责排污许可证核发。地方性法规对核发权限另有规定的，从其规定。

第七条 同一法人单位或者其他组织所属、位于不同生产经营场所的排污单位，应当以其所属的法人单位或者其他组织的名义，分别向生产经营场所所在地有核发权的环境保护主管部门（以下简称核发环保部门）申请排污许可证。

生产经营场所和排放口分别位于不同行政区域时，生产经营场所所在地核发环保部门负责核发排污许可证，并应当在核发前，征求其排放口所在地同级环境保护主管部门意见。

第八条 依据相关法律规定，环境保护主管部门对排污单位排放水污染物、大气污染物等各类污染物的排放行为实行综合许可管理。

2015 年 1 月 1 日及以后取得建设项目环境影响评价审批意见的排污单位，环境影响评价文件及审批意见中与污染物排放相关的主要内容应当纳入排污许可证。

第九条 环境保护部对实施排污许可管理的排污单位及其生产设施、污染防治设施和排放口实行统一编码管理。

第十条 环境保护部负责建设、运行、维护、管理全国排污许可证管理信息平台。

排污许可证的申请、受理、审核、发放、变更、延续、注销、撤销、遗失补办应当在全国排污许可证管理信息平台上进行。排污单位自行监测、执行报告及环境保护主管部门监管执法信息应当在全国排污许可证管理信息平台上记载，并按照本办法规定在全国排污许可证管理信息平台上公开。

全国排污许可证管理信息平台中记录的排污许可证相关电子信息与排污许可证正本、副本依法具有同等效力。

第十一条 环境保护部制定排污许可证申请与核发技术规范、环境管理台账及排污许可证执行报告技术规范、排污单位自行监测技术指南、污染防治可行技术指南以及其他排污许可政策、标准和规范。

第二章 排污许可证内容

第十二条 排污许可证由正本和副本构成，正本载明基本信息，副本包括基本信息、登记事项、许可事项、承诺书等内容。

设区的市级以上地方环境保护主管部门可以根据环境保护地方性法规，增加需要在排污许可证中载明的内容。

第十三条 以下基本信息应当同时在排污许可证正本和副本中载明：

（一）排污单位名称、注册地址、法定代表人或者主要负责人、技术负责人、生产经营场所地址、行业类别、统一社会信用代码等排污单位基本信息；

（二）排污许可证有效期限、发证机关、发证日期、证书编号和二维码等基本信息。

第十四条 以下登记事项由排污单位申报，并在排污许可证副本中记录：

（一）主要生产设施、主要产品及产能、主要原辅材料等；

（二）产排污环节、污染防治设施等；

（三）环境影响评价审批意见、依法分解落实到本单位的重点污染物排放总量控制指标、排污权有偿使用和交易记录等。

第十五条 下列许可事项由排污单位申请，经核发环保部门审核后，在排污许可证副本中进行规定：

（一）排放口位置和数量、污染物排放方式和排放去向等，大气污染物无组织排放源的位置和数量；

（二）排放口和无组织排放源排放污染物的种类、许可排放浓度、许可排放量；

（三）取得排污许可证后应当遵守的环境管理要求；

（四）法律法规规定的其他许可事项。

第十六条 核发环保部门应当根据国家和地方污染物排放标准，确定排污单位排放口或者无组织排放源相应污染物的许可排放浓度。

排污单位承诺执行更加严格的排放浓度的，应当在排污许可证副本中规定。

第十七条 核发环保部门按照排污许可证申请与核发技术规范规定的行业重点污染物允许排放量核算方法，以及环境质量改善的要求，确定排污单位的许可排放量。

对于本办法实施前已有依法分解落实到本单位的重点污染物排放总量控制指标的排污单位，核发环保部门应当按照行业重点污染物允许排放量核算方法、环境质量改善要求和重点污染物排放总量控制指标，从严确定许可排放量。

2015 年 1 月 1 日及以后取得环境影响评价审批意见的排污单位，环境影响评价文件和审批意见确定的排放量严于按照本条第一款、第二款确定的许可排放量的，核发环保部门应当根据环境影响评价文件和审批意见要求确定排污单位的许可排放量。

地方人民政府依法制定的环境质量限期达标规划、重污染天气应对措施要求排污单位执行更加严格的重点污染物排放总量控制指标的，应当在排污许可证副本中规定。

本办法实施后，环境保护主管部门应当按照排污许可证规定的许可排放量，确定排污单位的重点污染物排放总量控制指标。

第十八条 下列环境管理要求由核发环保部门根据排污单位的申请材料、相关技术规范和监管需要，在排污许可证副本中进行规定：

（一）污染防治设施运行和维护、无组织排放控制等要求；

（二）自行监测要求、台账记录要求、执行报告内容和频次等要求；

（三）排污单位信息公开要求；

（四）法律法规规定的其他事项。

第十九条 排污单位在申请排污许可证时，应当按照自行监测技术指南，编制自行监测方案。

自行监测方案应当包括以下内容：

（一）监测点位及示意图、监测指标、监测频次；

（二）使用的监测分析方法、采样方法；

（三）监测质量保证与质量控制要求；

（四）监测数据记录、整理、存档要求等。

第二十条　排污单位在填报排污许可证申请时，应当承诺排污许可证申请材料是完整、真实和合法的；承诺按照排污许可证的规定排放污染物，落实排污许可证规定的环境管理要求，并由法定代表人或者主要负责人签字或者盖章。

第二十一条　排污许可证自作出许可决定之日起生效。首次发放的排污许可证有效期为三年，延续换发的排污许可证有效期为五年。

对列入国务院经济综合宏观调控部门会同国务院有关部门发布的产业政策目录中计划淘汰的落后工艺装备或者落后产品，排污许可证有效期不得超过计划淘汰期限。

第二十二条　环境保护主管部门核发排污许可证，以及监督检查排污许可证实施情况时，不得收取任何费用。

第三章　申请与核发

第二十三条　省级环境保护主管部门应当根据本办法第六条和固定污染源排污许可分类管理名录，确定本行政区域内负责受理排污许可证申请的核发环保部门、申请程序等相关事项，并向社会公告。

依据环境质量改善要求，部分地区决定提前对部分行业实施排污许可管理的，该地区省级环境保护主管部门应当报环境保护部备案后实施，并向社会公告。

第二十四条　在固定污染源排污许可分类管理名录规定的时限前已经建成并实际排污的排污单位，应当在名录规定时限申请排污许可证；在名录规定的时限后建成的排污单位，应当在启动生产设施或者在实际排污之前申请排污许可证。

第二十五条　实行重点管理的排污单位在提交排污许可申请材料前，应当将承诺书、基本信息以及拟申请的许可事项向社会公开。公开途径应当选择包括全国排污许可证管理信息平台等便于公众知晓的方式，公开时间不得少于五个工作日。

第二十六条　排污单位应当在全国排污许可证管理信息平台上填报并提交排污许可证申请，同时向核发环保部门提交通过全国排污许可证管理信息平台印制的书面申请材料。

申请材料应当包括：

（一）排污许可证申请表，主要内容包括：排污单位基本信息，主要生产设施、主要产品及产能、主要原辅材料，废气、废水等产排污环节和污染防治设施，申请的排放口位置和数量、排放方式、排放去向，按照排放口和生产设施或者车间申请的排

放污染物种类、排放浓度和排放量，执行的排放标准；

（二）自行监测方案；

（三）由排污单位法定代表人或者主要负责人签字或者盖章的承诺书；

（四）排污单位有关排污口规范化的情况说明；

（五）建设项目环境影响评价文件审批文号，或者按照有关国家规定经地方人民政府依法处理、整顿规范并符合要求的相关证明材料；

（六）排污许可证申请前信息公开情况说明表；

（七）污水集中处理设施的经营管理单位还应当提供纳污范围、纳污排污单位名单、管网布置、最终排放去向等材料；

（八）本办法实施后的新建、改建、扩建项目排污单位存在通过污染物排放等量或者减量替代削减获得重点污染物排放总量控制指标情况的，且出让重点污染物排放总量控制指标的排污单位已经取得排污许可证的，应当提供出让重点污染物排放总量控制指标的排污单位的排污许可证完成变更的相关材料；

（九）法律法规规章规定的其他材料。

主要生产设施、主要产品产能等登记事项中涉及商业秘密的，排污单位应当进行标注。

第二十七条 核发环保部门收到排污单位提交的申请材料后，对材料的完整性、规范性进行审查，按照下列情形分别作出处理：

（一）依照本办法不需要取得排污许可证的，应当当场或者在五个工作日内告知排污单位不需要办理；

（二）不属于本行政机关职权范围的，应当当场或者在五个工作日内作出不予受理的决定，并告知排污单位向有核发权限的部门申请；

（三）申请材料不齐全或者不符合规定的，应当当场或者在五个工作日内出具告知单，告知排污单位需要补正的全部材料，可以当场更正的，应当允许排污单位当场更正；

（四）属于本行政机关职权范围，申请材料齐全、符合规定，或者排污单位按照要求提交全部补正申请材料的，应当受理。

核发环保部门应当在全国排污许可证管理信息平台上作出受理或者不予受理排污许可证申请的决定，同时向排污单位出具加盖本行政机关专用印章和注明日期的受理单或者不予受理告知单。

核发环保部门应当告知排污单位需要补正的材料，但逾期不告知的，自收到书面申请材料之日起即视为受理。

第二十八条 对存在下列情形之一的，核发环保部门不予核发排污许可证：

（一）位于法律法规规定禁止建设区域内的；

（二）属于国务院经济综合宏观调控部门会同国务院有关部门发布的产业政策目录中明令淘汰或者立即淘汰的落后生产工艺装备、落后产品的；

（三）法律法规规定不予许可的其他情形。

第二十九条 核发环保部门应当对排污单位的申请材料进行审核，对满足下列条件的排污单位核发排污许可证：

（一）依法取得建设项目环境影响评价文件审批意见，或者按照有关规定经地方人民政府依法处理、整顿规范并符合要求的相关证明材料；

（二）采用的污染防治设施或者措施有能力达到许可排放浓度要求；

（三）排放浓度符合本办法第十六条规定，排放量符合本办法第十七条规定；

（四）自行监测方案符合相关技术规范；

（五）本办法实施后的新建、改建、扩建项目排污单位存在通过污染物排放等量或者减量替代削减获得重点污染物排放总量控制指标情况的，出让重点污染物排放总量控制指标的排污单位已完成排污许可证变更。

第三十条 对采用相应污染防治可行技术的，或者新建、改建、扩建建设项目排污单位采用环境影响评价审批意见要求的污染治理技术的，核发环保部门可以认为排污单位采用的污染防治设施或者措施有能力达到许可排放浓度要求。

不符合前款情形的，排污单位可以通过提供监测数据予以证明。监测数据应当通过使用符合国家有关环境监测、计量认证规定和技术规范的监测设备取得；对于国内首次采用的污染治理技术，应当提供工程试验数据予以证明。

环境保护部依据全国排污许可证执行情况，适时修订污染防治可行技术指南。

第三十一条 核发环保部门应当自受理申请之日起二十个工作日内作出是否准予许可的决定。自作出准予许可决定之日起十个工作日内，核发环保部门向排污单位发放加盖本行政机关印章的排污许可证。

核发环保部门在二十个工作日内不能作出决定的，经本部门负责人批准，可以延长十个工作日，并将延长期限的理由告知排污单位。

依法需要听证、检验、检测和专家评审的，所需时间不计算在本条所规定的期限内。核发环保部门应当将所需时间书面告知排污单位。

第三十二条 核发环保部门作出准予许可决定的，须向全国排污许可证管理信息平台提交审核结果，获取全国统一的排污许可证编码。

核发环保部门作出准予许可决定的，应当将排污许可证正本以及副本中基本信息、许可事项及承诺书在全国排污许可证管理信息平台上公告。

核发环保部门作出不予许可决定的，应当制作不予许可决定书，书面告知排污单位不予许可的理由，以及依法申请行政复议或者提起行政诉讼的权利，并在全国排污许可证管理信息平台上公告。

第四章 实施与监管

第三十三条 禁止涂改排污许可证。禁止以出租、出借、买卖或者其他方式非法转让排污许可证。排污单位应当在生产经营场所内方便公众监督的位置悬挂排污许可证正本。

第三十四条 排污单位应当按照排污许可证规定，安装或者使用符合国家有关环境监测、计量认证规定的监测设备，按照规定维护监测设施，开展自行监测，保存原始监测记录。

实施排污许可重点管理的排污单位，应当按照排污许可证规定安装自动监测设备，并与环境保护主管部门的监控设备联网。

对未采用污染防治可行技术的，应当加强自行监测，评估污染防治技术达标可行性。

第三十五条 排污单位应当按照排污许可证中关于台账记录的要求，根据生产特点和污染物排放特点，按照排污口或者无组织排放源进行记录。记录主要包括以下内容：

（一）与污染物排放相关的主要生产设施运行情况；发生异常情况的，应当记录原因和采取的措施；

（二）污染防治设施运行情况及管理信息；发生异常情况的，应当记录原因和采取的措施；

（三）污染物实际排放浓度和排放量；发生超标排放情况的，应当记录超标原因和采取的措施；

（四）其他按照相关技术规范应当记录的信息。

台账记录保存期限不少于三年。

第三十六条 污染物实际排放量按照排污许可证规定的废气、污水的排污口、生产设施或者车间分别计算，依照下列方法和顺序计算：

（一）依法安装使用了符合国家规定和监测规范的污染物自动监测设备的，按照污染物自动监测数据计算；

（二）依法不需安装污染物自动监测设备的，按照符合国家规定和监测规范的污染物手工监测数据计算；

（三）不能按照本条第一项、第二项规定的方法计算的，包括依法应当安装而未安装污染物自动监测设备或者自动监测设备不符合规定的，按照环境保护部规定的产排污系数、物料衡算方法计算。

第三十七条 排污单位应当按照排污许可证规定的关于执行报告内容和频次的要求，编制排污许可证执行报告。

排污许可证执行报告包括年度执行报告、季度执行报告和月执行报告。

排污单位应当每年在全国排污许可证管理信息平台上填报、提交排污许可证年度执行报告并公开，同时向核发环保部门提交通过全国排污许可证管理信息平台印制的书面执行报告。书面执行报告应当由法定代表人或者主要负责人签字或者盖章。

季度执行报告和月执行报告至少应当包括以下内容：

（一）根据自行监测结果说明污染物实际排放浓度和排放量及达标判定分析；

（二）排污单位超标排放或者污染防治设施异常情况的说明。

年度执行报告可以替代当季度或者当月的执行报告，并增加以下内容：

（一）排污单位基本生产信息；

（二）污染防治设施运行情况；

（三）自行监测执行情况；

（四）环境管理台账记录执行情况；

（五）信息公开情况；

（六）排污单位内部环境管理体系建设与运行情况；

（七）其他排污许可证规定的内容执行情况等。

建设项目竣工环境保护验收报告中与污染物排放相关的主要内容，应当由排污单位记载在该项目验收完成当年排污许可证年度执行报告中。

排污单位发生污染事故排放时，应当依照相关法律法规规章的规定及时报告。

第三十八条 排污单位应当对提交的台账记录、监测数据和执行报告的真实性、完整性负责，依法接受环境保护主管部门的监督检查。

第三十九条 环境保护主管部门应当制定执法计划，结合排污单位环境信用记录，确定执法监管重点和检查频次。

环境保护主管部门对排污单位进行监督检查时，应当重点检查排污许可证规定的许可事项的实施情况。通过执法监测、核查台账记录和自动监测数据以及其他监控手段，核实排污数据和执行报告的真实性，判定是否符合许可排放浓度和许可排放量，检查环境管理要求落实情况。

环境保护主管部门应当将现场检查的时间、内容、结果以及处罚决定记入全国排污许可证管理信息平台，依法在全国排污许可证管理信息平台上公布监管执法信息、无排污许可证和违反排污许可证规定排污的排污单位名单。

第四十条 环境保护主管部门可以通过政府购买服务的方式，组织或者委托技术机构提供排污许可管理的技术支持。

技术机构应当对其提交的技术报告负责，不得收取排污单位任何费用。

第四十一条 上级环境保护主管部门可以对具有核发权限的下级环境保护主管部门的排污许可证核发情况进行监督检查和指导，发现属于本办法第四十九条规定违法情形的，上级环境保护主管部门可以依法撤销。

第四十二条 鼓励社会公众、新闻媒体等对排污单位的排污行为进行监督。排污单位应当及时公开有关排污信息，自觉接受公众监督。

公民、法人和其他组织发现排污单位有违反本办法行为的，有权向环境保护主管部门举报。

接受举报的环境保护主管部门应当依法处理，并按照有关规定对调查结果予以反馈，同时为举报人保密。

第五章　变更、延续、撤销

第四十三条　在排污许可证有效期内，下列与排污单位有关的事项发生变化的，排污单位应当在规定时间内向核发环保部门提出变更排污许可证的申请：

（一）排污单位名称、地址、法定代表人或者主要负责人等正本中载明的基本信息发生变更之日起三十个工作日内；

（二）因排污单位原因许可事项发生变更之日前三十个工作日内；

（三）排污单位在原场址内实施新建、改建、扩建项目应当开展环境影响评价的，在取得环境影响评价审批意见后，排污行为发生变更之日前三十个工作日内；

（四）新制修订的国家和地方污染物排放标准实施前三十个工作日内；

（五）依法分解落实的重点污染物排放总量控制指标发生变化后三十个工作日内；

（六）地方人民政府依法制定的限期达标规划实施前三十个工作日内；

（七）地方人民政府依法制定的重污染天气应急预案实施后三十个工作日内；

（八）法律法规规定需要进行变更的其他情形。

发生本条第一款第三项规定情形，且通过污染物排放等量或者减量替代削减获得重点污染物排放总量控制指标的，在排污单位提交变更排污许可申请前，出让重点污染物排放总量控制指标的排污单位应当完成排污许可证变更。

第四十四条　申请变更排污许可证的，应当提交下列申请材料：

（一）变更排污许可证申请；

（二）由排污单位法定代表人或者主要负责人签字或者盖章的承诺书；

（三）排污许可证正本复印件；

（四）与变更排污许可事项有关的其他材料。

第四十五条　核发环保部门应当对变更申请材料进行审查，作出变更决定的，在排污许可证副本中载明变更内容并加盖本行政机关印章，同时在全国排污许可证管理信息平台上公告；属于本办法第四十三条第一款第一项情形的，还应当换发排污许可证正本。

属于本办法第四十三条第一款规定情形的，排污许可证期限仍自原证书核发之日起计算；属于本办法第四十三条第二款情形的，变更后排污许可证期限自变更之日起计算。

属于本办法第四十三条第一款第一项情形的，核发环保部门应当自受理变更申请之日起十个工作日内作出变更决定；属于本办法第四十三条第一款规定的其他情形的，应当自受理变更申请之日起二十个工作日内作出变更许可决定。

第四十六条 排污单位需要延续依法取得的排污许可证的有效期的，应当在排污许可证届满三十个工作日前向原核发环保部门提出申请。

第四十七条 申请延续排污许可证的，应当提交下列材料：

（一）延续排污许可证申请；

（二）由排污单位法定代表人或者主要负责人签字或者盖章的承诺书；

（三）排污许可证正本复印件；

（四）与延续排污许可事项有关的其他材料。

第四十八条 核发环保部门应当按照本办法第二十九条规定对延续申请材料进行审查，并自受理延续申请之日起二十个工作日内作出延续或者不予延续许可决定。

作出延续许可决定的，向排污单位发放加盖本行政机关印章的排污许可证，收回原排污许可证正本，同时在全国排污许可证管理信息平台上公告。

第四十九条 有下列情形之一的，核发环保部门或者其上级行政机关，可以撤销排污许可证并在全国排污许可证管理信息平台上公告：

（一）超越法定职权核发排污许可证的；

（二）违反法定程序核发排污许可证的；

（三）核发环保部门工作人员滥用职权、玩忽职守核发排污许可证的；

（四）对不具备申请资格或者不符合法定条件的申请人准予行政许可的；

（五）依法可以撤销排污许可证的其他情形。

第五十条 有下列情形之一的，核发环保部门应当依法办理排污许可证的注销手续，并在全国排污许可证管理信息平台上公告：

（一）排污许可证有效期届满，未延续的；

（二）排污单位被依法终止的；

（三）应当注销的其他情形。

第五十一条 排污许可证发生遗失、损毁的，排污单位应当在三十个工作日内向核发环保部门申请补领排污许可证；遗失排污许可证的，在申请补领前应当在全国排污许可证管理信息平台上发布遗失声明；损毁排污许可证的，应当同时交回被损毁的排污许可证。

核发环保部门应当在收到补领申请后十个工作日内补发排污许可证，并在全国排污许可证管理信息平台上公告。

第六章　法律责任

第五十二条　环境保护主管部门在排污许可证受理、核发及监管执法中有下列行为之一的，由其上级行政机关或者监察机关责令改正，对直接负责的主管人员或者其他直接责任人员依法给予行政处分；构成犯罪的，依法追究刑事责任：

（一）符合受理条件但未依法受理申请的；

（二）对符合许可条件的不依法准予核发排污许可证或者未在法定时限内作出准予核发排污许可证决定的；

（三）对不符合许可条件的准予核发排污许可证或者超越法定职权核发排污许可证的；

（四）实施排污许可证管理时擅自收取费用的；

（五）未依法公开排污许可相关信息的；

（六）不依法履行监督职责或者监督不力，造成严重后果的；

（七）其他应当依法追究责任的情形。

第五十三条　排污单位隐瞒有关情况或者提供虚假材料申请行政许可的，核发环保部门不予受理或者不予行政许可，并给予警告。

第五十四条　违反本办法第四十三条规定，未及时申请变更排污许可证的；或者违反本办法第五十一条规定，未及时补办排污许可证的，由核发环保部门责令改正。

第五十五条　重点排污单位未依法公开或者不如实公开有关环境信息的，由县级以上环境保护主管部门责令公开，依法处以罚款，并予以公告。

第五十六条　违反本办法第三十四条，有下列行为之一的，由县级以上环境保护主管部门依据《中华人民共和国大气污染防治法》《中华人民共和国水污染防治法》的规定，责令改正，处二万元以上二十万元以下的罚款；拒不改正的，依法责令停产整治：

（一）未按照规定对所排放的工业废气和有毒有害大气污染物、水污染物进行监测，或者未保存原始监测记录的；

（二）未按照规定安装大气污染物、水污染物自动监测设备，或者未按照规定与环境保护主管部门的监控设备联网，或者未保证监测设备正常运行的。

第五十七条 排污单位存在以下无排污许可证排放污染物情形的，由县级以上环境保护主管部门依据《中华人民共和国大气污染防治法》《中华人民共和国水污染防治法》的规定，责令改正或者责令限制生产、停产整治，并处十万元以上一百万元以下的罚款；情节严重的，报经有批准权的人民政府批准，责令停业、关闭：

（一）依法应当申请排污许可证但未申请，或者申请后未取得排污许可证排放污染物的；

（二）排污许可证有效期限届满后未申请延续排污许可证，或者延续申请未经核发环保部门许可仍排放污染物的；

（三）被依法撤销排污许可证后仍排放污染物的；

（四）法律法规规定的其他情形。

第五十八条 排污单位存在以下违反排污许可证行为的，由县级以上环境保护主管部门依据《中华人民共和国环境保护法》《中华人民共和国大气污染防治法》《中华人民共和国水污染防治法》的规定，责令改正或者责令限制生产、停产整治，并处十万元以上一百万元以下的罚款；情节严重的，报经有批准权的人民政府批准，责令停业、关闭：

（一）超过排放标准或者超过重点大气污染物、重点水污染物排放总量控制指标排放水污染物、大气污染物的；

（二）通过偷排、篡改或者伪造监测数据、以逃避现场检查为目的的临时停产、非紧急情况下开启应急排放通道、不正常运行大气污染防治设施等逃避监管的方式排放大气污染物的；

（三）利用渗井、渗坑、裂隙、溶洞，私设暗管，篡改、伪造监测数据，或者不正常运行水污染防治设施等逃避监管的方式排放水污染物的；

（四）其他违反排污许可证规定排放污染物的。

第五十九条 排污单位违法排放大气污染物、水污染物，受到罚款处罚，被责令改正的，依法作出处罚决定的行政机关组织复查，发现其继续违法排放大气污染物、水污染物或者拒绝、阻挠复查的，作出处罚决定的行政机关可以自责令改正之日的次日起，依法按照原处罚数额按日连续处罚。

第六十条 排污单位发生本办法第三十五条第一款第二、三项或者第三十七条第四款第二项规定的异常情况，及时报告核发环保部门，且主动采取措施消除或者减轻违法行为危害后果的，县级以上环境保护主管部门应当依据《中华人民共和国行政处罚法》相关规定从轻处罚。

排污单位应当在相应季度执行报告或者月执行报告中记载本条第一款情况。

第七章 附 则

第六十一条 依照本办法首次发放排污许可证时，对于在本办法实施前已经投产、运营的排污单位，存在以下情形之一，排污单位承诺改正并提出改正方案的，环境保护主管部门可以向其核发排污许可证，并在排污许可证中记载其存在的问题，规定其承诺改正内容和承诺改正期限：

（一）在本办法实施前的新建、改建、扩建建设项目不符合本办法第二十九条第一项条件；

（二）不符合本办法第二十九条第二项条件。

对于不符合本办法第二十九条第一项条件的排污单位，由核发环保部门依据《建设项目环境保护管理条例》第二十三条，责令限期改正，并处罚款。

对于不符合本办法第二十九条第二项条件的排污单位，由核发环保部门依据《中华人民共和国大气污染防治法》第九十九条或者《中华人民共和国水污染防治法》第八十三条，责令改正或者责令限制生产、停产整治，并处罚款。

本条第二款、第三款规定的核发环保部门责令改正内容或者限制生产、停产整治内容，应当与本条第一款规定的排污许可证规定的改正内容一致；本条第二款、第三款规定的核发环保部门责令改正期限或者限制生产、停产整治期限，应当与本条第一款规定的排污许可证规定的改正期限的起止时间一致。

本条第一款规定的排污许可证规定的改正期限为三至六个月、最长不超过一年。

在改正期间或者限制生产、停产整治期间，排污单位应当按证排污，执行自行监测、台账记录和执行报告制度，核发环保部门应当按照排污许可证的规定加强监督检查。

第六十二条 本办法第六十一条第一款规定的排污许可证规定的改正期限到期，排污单位完成改正任务或者提前完成改正任务的，可以向核发环保部门申请变更排污许可证，核发环保部门应当按照本办法第五章规定对排污许可证进行变更。

本办法第六十一条第一款规定的排污许可证规定的改正期限到期，排污单位仍不符合许可条件的，由核发环保部门依据《中华人民共和国大气污染防治法》第九十九条或者《中华人民共和国水污染防治法》第八十三条或者《建设项目环境保护管理条例》第二十三条的规定，提出建议报有批准权的人民政府批准责令停业、关闭，并按照本办法第五十条规定注销排污许可证。

第六十三条 对于本办法实施前依据地方性法规核发的排污许可证，尚在有效期内的，原核发环保部门应当在全国排污许可证管理信息平台填报数据，获取排污许可证编码；已经到期的，排污单位应当按照本办法申请排污许可证。

第六十四条 本办法第十二条规定的排污许可证格式、第二十条规定的承诺书样本和本办法第二十六条规定的排污许可证申请表格式，由环境保护部制定。

第六十五条 本办法所称排污许可，是指环境保护主管部门根据排污单位的申请和承诺，通过发放排污许可证法律文书形式，依法依规规范和限制排污行为，明确环境管理要求，依据排污许可证对排污单位实施监管执法的环境管理制度。

第六十六条 本办法所称主要负责人是指依照法律、行政法规规定代表非法人单位行使职权的负责人。

第六十七条 涉及国家秘密的排污单位，其排污许可证的申请、受理、审核、发放、变更、延续、注销、撤销、遗失补办应当按照保密规定执行。

第六十八条 本办法自发布之日起施行。

附件 3

中华人民共和国生态环境部令

第 11 号

《固定污染源排污许可分类管理名录（2019 年版）》已于 2019 年 7 月 11 日经生态环境部部务会议审议通过，现予公布，自公布之日起施行。2017 年 7 月 28 日原环境保护部发布的《固定污染源排污许可分类管理名录（2017 年版）》同时废止。

部长　李干杰

2019 年 12 月 20 日

固定污染源排污许可分类管理名录（2019 年版）

第一条　为实施排污许可分类管理，根据《中华人民共和国环境保护法》等有关法律法规和《国务院办公厅关于印发控制污染物排放许可制实施方案的通知》的相关规定，制定本名录。

第二条　国家根据排放污染物的企业事业单位和其他生产经营者（以下简称排污单位）污染物产生量、排放量、对环境的影响程度等因素，实行排污许可重点管理、简化管理和登记管理。

对污染物产生量、排放量或者对环境的影响程度较大的排污单位，实行排污许可重点管理；对污染物产生量、排放量和对环境的影响程度较小的排污单位，实行排污许可简化管理。对污染物产生量、排放量和对环境的影响程度很小的排污单位，实行排污登记管理。

实行登记管理的排污单位，不需要申请取得排污许可证，应当在全国排污许可证

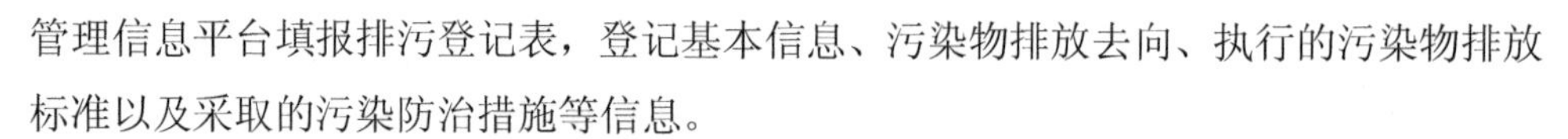

管理信息平台填报排污登记表，登记基本信息、污染物排放去向、执行的污染物排放标准以及采取的污染防治措施等信息。

第三条 本名录依据《国民经济行业分类》（GB/T 4754—2017）划分行业类别。

第四条 现有排污单位应当在生态环境部规定的实施时限内申请取得排污许可证或者填报排污登记表。新建排污单位应当在启动生产设施或者发生实际排污之前申请取得排污许可证或者填报排污登记表。

第五条 同一排污单位在同一场所从事本名录中两个以上行业生产经营的，申请一张排污许可证。

第六条 属于本名录第 1 至 107 类行业的排污单位，按照本名录第 109 至 112 类规定的锅炉、工业炉窑、表面处理、水处理等通用工序实施重点管理或者简化管理的，只需对其涉及的通用工序申请取得排污许可证，不需要对其他生产设施和相应的排放口等申请取得排污许可证。

第七条 属于本名录第 108 类行业的排污单位，涉及本名录规定的通用工序重点管理、简化管理或者登记管理的，应当对其涉及的本名录第 109 至 112 类规定的锅炉、工业炉窑、表面处理、水处理等通用工序申请领取排污许可证或者填报排污登记表；有下列情形之一的，还应当对其生产设施和相应的排放口等申请取得重点管理排污许可证：

（一）被列入重点排污单位名录的；

（二）二氧化硫或者氮氧化物年排放量大于 250 t 的；

（三）烟粉尘年排放量大于 500 t 的；

（四）化学需氧量年排放量大于 30 t，或者总氮年排放量大于 10 t，或者总磷年排放量大于 0.5 t 的；

（五）氨氮、石油类和挥发酚合计年排放量大于 30 t 的；

（六）其他单项有毒有害大气、水污染物污染当量数大于 3 000 的。污染当量数按照《中华人民共和国环境保护税法》的规定计算。

第八条 本名录未作规定的排污单位，确需纳入排污许可管理的，其排污许可管理类别由省级生态环境主管部门提出建议，报生态环境部确定。

第九条 本名录由生态环境部负责解释，并适时修订。

第十条 本名录自发布之日起施行。《固定污染源排污许可分类管理名录（2017 年版）》同时废止。

序号	行业类型	重点管理	简化管理	登记管理
一、畜牧业 03				
1	牲畜饲养 031，家禽饲养 032	设有污水排放口的规模化畜禽养殖场、养殖小区（具体规模化标准按《畜禽规模养殖污染防治条例》执行）	/	无污水排放口的规模化畜禽养殖场、养殖小区，设有污水排放口的规模以下畜禽养殖场、养殖小区
2	其他畜牧业 039	/	/	设有污水排放口的养殖场、养殖小区
二、煤炭开采和洗选业 06				
3	烟煤和无烟煤开采洗选 061，褐煤开采洗选 062，其他煤炭洗选 069	涉及通用工序重点管理的	涉及通用工序简化管理的	其他
三、石油和天然气开采业 07				
4	石油开采 071，天然气开采 072	涉及通用工序重点管理的	涉及通用工序简化管理的	其他
四、黑色金属矿采选业 08				
5	铁矿采选 081，锰矿、铬矿采选 082，其他黑色金属矿采选 089	涉及通用工序重点管理的	涉及通用工序简化管理的	其他
五、有色金属矿采选业 09				
6	常用有色金属矿采选 091，贵金属矿采选 092，稀有稀土金属矿采选 093	涉及通用工序重点管理的	涉及通用工序简化管理的	其他
六、非金属矿采选业 10				
7	土砂石开采 101，化学矿开采 102，采盐 103，石棉及其他非金属矿采选 109	涉及通用工序重点管理的	涉及通用工序简化管理的	其他

序号	行业类型	重点管理	简化管理	登记管理
七、其他采矿业 12				
8	其他采矿业 120	涉及通用工序重点管理的	涉及通用工序简化管理的	其他
八、农副食品加工业 13				
9	谷物磨制 131	/	/	谷物磨制 131 *
10	饲料加工 132	/	饲料加工 132（有发酵工艺的）*	饲料加工 132（无发酵工艺的）*
11	植物油加工 133	/	除单纯混合或者分装以外的 *	单纯混合或者分装的 *
12	制糖业 134	日加工糖料能力 1 000 t 及以上的原糖、成品糖或者精制糖生产	其他 *	/
13	屠宰及肉类加工 135	年屠宰生猪 10 万头及以上的，年屠宰肉牛 1 万头及以上的，年屠宰肉羊 15 万头及以上的，年屠宰禽类 1 000 万只及以上的	年屠宰生猪 2 万头及以上 10 万头以下的，年屠宰肉牛 0.2 万头及以上 1 万头以下的，年屠宰肉羊 2.5 万头及以上 15 万头以下的，年屠宰禽类 100 万只及以上 1 000 万只以下的，年加工肉禽类 2 万 t 及以上的	其他 *
14	水产品加工 136	/	年加工 10 万 t 及以上的水产品冷冻加工 1361、鱼糜制品及水产品干腌制加工 1362、鱼油提取及制品制造 1363、其他水产品加工 1369	其他 *
15	蔬菜、菌类、水果和坚果加工 137	涉及通用工序重点管理的	涉及通用工序简化管理的	其他 *
16	其他农副食品加工 139	年加工能力 15 万 t 玉米或者 1.5 万 t 薯类及以上的淀粉生产或者年产 1 万 t 及以上的淀粉制品生产，有发酵工艺的淀粉制品	除重点管理以外的年加工能力 1.5 万 t 及以上玉米、0.1 万 t 及以上薯类或豆类、4.5 万 t 及以上小麦的淀粉生产、年产 0.1 万 t 及以上的淀粉制品生产（不含有发酵工艺的淀粉制品）	其他 *

序号	行业类型	重点管理	简化管理	登记管理
九、食品制造业 14				
17	方便食品制造 143，其他食品制造 149	/	米、面制品制造 1431 *，速冻食品制造 1432 *，方便面制造 1433 *，其他方便食品制造 1439 *，食品及饲料添加剂制造 1495 *，以上均不含手工制作、单纯混合或者分装的	其他 *
18	焙烤食品制造 141，糖果、巧克力及蜜饯制造 142，罐头食品制造 145	涉及通用工序重点管理的	涉及通用工序简化管理的	其他 *
19	乳制品制造 144	年加工 20 万 t 及以上的(不含单纯混合或者分装的)	年加工 20 万 t 以下的（不含单纯混合或者分装的）*	单纯混合或者分装的 *
20	调味品、发酵制品制造 146	有发酵工艺的味精、柠檬酸、赖氨酸、酵母制造，年产 2 万 t 及以上且有发酵工艺的酱油、食醋制造	除重点管理以外的调味品、发酵制品制造（不含单纯混合或者分装的）*	单纯混合或者分装的 *
十、酒、饮料和精制茶制造业 15				
21	酒的制造 151	酒精制造 1511，有发酵工艺的年生产能力 5 000 kL 及以上的白酒、啤酒、黄酒、葡萄酒、其他酒制造	有发酵工艺的年生产能力 5 000 kL 以下的白酒、啤酒、黄酒、葡萄酒、其他酒制造 *	其他 *
22	饮料制造 152	/	有发酵工艺或者原汁生产的 *	其他 *
23	精制茶加工 153	涉及通用工序重点管理的	涉及通用工序简化管理的	其他 *
十一、烟草制品业 16				
24	烟叶复烤 161，卷烟制造 162，其他烟草制品制造 169	涉及通用工序重点管理的	涉及通用工序简化管理的	其他 *

序号	行业类型	重点管理	简化管理	登记管理
十二、纺织业 17				
25	棉纺织及印染精加工171，毛纺织及染整精加工 172，麻纺织及染整精加工 173，丝绢纺织及印染精加工174，化纤织造及印染精加工 175	有前处理、染色、印花、洗毛、麻脱胶、缫丝或者喷水织造工序的	仅含整理工序的	其他 *
26	针织或钩针编织物及其制品制造 176，家用纺织制成品制造177，产业用纺织制成品制造 178	涉及通用工序重点管理的	涉及通用工序简化管理的	其他 *
十三、纺织服装、服饰业 18				
27	机织服装制造 181，服饰制造 183	有水洗工序、湿法印花、染色工艺的	/	其他 *
28	针织或钩针编织服装制造 182	涉及通用工序重点管理的	涉及通用工序简化管理的	其他 *
十四、皮革、毛皮、羽毛及其制品和制鞋业 19				
29	皮革鞣制加工 191，毛皮鞣制及制品加工193	有鞣制工序的	皮革鞣制加工 191（无鞣制工序的）	毛皮鞣制及制品加工 193（无鞣制工序的）
30	皮革制品制造 192	涉及通用工序重点管理的	涉及通用工序简化管理的	其他 *
31	羽毛（绒）加工及制品制造 194	羽毛（绒）加工 1941（有水洗工序的）	/	羽毛（绒）加工1941（无水洗工序的）*，羽毛（绒）制品制造1942 *
32	制鞋业 195	纳入重点排污单位名录的	除重点管理以外的年使用10 t 及以上溶剂型胶粘剂或者 3 t 及以上溶剂型处理剂的	其他 *

序号	行业类型	重点管理	简化管理	登记管理
十五、木材加工和木、竹、藤、棕、草制品业 20				
33	人造板制造 202	纳入重点排污单位名录的	除重点管理以外的胶合板制造 2021（年产 10 万 m^3 及以上的）、纤维板制造 2022、刨花板制造 2023、其他人造板制造 2029（年产 10 万 m^3 及以上的）	其他 *
34	木材加工 201，木质制品制造 203，竹、藤、棕、草等制品制造 204	涉及通用工序重点管理的	涉及通用工序简化管理的	其他 *
十六、家具制造业 21				
35	木质家具制造 211，竹、藤家具制造 212，金属家具制造 213，塑料家具制造 214，其他家具制造 219	纳入重点排污单位名录的	除重点管理以外的年使用 10 t 及以上溶剂型涂料或者胶粘剂（含稀释剂、固化剂）的、年使用 20 t 及以上水性涂料或者胶粘剂的、有磷化表面处理工艺的	其他 *
十七、造纸和纸制品业 22				
36	纸浆制造 221	全部	/	/
37	造纸 222	机制纸及纸板制造 2221、手工纸制造 2222	有工业废水和废气排放的加工纸制造 2223	除简化管理外的加工纸制造 2223 *
38	纸制品制造 223	/	有工业废水或者废气排放的	其他 *
十八、印刷和记录媒介复制业 23				
39	印刷 231	纳入重点排污单位名录的	除重点管理以外的年使用 80 t 及以上溶剂型油墨、涂料或者 10 t 及以上溶剂型稀释剂的包装装潢印刷	其他 *
40	装订及印刷相关服务 232，记录媒介复制 233	涉及通用工序重点管理的	涉及通用工序简化管理的	其他 *

序号	行业类型	重点管理	简化管理	登记管理
十九、文教、工美、体育和娱乐用品制造业 24				
41	文教办公用品制造 241，乐器制造 242，工艺美术及礼仪用品制造 243，体育用品制造 244，玩具制造 245，游艺器材及娱乐用品制造 246	涉及通用工序重点管理的	涉及通用工序简化管理的	其他 *
二十、石油、煤炭及其他燃料加工业 25				
42	精炼石油产品制造 251	原油加工及石油制品制造 2511，其他原油制造 2519，以上均不含单纯混合或者分装的	/	单纯混合或者分装的
43	煤炭加工 252	炼焦 2521，煤制合成气生产 2522，煤制液体燃料生产 2523	/	煤制品制造 2524，其他煤炭加工 2529
44	生物质燃料加工 254	涉及通用工序重点管理的	涉及通用工序简化管理的	其他
二十一、化学原料和化学制品制造业 26				
45	基础化学原料制造 261	无机酸制造 2611，无机碱制造 2612，无机盐制造 2613，有机化学原料制造 2614，其他基础化学原料制造 2619(非金属无机氧化物、金属氧化物、金属过氧化物、金属超氧化物、硫磺、磷、硅、精硅、硒、砷、硼、碲)，以上均不含单纯混合或者分装的	单纯混合或者分装的无机酸制造 2611、无机碱制造 2612、无机盐制造 2613、有机化学原料制造 2614、其他基础化学原料制造 2619(非金属无机氧化物、金属氧化物、金属过氧化物、金属超氧化物、硫磺、磷、硅、精硅、硒、砷、硼、碲)	其他基础化学原料制造 2619（除重点管理、简化管理以外的）

序号	行业类型	重点管理	简化管理	登记管理
46	肥料制造 262	氮肥制造 2621，磷肥制造 2622，复混肥料制造 2624，以上均不含单纯混合或者分装的	钾肥制造 2623，有机肥料及微生物肥料制造 2625，其他肥料制造 2629，以上均不含单纯混合或者分装的；氮肥制造 2621（单纯混合或者分装的）	其他
47	农药制造 263	化学农药制造 2631（包含农药中间体，不含单纯混合或者分装的），生物化学农药及微生物农药制造 2632（有发酵工艺的）	化学农药制造 2631（单纯混合或者分装的），生物化学农药及微生物农药制造 2632（无发酵工艺的）	/
48	涂料、油墨、颜料及类似产品制造 264	涂料制造 2641，油墨及类似产品制造 2642，工业颜料制造 2643，工艺美术颜料制造 2644，染料制造 2645，以上均不含单纯混合或者分装的	单纯混合或者分装的涂料制造 2641、油墨及类似产品制造 2642，密封用填料及类似品制造 2646（不含单纯混合或者分装的）	其他
49	合成材料制造 265	初级形态塑料及合成树脂制造 2651，合成橡胶制造 2652，合成纤维单（聚合）体制造 2653，其他合成材料制造 2659（陶瓷纤维等特种纤维及其增强的复合材料的制造）	/	其他合成材料制造 2659（除陶瓷纤维等特种纤维及其增强的复合材料的制造以外的）
50	专用化学产品制造 266	化学试剂和助剂制造 2661，专项化学用品制造 2662，林产化学产品制造 2663（有热解或者水解工艺的），以上均不含单纯混合或者分装的	林产化学产品制造 2663（无热解或者水解工艺的），文化用信息化学品制造 2664，医学生产用信息化学品制造 2665，环境污染处理专用药剂材料制造 2666，动物胶制造 2667，其他专用化学产品制造 2669，以上均不含单纯混合或者分装的	单纯混合或者分装的

序号	行业类型	重点管理	简化管理	登记管理
51	炸药、火工及焰火产品制造 267	涉及通用工序重点管理的	涉及通用工序简化管理的	其他
52	日用化学产品制造 268	肥皂及洗涤剂制造 2681（以油脂为原料的肥皂或者皂粒制造），香料、香精制造 2684（香料制造），以上均不含单纯混合或者分装的	肥皂及洗涤剂制造 2681（采用高塔喷粉工艺的合成洗衣粉制造），香料、香精制造 2684（采用热反应工艺的香精制造）	肥皂及洗涤剂制造 2681（除重点管理、简化管理以外的），化妆品制造 2682，口腔清洁用品制造 2683，香料、香精制造 2684（除重点管理、简化管理以外的），其他日用化学产品制造 2689
二十二、医药制造业 27				
53	化学药品原料药制造 271	全部	/	/
54	化学药品制剂制造 272	化学药品制剂制造 2720（不含单纯混合或者分装的）	/	单纯混合或者分装的
55	中药饮片加工 273，药用辅料及包装材料制造 278	涉及通用工序重点管理的	涉及通用工序简化管理的	其他 *
56	中成药生产 274	/	有提炼工艺的	其他 *
57	兽用药品制造 275	兽用药品制造 2750（不含单纯混合或者分装的）	/	单纯混合或者分装的
58	生物药品制品制造 276	生物药品制造 2761，基因工程药物和疫苗制造 2762，以上均不含单纯混合或者分装的	/	单纯混合或者分装的
59	卫生材料及医药用品制造 277	/	/	卫生材料及医药用品制造 2770

序号	行业类型	重点管理	简化管理	登记管理
二十三、化学纤维制造业 28				
60	纤维素纤维原料及纤维制造 281，合成纤维制造 282，生物基材料制造 283	化纤浆粕制造 2811，人造纤维（纤维素纤维）制造 2812，锦纶纤维制造 2821，涤纶纤维制造 2822，腈纶纤维制造 2823，维纶纤维制造 2824，氨纶纤维制造 2826，其他合成纤维制造 2829，生物基化学纤维制造 2831（莱赛尔纤维制造）	/	丙纶纤维制造 2825，生物基化学纤维制造 2831（除莱赛尔纤维制造以外的），生物基、淀粉基新材料制造 2832
二十四、橡胶和塑料制品业 29				
61	橡胶制品业 291	纳入重点排污单位名录的	除重点管理以外的轮胎制造 2911、年耗胶量 2000 t 及以上的橡胶板、管、带制造 2912、橡胶零件制造 2913、再生橡胶制造 2914、日用及医用橡胶制品制造 2915、运动场地用塑胶制造 2916、其他橡胶制品制造 2919	其他
62	塑料制品业 292	塑料人造革、合成革制造 2925	年产 1 万 t 及以上的泡沫塑料制造 2924，年产 1 万 t 及以上涉及改性的塑料薄膜制造 2921、塑料板、管、型材制造 2922、塑料丝、绳和编织品制造 2923、塑料包装箱及容器制造 2926、日用塑料品制造 2927、人造草坪制造 2928、塑料零件及其他塑料制品制造 2929	其他

序号	行业类型	重点管理	简化管理	登记管理
二十五、非金属矿物制品业 30				
63	水泥、石灰和石膏制造 301，石膏、水泥制品及类似制品制造 302	水泥（熟料）制造	水泥粉磨站、石灰和石膏制造 3012	水泥制品制造 3021，砼结构构件制造 3022，石棉水泥制品制造 3023，轻质建筑材料制造 3024，其他水泥类似制品制造 3029
64	砖瓦、石材等建筑材料制造 303	粘土砖瓦及建筑砌块制造 3031（以煤或者煤矸石为燃料的烧结砖瓦）	粘土砖瓦及建筑砌块制造 3031（除以煤或者煤矸石为燃料的烧结砖瓦以外的），建筑用石加工 3032，防水建筑材料制造 3033，隔热和隔音材料制造 3034，其他建筑材料制造 3039，以上均不含仅切割加工的	仅切割加工的
65	玻璃制造 304	平板玻璃制造 3041	特种玻璃制造 3042	其他玻璃制造 3049
66	玻璃制品制造 305	以煤、石油焦、油和发生炉煤气为燃料的	以天然气为燃料的	其他
67	玻璃纤维和玻璃纤维增强塑料制品制造 306	以煤、石油焦、油和发生炉煤气为燃料的	以天然气为燃料的	其他
68	陶瓷制品制造 307	建筑陶瓷制品制造 3071（以煤、石油焦、油和发生炉煤气为燃料的），卫生陶瓷制品制造 3072（年产 150 万件及以上的），日用陶瓷制品制造 3074（年产 250 万件及以上的）	建筑陶瓷制品制造 3071（以天然气为燃料的）	建筑陶瓷制品制造 3071（除重点管理、简化管理以外的），卫生陶瓷制品制造 3072（年产 150 万件以下的），日用陶瓷制品制造 3074（年产 250 万件以下的），特种陶瓷制品制造 3073，陈设艺术陶瓷制造 3075，园艺陶瓷制造 3076，其他陶瓷制品制造 3079

序号	行业类型	重点管理	简化管理	登记管理
69	耐火材料制品制造308	石棉制品制造3081	以煤、石油焦、油和发生炉煤气为燃料的云母制品制造3082、耐火陶瓷制品及其他耐火材料制造3089	除简化管理以外的云母制品制造3082、耐火陶瓷制品及其他耐火材料制造3089
70	石墨及其他非金属矿物制品制造309	石墨及碳素制品制造3091（石墨制品、碳制品、碳素新材料），其他非金属矿物制品制造3099（多晶硅棒）	石墨及碳素制品制造3091（除石墨制品、碳制品、碳素新材料以外的），其他非金属矿物制品制造3099（单晶硅棒，沥青混合物）	其他非金属矿物制品制造3099（除重点管理、简化管理以外的）
二十六、黑色金属冶炼和压延加工业31				
71	炼铁311	含炼铁、烧结、球团等工序的生产	/	/
72	炼钢312	全部	/	/
73	钢压延加工313	年产50万t及以上的冷轧	热轧及年产50万t以下的冷轧	其他
74	铁合金冶炼314	铁合金冶炼3140	/	/
二十七、有色金属冶炼和压延加工业32				
75	常用有色金属冶炼321	铜、铅锌、镍钴、锡、锑、铝、镁、汞、钛等常用有色金属冶炼(含再生铜、再生铝和再生铅冶炼）	/	其他
76	贵金属冶炼322	金冶炼3221，银冶炼3222，其他贵金属冶炼3229	/	/
77	稀有稀土金属冶炼323	钨钼冶炼3231，稀土金属冶炼3232，其他稀有金属冶炼3239	/	/
78	有色金属合金制造324	铅基合金制造，年产2万t及以上的其他有色金属合金制造	其他	/
79	有色金属压延加工325	/	有轧制或者退火工序的	其他

序号	行业类型	重点管理	简化管理	登记管理
二十八、金属制品业 33				
80	结构性金属制品制造 331，金属工具制造 332，集装箱及金属包装容器制造 333，金属丝绳及其制品制造 334，建筑、安全用金属制品制造 335，搪瓷制品制造 337，金属制日用品制造 338，铸造及其他金属制品制造 339（除黑色金属铸造 3391、有色金属铸造 3392）	涉及通用工序重点管理的	涉及通用工序简化管理的	其他 *
81	金属表面处理及热处理加工 336	纳入重点排污单位名录的，专业电镀企业（含电镀园区中电镀企业），专门处理电镀废水的集中处理设施，有电镀工序的，有含铬钝化工序的	除重点管理以外的有酸洗、抛光（电解抛光和化学抛光）、热浸镀（溶剂法）、淬火或者无铬钝化等工序的、年使用 10 t 及以上有机溶剂的	其他
82	铸造及其他金属制品制造 339	黑色金属铸造 3391（使用冲天炉的），有色金属铸造 3392（生产铅基及铅青铜铸件的）	除重点管理以外的黑色金属铸造 3391、有色金属铸造 3392	/
二十九、通用设备制造业 34				
83	锅炉及原动设备制造 341，金属加工机械制造 342，物料搬运设备制造 343，泵、阀门、压缩机及类似机械制造 344，轴承、齿轮和传动部件制造 345，烘炉、风机、包装等设备制造 346，文化、办公用机械制造 347，通用零部件制造 348，其他通用设备制造业 349	涉及通用工序重点管理的	涉及通用工序简化管理的	其他

序号	行业类型	重点管理	简化管理	登记管理
三十、专用设备制造业 35				
84	采矿、冶金、建筑专用设备制造 351，化工、木材、非金属加工专用设备制造 352，食品、饮料、烟草及饲料生产专用设备制造 353，印刷、制药、日化及日用品生产专用设备制造 354，纺织、服装和皮革加工专用设备制造 355，电子和电工机械专用设备制造 356，农、林、牧、渔专用机械制造 357，医疗仪器设备及器械制造 358，环保、邮政、社会公共服务及其他专用设备制造 359	涉及通用工序重点管理的	涉及通用工序简化管理的	其他
三十一、汽车制造业 36				
85	汽车整车制造 361，汽车用发动机制造 362，改装汽车制造 363，低速汽车制造 364，电车制造 365，汽车车身、挂车制造 366，汽车零部件及配件制造 367	纳入重点排污单位名录的	除重点管理以外的汽车整车制造 361，除重点管理以外的年使用 10 t 及以上溶剂型涂料或者胶粘剂（含稀释剂、固化剂、清洗溶剂）的汽车用发动机制造 362、改装汽车制造 363、低速汽车制造 364、电车制造 365、汽车车身、挂车制造 366、汽车零部件及配件制造 367	其他

序号	行业类型	重点管理	简化管理	登记管理
三十二、铁路、船舶、航空航天和其他运输设备制造 37				
86	铁路运输设备制造 371，城市轨道交通设备制造 372，船舶及相关装置制造 373，航空、航天器及设备制造 374，摩托车制造 375，自行车和残疾人座车制造 376，助动车制造 377，非公路休闲车及零配件制造 378，潜水救捞及其他未列明运输设备制造 379	纳入重点排污单位名录的	除重点管理以外的年使用 10 t 及以上溶剂型涂料或者胶粘剂（含稀释剂、固化剂、清洗溶剂）的	其他
三十三、电气机械和器材制造业 38				
87	电机制造 381，输配电及控制设备制造 382，电线、电缆、光缆及电工器材制造 383，家用电力器具制造 385，非电力家用器具制造 386，照明器具制造 387，其他电气机械及器材制造 389	涉及通用工序重点管理的	涉及通用工序简化管理的	其他
88	电池制造 384	铅酸蓄电池制造 3843	锂离子电池制造 3841，镍氢电池制造 3842，锌锰电池制造 3844，其他电池制造 3849	/
三十四、计算机、通信和其他电子设备制造业 39				
89	计算机制造 391，电子器件制造 397，电子元件及电子专用材料制造 398，其他电子设备制造 399	纳入重点排污单位名录的	除重点管理以外的年使用 10 t 及以上溶剂型涂料（含稀释剂）的	其他

序号	行业类型	重点管理	简化管理	登记管理
90	通信设备制造 392，广播电视设备制造 393，雷达及配套设备制造 394，非专业视听设备制造 395，智能消费设备制造 396	涉及通用工序重点管理的	涉及通用工序简化管理的	其他
三十五、仪器仪表制造业 40				
91	通用仪器仪表制造 401，专用仪器仪表制造 402，钟表与计时仪器制造 403，光学仪器制造 404，衡器制造 405，其他仪器仪表制造业 409	涉及通用工序重点管理的	涉及通用工序简化管理的	其他
三十六、其他制造业 41				
92	日用杂品制造 411，其他未列明制造业 419	涉及通用工序重点管理的	涉及通用工序简化管理的	其他 *
三十七、废弃资源综合利用业 42				
93	金属废料和碎屑加工处理 421，非金属废料和碎屑加工处理 422	废电池、废油、废轮胎加工处理	废弃电器电子产品、废机动车、废电机、废电线电缆、废塑料、废船、含水洗工艺的其他废料和碎屑加工处理	其他
三十八、金属制品、机械和设备修理业 43				
94	金属制品修理 431，通用设备修理 432，专用设备修理 433，铁路、船舶、航空航天等运输设备修理 434，电气设备修理 435，仪器仪表修理 436，其他机械和设备修理业 439	涉及通用工序重点管理的	涉及通用工序简化管理的	其他 *

序号	行业类型	重点管理	简化管理	登记管理
三十九、电力、热力生产和供应业 44				
95	电力生产 441	火力发电 4411，热电联产 4412，生物质能发电 4417（生活垃圾、污泥发电）	生物质能发电 4417（利用农林生物质、沼气发电、垃圾填埋气发电）	/
96	热力生产和供应 443	单台或者合计出力 20 t/h（14 MW）及以上的锅炉（不含电热锅炉）	单台且合计出力 20 t/h（14 MW）以下的锅炉（不含电热锅炉和单台且合计出力 1 t/h（0.7 MW）及以下的天然气锅炉）	单台且合计出力 1 t/h（0.7 MW）及以下的天然气锅炉
四十、燃气生产和供应业 45				
97	燃气生产和供应业 451，生物质燃气生产和供应业 452	涉及通用工序重点管理的	涉及通用工序简化管理的	其他
四十一、水的生产和供应业 46				
98	自来水生产和供应 461，海水淡化处理 463，其他水的处理、利用与分配 469	涉及通用工序重点管理的	涉及通用工序简化管理的	其他
99	污水处理及其再生利用 462	工业废水集中处理场所，日处理能力 2 万 t 及以上的城乡污水集中处理场所	日处理能力 500 t 及以上 2 万 t 以下的城乡污水集中处理场所	日处理能力 500 t 以下的城乡污水集中处理场所
四十二、零售业 52				
100	汽车、摩托车、零配件和燃料及其他动力销售 526	/	位于城市建成区的加油站	其他加油站
四十三、水上运输业 55				
101	水上运输辅助活动 553	/	单个泊位 1 000 t 级及以上的内河、单个泊位 1 万 t 级及以上的沿海专业化干散货码头（煤炭、矿石）、通用散货码头	其他货运码头 5532

序号	行业类型	重点管理	简化管理	登记管理
四十四、装卸搬运和仓储业 59				
102	危险品仓储 594	总容量 10 万 m^3 及以上的油库（含油品码头后方配套油库，不含储备油库）	总容量 1 万 m^3 及以上 10 万 m^3 以下的油库（含油品码头后方配套油库，不含储备油库）	其他危险品仓储（含油品码头后方配套油库，不含储备油库）
四十五、生态保护和环境治理业 77				
103	环境治理业 772	专业从事危险废物贮存、利用、处理、处置（含焚烧发电）的，专业从事一般工业固体废物贮存、处置（含焚烧发电）的	/	/
四十六、公共设施管理业 78				
104	环境卫生管理 782	生活垃圾（含餐厨废弃物）、生活污水处理污泥集中焚烧、填埋	生活垃圾（含餐厨废弃物）、生活污水处理污泥集中处理（除焚烧、填埋以外的），日处理能力 50 t 及以上的城镇粪便集中处理，日转运能力 150 t 及以上的垃圾转运站	日处理能力 50 t 以下的城镇粪便集中处理，日转运能力 150 t 以下的垃圾转运站
四十七、居民服务业 80				
105	殡葬服务 808	/	火葬场	/
四十八、机动车、电子产品和日用品修理业 81				
106	汽车、摩托车等修理与维护 811	/	营业面积 5000 m^2 及以上且有涂装工序的	/
四十九、卫生 84				
107	医院 841，专业公共卫生服务 843	床位 500 张及以上的（不含专科医院 8415 中的精神病、康复和运动康复医院以及疗养院 8416）	床位 100 张及以上的专科医院 8415（精神病、康复和运动康复医院）以及疗养院 8416，床位 100 张及以上 500 张以下的综合医院 8411、中医医院 8412、中西医结合医院 8413、民族医院 8414、专科医院 8415（不含精神病、康复和运动康复医院）	疾病预防控制中心 8431，床位 100 张以下的综合医院 8411、中医医院 8412、中西医结合医院 8413、民族医院 8414、专科医院 8415、疗养院 8416

序号	行业类型	重点管理	简化管理	登记管理
五十、其他行业				
108	除 1-107 外的其他行业	涉及通用工序重点管理的，存在本名录第七条规定情形之一的	涉及通用工序简化管理的	涉及通用工序登记管理的
五十一、通用工序				
109	锅炉	纳入重点排污单位名录的	除纳入重点排污单位名录的，单台或者合计出力 20 t/h（14 MW）及以上的锅炉（不含电热锅炉）	除纳入重点排污单位名录的，单台且合计出力 20 t/h（14 MW）以下的锅炉（不含电热锅炉）
110	工业炉窑	纳入重点排污单位名录的	除纳入重点排污单位名录的，除以天然气或者电为能源的加热炉、热处理炉、干燥炉（窑）以外的其他工业炉窑	除纳入重点排污单位名录的，以天然气或者电为能源的加热炉、热处理炉或者干燥炉（窑）
111	表面处理	纳入重点排污单位名录的	除纳入重点排污单位名录的，有电镀工序、酸洗、抛光（电解抛光和化学抛光）、热浸镀（溶剂法）、淬火或者钝化等工序的、年使用 10 t 及以上有机溶剂的	其他
112	水处理	纳入重点排污单位名录的	除纳入重点排污单位名录的，日处理能力 2 万 t 及以上的水处理设施	除纳入重点排污单位名录的，日处理能力 500 t 及以上 2 万 t 以下的水处理设施

注 1. 表中标“*”号者，是指在工业建筑中生产的排污单位。工业建筑的定义参见《工程结构设计基本术语标准》（GB/T 50083—2014），是指提供生产用的各种建筑物，如车间、厂前区建筑、生活间、动力站、库房和运输设施等

2. 表中涉及溶剂、涂料、油墨、胶黏剂等使用量的排污单位，其投运满三年的，使用量按照近三年年最大量确定；其投运满一年但不满三年的，使用量按投运期间年最大量确定；其未投运或者投运不满一年的，按照环境影响报告书（表）批准文件确定。投运日期为排污单位发生实际排污行为的日期

3. 根据《中华人民共和国环境保护税法实施条例》，城乡污水集中处理场所，是指为社会公众提供生活污水处理服务的场所，不包括为工业园区、开发区等工业聚集区域内的排污单位提供污水处理服务的场所，以及排污单位自建自用的污水处理场所

4. 本名录中的电镀工序，是指电镀、化学镀、阳极氧化等生产工序

5. 本名录不包括位于生态环境法律法规禁止建设区域内的，或生产设施或产品属于产业政策立即淘汰类的排污单位